Zu diesem Buch

Das Skriptum ist aus Vorlesungen entstanden, die an der Fachhochschule Regensburg gehalten wurden und bringt eine Einführung in die Wahrscheinlichkeitsrechnung und Statistik, bei der nur Grundkenntnisse der Analysis vorausgesetzt werden. Es wendet sich an alle, die an einer Einführung in dieses Wissensgebiet interessiert sind, bei der die Anwendung im Vordergrund steht. Es soll ein Grundwissen vermittelt werden, das für viele Anwendungssituationen ausreicht, das aber auch Grundlage eines weitergehenden Studiums sein kann.

Einführung in die Wahrscheinlichkeitsrechnung und Statistik für Ingenieure

Von Hubert Weber
Professor an der Fachhochschule
Regensburg

2., durchgesehene Auflage
Mit 78 Bildern, zahlreichen Tabellen sowie 146 Beispielen und Übungen mit Lösungen

B. G. Teubner Stuttgart 1988

Professor Hubert Weber

1931 in Frauenau geboren. Von 1951 bis 1955 Studium der Mathematik und der Physik in Regensburg und an der Universität Erlangen. Anschließend im Gymnasialdienst tätig. Seit 1964 Dozent am Johannes-Kepler-Polytechnikum Regensburg, seit 1971 Professor an der Fachhochschule Regensburg.

CIP-Titelaufnahme der Deutschen Bibliothek

Weber, Hubert
Einführung in die Wahrscheinlichkeitsrechnung und Statistik für Ingenieure / von Hubert Weber. - 2., durchges. Aufl. - Stuttgart : Teubner, 1988
(Teubner-Studienskripten ; 97 : Mathematik, Ingenieurwissenschaften)
ISBN 3-519-10097-5
NE: GT

Printed in Germany
Gesamtherstellung: Beltz Offsetdruck, Hemsbach/Bergstr.
Umschlaggestaltung: W. Koch, Sindelfingen

Vorwort

Das Skriptum bringt eine Einführung in die grundlegenden Begriffe, Sätze und Methoden der Wahrscheinlichkeitsrechnung und Statistik, bei der nur die Mathematikkenntnisse eines Studienanfängers vorausgesetzt werden.

Es ist aus Vorlesungen entstanden, die vom Verfasser an der Fachhochschule Regensburg in den Studiengängen Mathematik und Informatik gehalten wurden. Da Grundkenntnisse der Wahrscheinlichkeitsrechnung und der statistischen Methoden in allen Ingenieurdisziplinen zunehmend Verwendung finden, ist das Skriptum auch für Studenten und schon im Beruf stehende Ingenieure aller Fachrichtungen gedacht. Darüber hinaus wendet es sich aber auch an alle, die an einer Einführung in die Wahrscheinlichkeitsrechnung und Statistik interessiert sind, bei der die Anwendbarkeit des Gelernten im Vordergrund steht. Es soll ein Einblick in die besondere Denk- und Schlußweise der Statistik gegeben und ein Grundwissen vermittelt werden, welches durch das Studium weiterführender Literatur vertieft werden kann. Eine ausführliche Darstellung, viele durchgerechnete Beispiele und Übungsaufgaben sollen ein Selbststudium erleichtern.

Bei dieser Zielsetzung und dem Umfang des Skriptums müssen notwendigerweise an vielen Stellen Wünsche offen bleiben, können nicht alle verwendeten Sätze ausführlich bewiesen werden.

Dem Verlag möchte ich für viele wertvolle Anregungen danken.

Regensburg, Juni 1983 Hubert Weber

Vorwort zur 2. Auflage

Außer Berichtigungen von Schreibfehlern wurden nur geringfügige Änderungen vorgenommen.
Allen Lesern der ersten Auflage, die mir geschrieben haben, möchte ich für ihr Interesse danken.

Regensburg, im September 1987 Hubert Weber

Inhalt

Liste der verwendeten Formelzeichen bzw. Symbole

$\mathbb{A}$	Ereignisraum
β	Regressionskoeffizient
b	empirischer Regressionskoeffizient
Cov(X,Y)	Kovarianz der Zufallsgrößen X und Y
E(X)	Erwartungswert der Zufallsgröße X
F	F - verteilte Zufallsgröße
Γ	Gammafunktion
Konf.	Konfidenz, Vertrauen
μ	Mittelwert einer Zufallsgröße
Ω	Ergebnismenge
ω	Elementarereignis
P	Wahrscheinlichkeit
$\varphi_X(t)$	charakteristische Funktion der Zufallsgröße X
$\varphi(u)$	Dichtefunktion der Standardnormalverteilung
$\Phi(u)$	Verteilungsfunktion der Standardnormalverteilung
ϱ	Korrelationskoeffizient
r	empirischer Korrelationskoeffizient
σ^2	Varianz
σ	Standardabweichung
s^2	Stichprobenvarianz
s	Stichprobenstandardabweichung
s_{xy}	empirische Kovarianz
T	t - verteilte Zufallsgröße
U	standardnormalverteilte Zufallsgröße
Var(X)	Varianz der Zufallsgröße X
$\bar{x}$	aritmetisches Mittel
$\tilde{x}$	Median
$\bar{x}_D$	Modalwert
X,Y,Z,...	Zufallsgrößen
$\emptyset$	unmögliches Ereignis
$\in$	" Element von "
$\cap$	" geschnitten mit "
$\cup$	" vereinigt mit"

1 Wahrscheinlichkeitsrechnung

1.1 Wahrscheinlichkeitsbegriff

1.1.1 Zufällige Ereignisse

Der Begriff Wahrscheinlichkeit ist fest verbunden mit Ereignissen, deren Auftreten durch den Zufall bestimmt wird. Diese zufälligen Ereignisse stehen dabei im Zusammenhang mit Vorgängen,deren Ergebnis von zufälligen Faktoren abhängt.
Wir machen daher zuerst eine Festlegung des Begriffs Zufallsexperiment.

Definition 1.1:

> Ein Zufallsexperiment ist ein im Prinzip beliebig oft wiederholbarer Vorgang mit unbestimmten Ergebnis.

Beispiel von einfachen Zufallsexperimenten sind:

das Werfen von Münzen,
das Werfen von Würfeln oder
das Ziehen von Kugeln aus Urnen.

Es liegt nun nahe, auf die möglichen Ergebnisse eines Zufallsexperiments näher einzugehen. Betrachten wir zum Beispiel das Zufallsexperiment "Werfen eines regelmäßigen Würfels". Die möglichen Ergebnisse dieses Experiments sind die Augenzahlen 1 bis 6. Die Menge der möglichen Ergebnisse ist hier die Menge

$$\Omega = \{1,2,3,4,5,6\}$$

Die Elemente ω_i (i = 1,2,3,4,5,6) dieser Ergebnismenge sind die möglichen Augenzahlen, die als Ergebnisse des Zufallsexperiments auftreten können. Die Ergebnisse eines Zufallsexperiments sind zufällige Ereignisse, die sogenannten Elementarereignisse.

Definition 1.2:

> Die Menge der möglichen Ergebnisse eines Zufallsexperiments heißt Ergebnismenge Ω . Die Elemente ω_i der Ergebnismenge heißen Elementarereignisse.

<u>Beispiel 1</u>: Ein Würfel wird zweimal geworfen. Man bestimme die Ergebnismenge Ω dieses Zufallsexperiments.

Jedes Ergebnis dieses Zufallsexperiments ist durch ein Zahlenpaar (i,j) beschreibbar, wobei i die Augenzahl des ersten Wurfes und j die Augenzahl des zweiten Wurfes angibt. Die Ergebnismenge ist also die Menge von Zahlenpaaren

$$\Omega = \left\{ (i,j) \,/\, 1 \leqq i \leqq 6\,,\ 1 \leqq j \leqq 6 \right\}.$$

Die Ergebnismenge Ω enthält die folgenden 36 Zahlenpaare:

(1,1)	(2,1)	(3,1)	(4,1)	(5,1)	(6,1)
(1,2)	(2,2)	(3,2)	(4,2)	(5,2)	(6,2)
(1,3)	(2,3)	(3,3)	(4,3)	(5,3)	(6,3)
(1,4)	(2,4)	(3,4)	(4,4)	(5,4)	(6,4)
(1,5)	(2,5)	(3,5)	(4,5)	(5,5)	(6,5)
(1,6)	(2,6)	(3,6)	(4,6)	(5,6)	(6,6)

Man beachte, daß es sich bei den Ergebnissen (1,2) und (2,1) um verschiedene Elementarereignisse handelt. Die Reihenfolge der Würfe ist zu beachten.

Aufbauend auf der Ergebnismenge eines Zufallsexperiments kann man neben den Elemetarereignissen weitere zufällige Ereignisse definieren. Zufällige Ereignisse sollen im folgenden mit großen Buchstaben bezeichnet werden.
Betrachten wir beim Zufallsexperiment von Beispiel 1, dem zweimaligen Werfen eines Würfels, etwa das Ereignis

$$A := \text{Werfen der Augensumme } 4,$$

so können wir feststellen, daß dieses zufällige Ereignis A immer dann eingetreten ist, wenn eines der Ergebnisse (1,3), (2,2) oder (3,1) auftritt. Dies führt dazu, das Ereignis A als die Teilmenge

$$A = \left\{ (1,3),(2,2),(3,1) \right\}$$

der Ergebnismenge Ω festzulegen.
A ist also das Ereignis, wenn entweder das Elementarereignis (1,3) oder das Elementarereignis (2,2) oder das Elementarer-

eignis (3,1) auftritt. Aber auch jede andere Teilmenge der Ergebnismenge Ω definiert ein zufälliges Ereignis. Dies führt zu der folgenden Festlegung.

Definition 1.3:

> Jede Teilmenge der Ergebnismenge heißt Ereignis.
> Die Menge aller Ereignisse aus Ω heißt Ereignisraum oder Ereignissystem $\mathbb{A}$ über Ω.
> Das Ereignis A tritt ein, wenn nach der Versuchsdurchführung ein Ergebnis ω eingetreten ist, welches Element von A ist.

Das Ereignissystem $\mathbb{A}$ ist ein Mengensystem, nämlich die Menge der Teilmengen der Ergebnismenge Ω. Dazu gehören auch die beiden unechten Teilmengen, die leere Menge $\emptyset$ und die Ergebnismenge Ω selbst. Da jedes Ergebnis ω Element von Ω ist, tritt Ω immer ein. Das Ereignis Ω ist daher das sichere Ereignis. Die leere Menge $\emptyset$ kann dagegen als Ergebnis eines Zufallsexperiments nie eintreten, es ist also ein unmögliches Ereignis.
Nehmen wir nun an, daß die Ergebnismenge Ω nur endlich viele Elemente enthält. Die Anzahl der Elemente der Ergebnismenge, ihre Mächtigkeit sei

$$|\Omega| = m.$$

Das Ereignissystem $\mathbb{A}$ über Ω, die Menge aller Teilmengen von Ω, ist dann die Potenzmenge mit

$$|\mathbb{A}| = 2^m$$

Elementen. Hat ein Zufallsexperiment m mögliche Ergebnisse, so lassen sich über der zugehörigen Ergebnismenge 2^m zufällige Ereignisse definieren.
Auf die Struktur eines Ereignissystems $\mathbb{A}$, insbesondere im Falle unendlich vieler Elemente der Ergebnismenge Ω wird später eingegangen.

Beispiel 2: Aus einer Urne, die drei Kugeln mit den Ziffern 1, 2 und 3 enthält, wird eine Kugel zufällig entnommen.
Man gebe die Ergebnismenge Ω und das Ereignissystem $\mathbb{A}$ an.

Da die Ergebnismenge $\Omega = \{1,2,3\}$ nur m = 3 Elemente enthält, hat das Ereignissystem $\mathbb{A}$ über Ω die leicht überschaubare Menge von $2^3 = 8$ Elementen.

$$\mathbb{A} = \{ \emptyset, \{1\}, \{2\}, \{3\}, \{1,2\}, \{1,3\}, \{2,3\}, \{1,2,3\} \}$$

Dabei ist $\emptyset$ das unmögliche Ereignis. Die Ereignisse $\{1\}$, $\{2\}$ und $\{3\}$ sind die Elementarereignisse, also die Ergebnisse des Zufallsexperiments. Das Ereignis $\{1,2\}$ etwa ist das Ereignis " Ziehen der Kugel 1 oder der Kugel 2 " und $\Omega = \{1,2,3\}$ ist schließlich das Ereignis " Ziehen der Kugel 1 oder der Kugel 2 oder der Kugel 3", also das sichere Ereignis.

Mit den als Teilmengen der Ergebnismenge Ω definierten zufälligen Ereignissen können die Mengenoperationen Komplementbildung, Vereinigung und Durchschnitt durchgeführt werden. Die dadurch entstehenden neuen Mengen sind wieder zufällige Ereignisse.

<u>Definition 1. 4</u>:

a) <u>Komplementärereignis $\overline{A}$</u>:

Unter dem zum Ereignis A bezüglich Ω komplementären Ereignis

$$\overline{A} = \Omega - A$$

versteht man das Ereignis, das immer dann eintritt, wenn das Ereignis A nicht eintritt.

b) <u>Vereinigung der Ereignisse A_1 und A_2</u>:

Das Ereignis $A_1 \cup A_2$ ist das Ereignis, das eintritt, wenn mindestens eines der Ereignisse A_1 oder A_2 eintritt. Die Vereinigung $A_1 \cup A_2$ wird auch als Summe $A_1 + A_2$ der Ereignisse bezeichnet.

c) <u>Durchschnitt der Ereignisse A_1 und A_2</u>:

Das Ereignis $A_1 \cap A_2$ ist das Ereignis, das eintritt, wenn sowohl das Ereignis A_1 als auch das Ereignis A_2 eintritt. Es wird auch als Produkt $A_1 . A_2$ bezeichnet.

d) Disjunkte Ereignisse:

Zwei Ereignisse A_1 und A_2 heißen disjunkt, wenn ihr Durchschnitt die leere Menge ist.

$$A_1, A_2 \text{ disjunkt} \iff A_1 \cap A_2 = \emptyset$$

Disjunkte Ereignisse schließen sich gegenseitig aus.

Da bei einem Zufallsexperiment nie zwei verschiedene Ergebnisse gleichzeitig eintreten können, sind Elementarereignisse immer disjunkte Ereignisse.

Beispiel 3: Betrachten wir das Zufallsexperiment "Ziehen einer von drei Kugeln aus einer Urne" mit der Ergebnismenge

$$\Omega = \{1,2,3\}$$

und dem Ereignissystem $\mathbb{A}$ von Beispiel 2. Wählt man zum Beispiel die Ereignisse $A_1 = \{1,2\}$ und $A_2 = \{2,3\}$, so erhält man:

$\bar{A}_1 = \{3\}$	A_1 tritt nicht ein("Nicht-A_1")
$\bar{A}_2 = \{1\}$	A_2 tritt nicht ein("Nicht-A_2")
$A_1 \cup A_2 = A_1 + A_2 = \{1,2,3\}$	mindestens eines der Ereignisse tritt ein
$A_1 \cap A_2 = A_1 \cdot A_2 = \{2\}$	beide Ereignisse treten ein
$\overline{A_1 \cup A_2} = \bar{A}_1 \cap \bar{A}_2 = \emptyset$	weder A_1 noch A_2 tritt ein.

Für die Ereignisse A_i eines Ereignissystems $\mathbb{A}$ gelten die Gesetze der Boole'schen Algebra, auf die hier nicht näher eingegangen werden kann. Wir werden später nur einige einfache, unmittelbar einsehbare Aussagen dieser Algebra verwenden und durch Mengendiagramme (Venn-Diagramme) veranschaulichen.

Bei diesem Beispiel läßt sich leicht überblicken, daß die Anwendung der Mengenoperationen Komplement, Vereinigung und Durchschnitt auf beliebige Ereignisse aus dem Ereignissystem $\mathbb{A}$ wieder auf Ereignisse aus $\mathbb{A}$ führt.

Diese Eigenschaft, die Abgeschlossenheit bezüglich der genannten Mengenoperationen, haben sicher alle Ereignissysteme $\mathbb{A}$ über endlichen Ergebnismengen Ω.

1.1.2 Relative Häufigkeit

Es liegt nun nahe, bei der Definition des Begriffs Wahrscheinlichkeit von einer Ergebnismenge Ω und einem Ereignissystem $\mathbb{A}$ über Ω auszugehen. Dabei sind die Elemente ω von Ω die Ergebnisse des Zufallsexperiments, die Elemente A von $\mathbb{A}$ zufällige Ereignisse. Um Vorstellungen über die Eigenschaften des Wahrscheinlichkeitsbegriffs zu entwickeln, gehen wir zunächst auf den Begriff der relativen Häufigkeit ein.

Definition 1.5:

Tritt bei einer n-maligen Durchführung eines bestimmten Zufallsexperiments k-mal das Ereignis A ein, so ist die relative Häufigkeit dieses Ereignisses A für die vorliegende Versuchsserie gegeben durch

$$h_n(A) = \frac{k}{n} \tag{1.1}$$

Für die relative Häufigkeit gilt dabei offensichtlich

$$0 \leqq h_n(A) \leqq 1 \tag{1.2}$$

Schließen sich die Ereignisse A_1 und A_2 gegenseitig aus und tritt in einer Serie von n Versuchen das Ereignis A_1 k_1-mal und das Ereignis A_2 k_2-mal auf, so tritt die Vereinigung oder Summe der beiden Ereignisse in dieser Versuchsserie $(k_1 + k_2)$-mal auf und man erhält damit die Aussage:

$$h_n(A_1 + A_2) = h_n(A_1) + h_n(A_2) \tag{1.3}$$

für disjunkte Ereignisse A_1 und A_2

Diese Eigenschaften der relativen Häufigkeit (Gl.(1.2) und Gl.(1.3)) werden wir im nächsten Abschnitt bei der Definition des Wahrscheinlichkeitsraums wiederfinden. Dies ist von Bedeutung, denn eine empirische Interpretation des Begriffs Wahrscheinlichkeit ist stets verknüpft mit der beobachtbaren relativen Häufigkeit des betrachteten zufälligen Ereignisses.

1.1.3 Wahrscheinlichkeitsraum

Es sei Ω eine nichtleere Ergebnismenge und $\mathbb{A}$ ein Ereignisraum über Ω. Im Falle einer endlichen Ergebnismenge ($|\Omega| = m$) ist das Ereignissystem $\mathbb{A}$ als Menge aller Teilmengen von Ω (Potenzmenge) mit $|\mathbb{A}| = 2^m$ Ereignissen gegeben.

Definition 1.6:

Gilt für ein Mengensystem $\mathbb{A}$

1. $\Omega \in \mathbb{A}$
2. $A \in \mathbb{A} \Longrightarrow \overline{A} \in \mathbb{A}$

   (zu jedem Ereignis A aus $\mathbb{A}$ gehört auch das Komplementärereignis $\overline{A}$ zum Mengensystem)
3. $A_i \in \mathbb{A} \Longrightarrow \bigcup_i A_i \in \mathbb{A}$

   (zu jeder Menge von Ereignissen aus $\mathbb{A}$ gehört auch die Vereinigung dieser Ereignisse zu $\mathbb{A}$),

so heißt dieses Mengensystem Mengenalgebra oder Algebra.

Aus dem de Morgan'schen Gesetz der Boole'schen Algebra (Bild 1)

$$\overline{A_1 \cap A_2} = \overline{A}_1 \cup \overline{A}_2$$

folgt durch Komplementbildung und Verallgemeinerung

$$\bigcap_i A_i = \overline{\bigcup_i \overline{A}_i} \qquad (1.4)$$

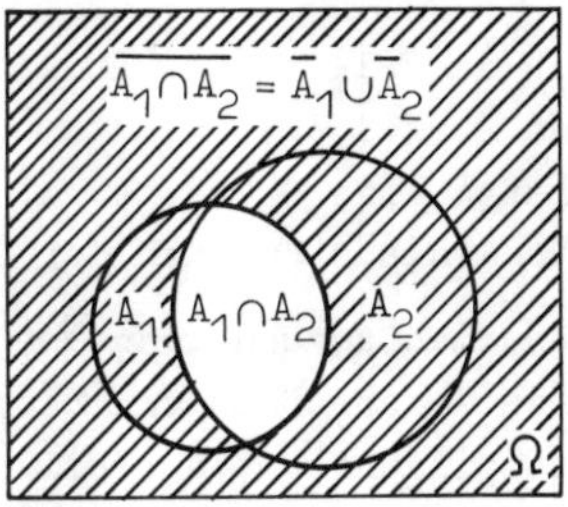

Bild 1 Mengendiagramm

Aus den Eigenschaften 2. und 3. von Definition 1.6 folgt mit Gl. 1.4 für eine Mengenalgebra:

4. $A_i \in \mathbb{A} \Longrightarrow \bigcap_i A_i \in \mathbb{A}$

   (zu jeder Menge von Ereignissen aus $\mathbb{A}$ gehört auch der Durchschnitt dieser Ereignisse zu $\mathbb{A}$).

Eine Algebra ist also ein Mengensystem, das bezüglich der Komplementbildung und der Bildung von endlich vielen Vereinigungen und Durchschnitten abgeschlossen ist.

Die Potenzmenge über einer endlichen Ergebnismenge ist eine Algebra.

Betrachten wir nun eine Ergebnismenge Ω mit <u>abzählbar unendlich</u> vielen Elementen ω_i (i = 1,2,3,...). Auch hier wird man von einem Ereignissystem $\mathbb{A}$ über Ω die Abgeschlossenheit bezüglich der Komplementbildung und der Bildung von abzählbar unendlich vielen Vereinigungen und Durchschnitten fordern.

<u>Definition 1.7</u>:

> Ein nichtleeres System $\mathbb{A}$ von Teilmengen einer Menge Ω mit abzählbar unendlich vielen Elementen heißt <u>σ - Algebra</u> über Ω , wenn gilt:
>
> 1. $\Omega \in \mathbb{A}$
> 2. $A \in \mathbb{A} \Longrightarrow \bar{A} \in \mathbb{A}$
> 3. $A_i \in \mathbb{A} \Longrightarrow \bigcup_i A_i \in \mathbb{A}$
>
> (für jede Folge (A_i) von Mengen aus $\mathbb{A}$ liegt auch die Vereinigung dieser Folge von Mengen in $\mathbb{A}$).

(der El. der Folge)

Wie im Falle einer endlichen Ergebnismenge folgt auch hier aus 2. und 3.:

> Ist $\mathbb{A}$ eine σ - Algebra, so liegt für jede Folge (A_i) von Mengen aus $\mathbb{A}$ auch der Durchschnitt dieser Mengen in $\mathbb{A}$.

Zusammenfassend kann man feststellen:

Eine Algebra ist ein Mengensystem, das bezüglich der Komplementbildung und der Bildung von <u>endlich vielen</u> Vereinigungen und Durchschnitten abgeschlossen ist.

Eine σ - Algebra ist ein bezüglich der Komplementbildung und der Bildung von <u>abzählbar unendlich vielen</u> Vereinigungen und Durchschnitten abgeschlossenes Mengensystem.

Bei der nun folgenden <u>Definition eines Wahrscheinlichkeitsraumes</u> sei für das Ereignissystem $\mathbb{A}$ die Struktur einer σ - Algebra vorausgesetzt. Diese Definition eines Wahrscheinlichkeitsraumes durch Axiome geht auf den russischen Mathematiker Kolmogorow (1933) zurück.

Definition 1.8:

Ein Tripel $(\Omega, \mathbb{A}, P)$ heißt Wahrscheinlichkeitsraum, wenn

a) Ω eine nichtleere Menge,

b) $\mathbb{A}$ ein Ereignissystem über Ω und

c) $P: \mathbb{A} \longrightarrow \mathbb{R}$ eine Abbildung mit folgenden Eigenschaften ist:

1. $P(A) \geqq 0$ für alle Ereignisse A aus $\mathbb{A}$ (Nichtnegativität),

2. $P(\Omega) = 1$ (Normiertheit),

3. $P(\bigcup_{i=1}^{\infty} A_i) = \sum_{i=1}^{\infty} P(A_i)$, wenn die beliebig vielen Ereignisse A_i paarweise disjunkt sind (σ - Additivität).

P heißt Wahrscheinlichkeitsmaß auf Ω.

Durch das Wahrscheinlichkeitsmaß P wird jedem Ereignis A aus dem Ereignissystem $\mathbb{A}$ eine reelle Zahl P(A) zugeordnet, die Wahrscheinlichkeit des zufälligen Ereignisses A heißt.
Das 1. Axiom sagt aus, daß die Wahrscheinlichkeit eines zufälligen Ereignisses eine nichtnegative Zahl ist. Das 2. Axiom bestimmt die Wahrscheinlichkeit des sicheren Ereignisses. Im 3. Axiom wird die Wahrscheinlichkeit einer Vereinigung oder Summe von beliebig vielen disjunkten Ereignissen als Summe der Wahrscheinlichkeiten der einzelnen Ereignisse definiert. Für disjunkte Ereignisse wird die endliche Additivität der relativen Häufigkeit (Gl.1.3) zur σ- Additivität des Wahrscheinlichkeitsmaßes.
Durch die Nichtnegativität, die Normiertheit und die σ- Additivität sind elementare Eigenschaften des Wahrscheinlichkeitsmaßes definiert. Aus ihnen können viele weitere Eigenschaften abgeleitet werden. Wir werden uns zunächst auf sehr wenige, einfache Folgerungen beschränken.

1. <u>$P(\emptyset) = 0$</u>

Da das sichere Ereignis Ω und das unmögliche Ereignis $\emptyset$ disjunkte Ereignisse sind, folgt aus dem 2. und 3. Axiom:

$$P(\Omega) = P(\Omega \cup \emptyset) = P(\Omega) + P(\emptyset) = 1$$

und daraus: $P(\emptyset) = 0$.
Die Wahrscheinlichkeit des unmöglichen Ereignisses ist Null.

2. <u>$P(\overline{A}) = 1 - P(A)$</u>

Die Ereignisse A und $\overline{A}$ schließen sich gegenseitig aus. Ferner gilt $A \cup \overline{A} = \Omega$. Aus der Normiertheit und der Additivität folgt:

$$P(\Omega) = P(A \cup \overline{A}) = P(A) + P(\overline{A}) = 1$$

und daraus: $P(\overline{A}) = 1 - P(A)$ bzw. $P(A) = 1 - P(\overline{A})$.
Dieser einfache Zusammenhang gilt auch für relative Häufigkeiten:

$$h_n(\overline{A}) = 1 - h_n(A).$$

Tritt z.B. ein Ereignis in 30 % aller Fälle ein, so tritt es in 70 % aller Fälle nicht ein.

3. <u>$0 \leqq P(A) \leqq 1$</u>

Aus $P(A) = 1 - P(\overline{A})$ erhält man wegen der Nichtnegativität des Ereignisses $\overline{A}$ ($P(\overline{A}) \geqq 0$): $P(A) \leqq 1$ und aus der Nichtnegativität des Ereignisses A ($P(A) \geqq 0$) schließlich die Behauptung $0 \leqq P(A) \leqq 1$.

Durch die Axiome von Kolmogorow und die Folgerungen aus ihnen werden viele Eigenschaften des Wahrscheinlichkeitsmaßes beschrieben. Offen bleibt aber die Frage, wie man bei einem konkreten Zufallsexperiment die Wahrscheinlichkeiten der dabei auftretenden zufälligen Ereignisse erhält.
Für eine bestimmte Klasse von Zufallsexperimenten, den sogenannten Laplace-Experimenten, werden wir diese, für die Anwendung der Wahrscheinlichkeitsrechnung außerordentlich wichtige Frage, im nächsten Abschnitt beantworten.

1.1.4 Laplace'scher oder klassischer Wahrscheinlichkeitsraum

Definition 1.9:

> Ein Zufallsexperiment mit endlich vielen, gleichwahrscheinlichen Ergebnissen, heißt Laplace - Experiment.

Alle Elementarereignisse eines Laplace - Experiments treten also mit der gleichen Wahrscheinlichkeit auf.
Es sei m die Anzahl der möglichen Ergebnisse eines Laplace-Experiments mit der Ergebnismenge

$$\Omega = \{\omega_1, \omega_2, \omega_3, \dots, \omega_m\}.$$

Da allen Elementarerignissen die gleiche Wahrscheinlichkeit zugeordnet wird, erhält man mit der Normiertheit

$$P(\Omega) = \sum_{i=1}^{m} P(\{\omega_i\}) = m.P(\{\omega_i\}) = 1$$

für die Wahrscheinlichkeit eines Elementarereignisses

$$P(\{\omega_i\}) = \frac{1}{m} \quad (i = 1,2,\dots,m).$$

Umfaßt das zufällige Ereignis A eine Anzahl g von Elementarereignissen, so ist die Wahrscheinlichkeit dieses Ereignisses gegeben durch

$$P(A) = \sum_{\omega_i \in A} P(\{\omega_i\}) = g.P(\{\omega_i\}) = \frac{g}{m}$$

$$P(A) = \frac{\text{Anzahl der für A günstigen Ergebnisse}}{\text{Gesamtzahl der möglichen Ergebnisse}}$$

> Durch
>
> $$P(A) = \frac{g}{m} = \frac{|A|}{|\Omega|}$$
>
> ist das Wahrscheinlichkeitsmaß P über der Ergebnismenge eines Laplace - Experiments bestimmt. Der dadurch definierte Wahrscheinlichkeitsbegriff heißt Laplace'scher oder auch klassischer Wahrscheinlichkeitsbegriff.

Die Anwendbarkeit dieser Wahrscheinlichkeitsdefinition ist zwar durch die Voraussetzung der Gleichwahrscheinlichkeit der Ergebnisse des Zufallsexperiments eingeschränkt, es können jedoch sehr viele Zufallsexperimente als Laplace - Experimente angesehen werden.
So ist zum Beispiel das Werfen eines regelmäßigen Würfels ein Laplace - Experiment. Die 6 möglichen, gleichwahrscheinlichen Elementarereignisse entsprechen den geworfenen Augenzahlen 1 bis 6. In welchem Maße aber bei einem bestimmten Würfelexperiment die Gleichwahrscheinlichkeit dieser Elementarereignisse wirklich gegeben ist, hängt davon ab, wieweit der verwendete Würfel tatsächlich regelmäßig ist.

Ein Laplace - Experiment ist daher im Grunde immer nur ein mathematisches Modell eines bestimmten Zufallsexperiments. Ein Modell aber, welches viele real durchgeführte Zufallsexperimente sehr gut beschreibt.

Geschichtliche Bemerkung:

Die Wahrscheinlichkeitsrechnung entsprang dem Wunsche, die Gewinnaussichten beim Glücksspiel zu berechnen. Als Beginn der Wahrscheinlichkeitsrechnung wird das Jahr 1654 angesetzt. In diesem Jahre korrespondierte Pascal (1623 - 1662) mit seinem Kollegen Fermat (1601 - 1665) über Fragen der Gewinnaussichten beim Würfelspiel, die ihm vom Chevalier de Méré gestellt worden waren.
In seinem berühmten Buch "Analytische Theorie der Wahrscheinlichkeit" entwickelte Laplace (1749 - 1827) systematisch die Hauptsätze der Wahrscheinlichkeitsrechnung und gab eine genaue Definition der Wahrscheinlichkeit auf der Grundlage der Gleichwahrscheinlichkeit an.

Beispiel 4: Eine Münze mit den Seiten Zahl (Z) und Wappen (W) wird zweimal geworfen. Man bestimme die Wahrscheinlichkeit des Ereignisses A = "Werfen von verschiedenen Seiten" .

Die Ergebnismenge dieses Laplace - Experiments

$$\Omega = \{ZZ, ZW, WZ, WW\}$$

enthält m = 4 gleichwahrscheinliche Elementarereignisse. Das zufällige Ereignis "Werfen von verschiedenen Seiten"

$$A = \{ZW, WZ\}$$

umfaßt g = 2 für A günstige Ergebnisse und hat daher die Wahrscheinlichkeit

$$P(A) = \frac{g}{m} = \frac{2}{4} = \frac{1}{2}$$

Der französische Mathematiker und Philosoph D'Alembert (1717-1783) sah in dem Ereignis A nur <u>ein</u> Elementarereignis und kam daher zu $P(A) = \frac{1}{3}$. Es ist nicht überliefert, ob D'Alembert eine längere Versuchsserie dieses Münzwurfes durchgeführt hat. Er hätte nämlich eine relative Häufigkeit für das Auftreten des Ereignisses A von etwa 0,5 erhalten (Abschn. 1.1.5) und damit einen Widerspruch der von ihm angegebenen Wahrscheinlichkeit mit der Erfahrung feststellen müssen.

<u>Beispiel 5</u>: Teilung des Spieleinsatzes bei vorzeitigem Spielabbruch.

Zwei Spieler machen ein Spiel, bei dem jeder Spieler mit der Wahrscheinlichkeit $\frac{1}{2}$ eine Partie gewinnt. Das Spiel und den gemeinsamen Spieleinsatz hat derjenige gewonnen, der zuerst eine bestimmte Anzahl von Partien für sich entscheiden konnte. Chevalier de Méré stellte an Pascal unter anderen die Frage, wie bei einem vorzeitigen Spielabbruch gerechterweise der Einsatz zu teilen sei. Pascal schlug vor, den Einsatz entsprechend den Gewinnwahrscheinlichkeiten der beiden Spieler aufzuteilen.

Angenommen, dem Spieler A fehlen noch 2 gewonnene Partien, dem Spieler B noch 3 gewonnene Partien zum Sieg. Dann ist das Spiel nach maximal 4 Partien entschieden. Das Zufallsexperiment "Spielen von 4 Partien" hat die folgende Ergebnismenge

$$\Omega = \{AAAA, AAAB, AABA, ABAA, BAAA, AABB, ABAB, ABBA, BBAA, BAAB, BABA, ABBB, BABB, BBAB, BBBA, BBBB\}$$

Von den m = 16 gleichwahrscheinlichen Elementarereignissen sind g_A = 11 für den Gewinn des Spielers A und g_B = 5 für den Gewinn des Spielers B günstig. Damit erhält man:

Gewinnwahrscheinlichkeit des Spielers A : $P(A) = \frac{11}{16}$

Gewinnwahrscheinlichkeit des Spielers B : $P(B) = \frac{5}{16}$.

Der Spieleinsatz ist daher im Verhältnis 11 : 5 zu teilen. Gegen diese Lösung ist eingewendet worden, daß es nicht immer notwendig gewesen wäre, alle 4 Partien zu spielen. Beschränkt man sich auf die notwendigen Partien, so ergeben sich Spielserien verschiedener Länge, die nicht gleichwahrscheinliche Ausgänge eines bestimmten Zufallsexperiments sind. Berücksichtigt man die verschiedenen Wahrscheinlichkeiten der verschieden langen Spielserien entsprechend den Sätzen der Wahrscheinlichkeitsrechnung (Abschn. 1.2), so erhält man wieder P(A) = 11/16 und P(B) = 5/16.

1.1.5 Statistische Wahrscheinlichkeit

Bei vielen Zufallsexperimenten beobachtet man eine gewisse Stabilität der relativen Häufigkeit für das Eintreten eines bestimmten Ereignisses A. Das heißt, man erhält bei längeren Versuchsserien für $h_n(A)$ immer etwa die gleichen Werte.

Beispiel 6: Münzwurf, Ereignis A = "Werfen von Kopf"

Bekannt sind aus der Geschichte der Wahrscheinlichkeitsrechnung die nebenstehenden Ergebnisse der Experimente von Buffon und Pearson.

	n	$h_n(A)$
Buffon	4 040	0,5080
Pearson	12 000	0,5016
Pearson	24 000	0,5005

Beim Laplace-Experiment "Münzwurf" ist die Wahrscheinlichkeit P(A) = 0,5 und man erkennt

$$h_n(A) \approx P(A).$$

Beispiel 7: Relative Häufigkeit von Knabengeburten

Aus den sehr umfangreichen Daten der Bevölkerungsstatistik kann festgestellt werden, daß die relative Häufigkeit für das Ereignis K = "Geburt eines Knaben" immer etwa bei

$$h_n(K) = 0{,}514$$

liegt. Schon Laplace hatte dafür den Bruch $\frac{22}{43} = 0{,}512$ angegeben. Da die zwei Ergebnisse dieses Experiments von Natur aus nicht gleichwahrscheinlich sind, handelt es sich hier <u>nicht</u> um ein Laplace-Experiment.

Die Erfahrungstatsache, daß bei größeren Versuchsserien immer etwa die gleichen relativen Häufigkeiten erhalten werden, führt dazu, unbekannte Wahrscheinlichkeiten näherungsweise durch beobachtete relative Häufigkeiten zu ersetzen. Dieser <u>statistische Wahrscheinlichkeitsbegriff</u>

$$P(A) \approx h_n(A) \text{ für hinreichend große Werte von } n,$$

hat mehr einen beschreibenden, keinen mathematisch exakten Charakter. Eine exakte Definition

$$P(A) = \lim_{n \to \infty} h_n(A)$$

ist nicht möglich, da auch bei einer beliebig langen Versuchsserie nicht ausgeschlossen werden kann, eine relative Häufigkeit zu beobachten, die nicht genau mit der Wahrscheinlichkeit übereinstimmt. Als theoretische Grundlage des "statistischen Wahrscheinlichkeitsbegriff" werden wir im Satz von Bernoulli (Abschn. 1.6.3) eine etwas schwächere Aussage kennenlernen.

Ordnet man den Elementarereignissen eines Zufallsexperiments mit einer endlichen Ergebnismenge Ω die aus langen Versuchsserien erhaltenen relativen Häufigkeiten $h_n(\{\omega_i\})$ als Wahrscheinlichkeiten $P(\{\omega_i\})$ zu, so sind dadurch auch für alle Ereignisse A des Ereignissystems $\mathbb{A}$ über Ω die Wahrscheinlichkeiten

$$P(A) = \sum_{\omega_i \in A} P(\{\omega_i\})$$

bestimmt. Für Zufallsexperimente, die keine Laplace-Experimente sind, ist dies in der Praxis oft der einzige Weg, ein Wahrscheinlichkeitsmaß P zu erhalten, welches die beobachtbaren relativen Häufigkeiten gut beschreibt.

1.1.6 Geometrische Wahrscheinlichkeit

Bei der sogenannten geometrischen Wahrscheinlichkeit handelt es sich um eine Erweiterung des klassichen Wahrscheinlichkeitsbegriffs auf Zufallsexperimente mit unendlich vielen möglichen Ergebnissen, deren Anzahlen proportional zu geometrischen Gebilden (Strecken, Winkeln, Flächen) angesetzt werden können.

Da sowohl die Anzahl der für ein Ereignis A günstigen Ergebnisse, als auch die Anzahl der möglichen Ergebnisse eines Zufallsexperiments geometrischen Gebilden proportional ist, erscheint die Wahrscheinlichkeit eines Ereignisses A als ein Verhältnis von entsprechenden Strecken, Winkeln oder Flächen. Als Beispiel für eine geometrische Wahrscheinlichkeit sei nur das Buffon'sche Nadelexperiment gebracht.

Beispiel 8: Buffon'sches Nadelexperiment (1777)

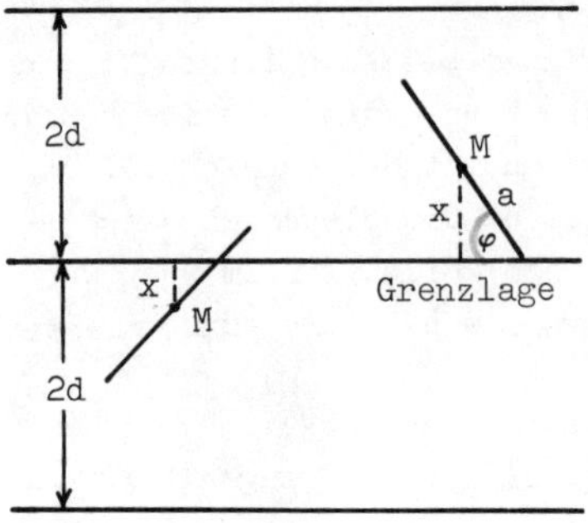

Bild 2 Skizze zu Beispiel 8

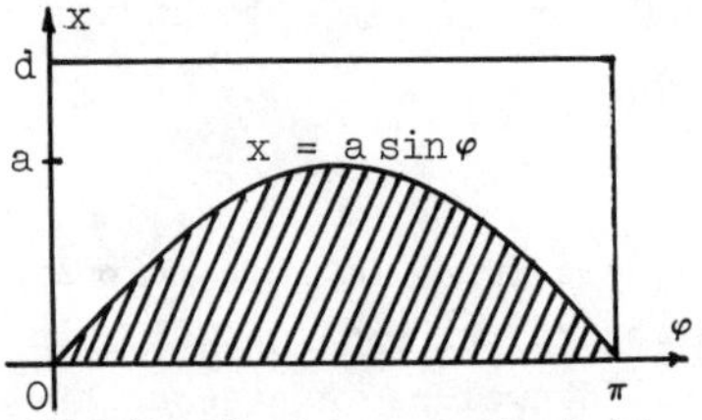

Bild 3 Günstiger und möglicher Bereich

Eine Nadel der Länge 2a wird auf eine Ebene geworfen, die von einer Parallelenschar überdeckt ist. Der Abstand benachbarter Parallelen sei 2d ($d > a$). Wie groß ist die Wahrscheinlichkeit, daß die Nadel eine der Parallelen trifft?

Der Abstand des Nadelmittelpunktes M von der nächstgelegenen Parallelen sei x, der Winkel, den die Nadelrichtung mit der Richtung der Parallelen bildet sei φ.

Da x Werte zwischen 0 und d, φ Werte zwischen 0 und π annehmen kann, entspricht jedem Nadelwurf ein Punkt des Rechtecks mit den Seiten d und π.

Es sei ferner vorausgesetzt, daß zwischen den Werten von x und denen von φ kein Zusammenhang besteht. Es kann also angenommen werden, daß die den Nadelwürfen entsprechenden Punkte sich gleichmäßig auf die Rechtechsfläche verteilen. Die Wahrscheinlichkeit, einen Punkt innerhalb einer bestimmten Teilfläche zu erhalten, ist daher dieser Teilfläche proportional. Aus der Grenzlage der Nadel (Bild 2) erkennt man, daß das Ereignis A, die Nadel trifft auf eine der Parallen, immer dann eintritt, wenn

$$x \leqq a \sin\varphi$$

ist. Der demnach für das Ereignis A günstige Bereich ist in Bild 3 schraffiert dargestellt. Damit erhält man für die gesuchte Wahrscheinlichkeit

$$P(A) = \frac{\text{schraffierte Fläche}}{\text{Rechtecksfläche}} = \frac{\int_0^{\pi} a \sin\varphi \, d\varphi}{\pi \cdot d} = \frac{2a}{\pi \cdot d}$$

Ersetzt man die Wahrscheinlichkeit P(A) näherungsweise durch eine empirisch bestimmte relative Häufigkeit $h_n(A)$, so läßt sich die Gleichung

$$h_n(A) = \frac{2a}{\pi \cdot d} \quad \text{bzw.} \quad \pi = \frac{2a}{d \cdot h_n(A)}$$

zu einer "experimentellen Bestimmung" von π verwenden. Einige ältere Ergebnisse des Buffon'schen Nadelexperiments sind in der folgenden Übersicht angegeben.

Experimentator	Jahr	n	empirischer Wert für π
Wolf	1850	5000	3,1596
Smith	1855	3204	3,1553
Fox	1894	1120	3,1419
Lazzarini	1901	3408	3,1415929

Heute können derartige Experimente ("Monte Carlo-Verfahren") mit Rechenanlagen simuliert werden.

1.2 Sätze der Wahrscheinlichkeitsrechnung

1.2.1 Additionssatz

Der Additionssatz macht eine Aussage über die Wahrscheinlichkeit einer Summe (Vereinigung) von Ereignissen.

a) Die Ereignisse $A_1, A_2, \ldots, A_i, \ldots, A_k, \ldots, A_n$ seien paarweise disjunkt, d.h.

$$A_i \cap A_k = \emptyset \qquad (i \neq k)$$

Dann gilt nach Abschn. 1.1.3 (Additivität des Wahrscheinlichkeitsmaßes)

$$P(A_1 + A_2 + \ldots + A_n) = P(A_1) + P(A_2) + \ldots + P(A_n)$$

oder kürzer ausgedrückt (1.6)

$$P\left(\sum_{i=1}^{n} A_i\right) = \sum_{i=1}^{n} P(A_i)$$

Die Wahrscheinlichkeit einer Summe von Ereignissen, die sich gegenseitig ausschließen, ist gleich der Summe der Wahrscheinlichkeiten der einzelnen Ereignisse.

b) Die Ereignisse $A_i \in \mathbb{A}$ werden nicht als disjunkt vorausgesetzt.

I. Für zwei Ereignisse A_1 und A_2 gilt der Additionssatz der Form

$$P(A_1 + A_2) = P(A_1) + P(A_2) - P(A_1 \cdot A_2) \qquad (1.7)$$

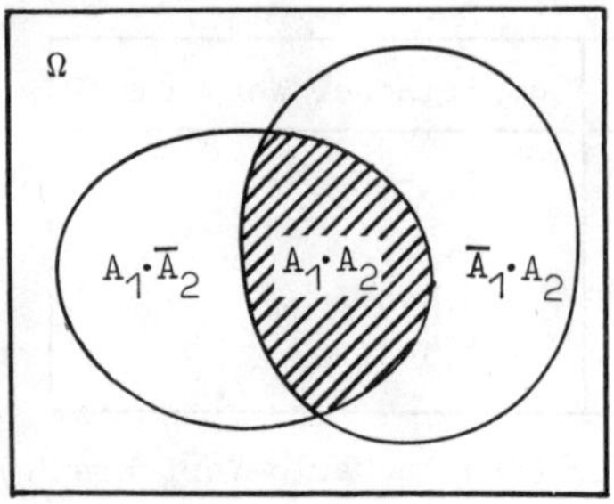

Bild 4 Mengendiagramm

Beweis: Es gelten die folgenden Zusammenhänge (Bild 4):

(1) $A_1 + A_2 = A_1 \cdot \overline{A}_2 + A_1 \cdot A_2 + \overline{A}_1 \cdot A_2$

(2) $A_1 = A_1 \cdot \overline{A}_2 + A_1 \cdot A_2$

(3) $A_2 = A_1 \cdot A_2 + \overline{A}_1 \cdot A_2$

Da die auf den rechten Seiten der Gleichungen (1),(2) und (3) auftretenden Ereignisse $A_1.\overline{A}_2$, $A_1.A_2$ und $\overline{A}_1.A_2$ paarweise disjunkt sind, folgt mit Gl.(1.6):

$$
\begin{array}{lllll}
(11) & P(A_1 + A_2) & = P(A_1.\overline{A}_2) + & P(A_1.A_2) & + P(\overline{A}_1.A_2) \\
(22) & P(A_1) & = P(A_1.\overline{A}_2) + & P(A_1.A_2) & \\
(33) & P(A_2) & = & P(A_1.A_2) & + P(\overline{A}_1.A_2)
\end{array}
$$

Subtrahiert man die Gleichungen (22) und (33) von der Gleichung (11), so ergibt sich schließlich der zu beweisende Satz:

$$P(A_1 + A_2) = P(A_1) + P(A_2) - P(A_1.A_2)$$

II. Erweiterung des Additionssatzes auf n nicht disjunkte Ereignisse

Eine Verallgemeinerung des Additionssatzes auf n nicht disjunkte Ereignisse ergibt die folgende, meist nach dem englischen Mathematiker Sylvester benannte Formel

$$
\begin{aligned}
P\left(\sum_{i=1}^{n} A_i\right) = & \sum_{i=1}^{n} P(A_i) - \sum_{i=1}^{n-1} \sum_{j=i+1}^{n} P(A_i.A_j) + \\
& + \sum_{i=1}^{n-2} \sum_{j=i+1}^{n-1} \sum_{k=j+1}^{n} P(A_i.A_j.A_k) - + \ldots \\
& + (-1)^{n-1} P(A_1.A_2 \ldots A_n)
\end{aligned}
\qquad (1.8)
$$

Die Formel ist richtig für $n = 2$ (Gl.(1.7)) und kann durch vollständige Induktion für beliebige Werte von $n \in \mathbb{N}$ bewiesen werden. Für $n = 3$ ergibt sich zum Beispiel:

$$
\begin{aligned}
P(A_1+A_2+A_3) = & P(A_1) + P(A_2) + P(A_3) - P(A_1.A_2) - P(A_1.A_3) \\
& - P(A_2.A_3) + P(A_1.A_2.A_3)
\end{aligned}
$$

Beispiel 9: Aus der Menge der ersten 100 natürlichen Zahlen wird eine Zahl zufällig ausgewählt. Wie groß ist die Wahrscheinlichkeit, daß diese Zahl durch 6 oder 8 teilbar ist?

Ergebnismenge $\Omega = \{1,2,3,\ldots,100\}$

Ereignis A_1: Die Zahl ist durch 6 teilbar. Die Anzahl der durch 6 teilbaren Zahlen aus Ω ist 16.

$\Longrightarrow P(A_1) = 0{,}16$

Ereignis A_2: Die Zahl ist durch 8 teilbar. Die Anzahl der durch 8 teilbaren Zahlen aus Ω ist 12.

$\Longrightarrow P(A_2) = 0{,}12$

Ereignis $A_1.A_2$: Die Zahl ist durch 6 und durch 8, also durch 24 teilbar. Die Anzahl der durch 24 teilbaren Zahlen aus Ω ist 4.

$\Longrightarrow P(A_1.A_2) = 0{,}04.$

Die Ereignisse A_1 und A_2 sind nicht disjunkt, sie schließen sich nicht gegenseitig aus. Für die gesuchte Wahrscheinlichkeit ergibt sich daraus:

$$P(A_1 + A_2) = P(A_1) + P(A_2) - P(A_1.A_2) = $$
$$= 0{,}16 + 0{,}12 - 0{,}04 = 0{,}24$$

1.2.2 Bedingte Wahrscheinlichkeit

Die Wahrscheinlichkeit eines Ereignisses unter der Voraussetzung, daß ein anderes zufälliges Ereignis bereits eingetreten ist, heißt bedingte Wahrscheinlichkeit.
Betrachten wir zur Veranschaulichung des Begriffs bedingte Wahrscheinlichkeit zunächst die folgenden Beispiele.

Beispiel 10: In einer Urne (Bild 5) befinden sich 3 weiße und 2 schwarze Kugeln. Aus der Urne werden 2 Kugeln ohne Zurücklegen zufällig entnommen.
Betrachtet werden die zufälligen Ereignisse:

A_1 = Ziehen einer weißen Kugel beim 1. Versuch

A_2 = Ziehen einer weißen Kugel beim 2. Versuch

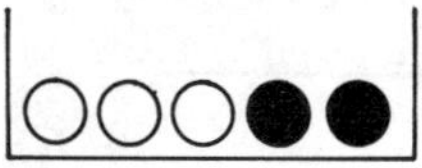

Bild 5 Urne

Während sich die Wahrscheinlichkeit für das Ziehen einer weißen Kugel beim 1. Versuch unmittelbar mit $P(A_1) = \frac{3}{5}$ angeben läßt, ist die Wahrscheinlichkeit für das Ziehen einer weißen Kugel beim 2. Versuch abhängig vom Ausgang des 1. Versuches. Es lassen sich nur die bedingten Wahrscheinlichkeiten

$$P(A_2 / A_1) = \frac{2}{4} \quad \text{und} \quad P(A_2 / \overline{A}_1) = \frac{3}{4}$$

angeben. Dabei bedeutet $P(A_2 / A_1)$ die bedingte Wahrscheinlichkeit für das Eintreten des Ereignisses A_2 unter der Voraussetzung (Bedingung), daß das Ereignis A_1 eingetreten ist.

<u>Beispiel 11</u>: Die Mitarbeiter eines Betriebes werden hinsichtlich der beiden Merkmale A_1 = Frau und A_2 = Raucher unterschieden. Die Zusammensetzung des Betriebes ist in der nebenstehenden Übersicht angegeben. Der Betrieb beschäftigt also 100 Frauen (A_1) und 200 Männer ($\overline{A}_1$), von denen 160 Raucher (A_2) und 140 Nichtraucher ($\overline{A}_2$) sind.

	A_2	$\overline{A}_2$	
A_1	40	60	100
$\overline{A}_1$	120	80	200
	160	140	300

Aus der Teilmenge der Frauen werde eine Frau ausgewählt. Gesucht ist die Wahrscheinlichkeit, daß diese zufällig ausgewählte Frau Raucherin ist. Für die gesuchte bedingte Wahrscheinlichkeit erhält man:

$$P(A_2 / A_1) = \frac{40}{100} = \frac{\frac{40}{300}}{\frac{100}{300}} = \frac{P(A_1 . A_2)}{P(A_1)}$$

Da für 40 Mitarbeiter beide Merkmale A_1 und A_2 zutreffen, ist $P(A_1 . A_2) = \frac{40}{100}$. Die Wahrscheinlichkeit, eine Frau auszuwählen ist in diesem Beispiel $P(A_1) = \frac{100}{300}$.

Definition 1.10:

Gegeben seien die Ereignisse $A_1, A_2 \in \mathbb{A}$ und es gelte $P(A_1) > 0$. Dann heißt

$$P(A_2 / A_1) = \frac{P(A_1 . A_2)}{P(A_1)} \tag{1.9}$$

die bedingte Wahrscheinlichkeit des Ereignisses A_2 unter der Voraussetzung des Ereignisses A_1.

Es läßt sich zeigen, daß die bedingten Wahrscheinlichkeiten $P(A_2 / A_1)$ für ein festes $A_1 \in \mathbb{A}$ und beliebige Ereignisse A_2 des Ereignissystems $\mathbb{A}$ dieselben Rechenregeln erfüllen wie die nicht bedingten Wahrscheinlichkeiten. Insbesondere gelten auch die Kolmogorow - Axiome.

Das dadurch bestimmte Wahrscheinlichkeitsmaß heißt bedingtes Wahrscheinlichkeitsmaß P_{A_1} bezüglich A_1.

Das Tripel $(\Omega, \mathbb{A}, P_{A_1})$ heißt bedingter Wahrscheinlichkeitsraum.

Anstelle von $P(A_2 / A_1)$ findet man daher auch die Schreibweise $P_{A_1}(A_2)$.

1.2.3 Multiplikationssatz

Ausgehend von der Definition der bedingten Wahrscheinlichkeit eines Ereignisses A_2 unter der Voraussetzung des Ereignisses A_1 erhält man durch einfaches Umstellen von Gl.(1.9) eine Aussage über die Wahrscheinlichkeit eines Produktes von zwei Ereignissen

$$P(A_1 . A_2) = P(A_1) . P(A_2 / A_1) \tag{1.10}$$

Dieser Multiplikationssatz ist lediglich eine Folgerung aus der Definition der bedingten Wahrscheinlichkeit. Er wird in dieser Form jedoch oft verwendet.

Für ein Produkt aus drei Ereignissen erhält man, indem man $A_1 . A_2$ als ein erstes und A_3 als ein zweites Ereignis betrachtet aus Gl.(1.10):

$$P\big((A_1 \cdot A_2) \cdot A_3\big) = P(A_1 \cdot A_2) \cdot P(A_3 / A_1 \cdot A_2)$$

und daraus mit Gl.(1.10):

$$P(A_1 \cdot A_2 \cdot A_3) = P(A_1) \cdot P(A_2 / A_1) \cdot P(A_3 / A_1 \cdot A_2) \qquad (1.11)$$

Eine Verallgemeinerung, die mit vollständiger Induktion bewiesen werden kann, liefert den Produktsatz für n Ereignisse.

$$P(A_1 \cdot A_2 \ldots A_n) = P(A_1) \cdot P(A_2 / A_1) \cdot P(A_3 / A_1 \cdot A_2) \ldots P(A_n / A_1 \ldots A_{n-1}) \qquad (1.12)$$

<u>Beispiel 12</u>: Eine Urne enthält 3 weiße und 3 schwarze Kugeln. Aus der Urne werden ohne Zurücklegen 3 Kugeln entnommen. Wie groß ist die Wahrscheinlichkeit 3 weiße Kugeln zu ziehen?

Es sei das Ereignis

A_i = Ziehen einer weißen Kugel beim i-ten Versuch ($i = 1,2,3$).

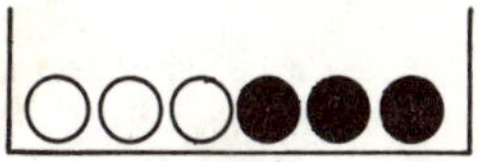

Bild 6 Urne

Da ohne Zurücklegen gezogen wird, sind die einzelnen Versuche dieses Laplace-Experiments voneinander abhängig und man erhält für die gesuchte Wahrscheinlichkeit

$$P(A_1 \cdot A_2 \cdot A_3) = P(A_1) \cdot P(A_2 / A_1) \cdot P(A_3 / A_1 \cdot A_2) = \frac{3}{6} \cdot \frac{2}{5} \cdot \frac{1}{4} = \frac{1}{20}$$

<u>Beispiel 13</u>: Ein regelmäßiger Würfel wird zweimal geworfen. Es werden die folgenden zufälligen Ereignisse betrachtet:

A_1 = gerade Augenzahl beim 1. Wurf

A_2 = gerade Augenzahl beim 2. Wurf

A_3 = gerade Augensumme bei den beiden Würfen.

Wie groß ist die Wahrscheinlichkeit, daß alle drei Ereignisse eintreten?

Gesucht ist also $P(A_1 \cdot A_2 \cdot A_3) = P(A_1) \cdot P(A_2 / A_1) \cdot P(A_3 / A_1 \cdot A_2)$.

Es gilt $P(A_1) = \frac{1}{2}$. Da das Eintreten des Ereignisses A_2 vom Eintreten oder Nichteintreten des Ereignisses A_1 unabhängig ist, gilt in diesem Falle $P(A_2 / A_1) = P(A_2) = \frac{1}{2}$. Mit dem Eintreten der Ereignisse A_1 und A_2 ist notwendigerweise das Eintreten des Ereignisses A_3 verbunden, d.h. $P(A_3 / A_1 \cdot A_2) = 1$.

Damit erhält man: $P(A_1 \cdot A_2 \cdot A_3) = \frac{1}{2} \cdot \frac{1}{2} \cdot 1 = \frac{1}{4}$.

1.2.4 Stochastische Unabhängigkeit

Der Begriff der stochastischen Unabhängigkeit von Ereignissen ist in der Wahrscheinlichkeitsrechnung überaus wichtig und wird oft benötigt.

a) Paarweise Unabhängigkeit von zwei Ereignissen

Bei zwei unabhängigen Ereignissen ist es einleuchtend, zu schließen, daß die Wahrscheinlichkeit des Ereignisses A_2 vom Eintreten oder Nichteintreten des Ereignisses A_1 nicht abhängt. Die bedingte Wahrscheinlichkeit des Ereignisses A_2 unter der Voraussetzung des Ereignisses A_1 (oder unter Voraussetzung des Ereignisses $\overline{A}_1$) muß dann gleich der gewöhnlichen Wahrscheinlkchkeit von A_2 sein. Es gilt also:

$$P(A_2 / A_1) = P(A_2 / \overline{A}_1) = P(A_2).$$

Der Multiplikationssatz für zwei Ereignisse (Gl.(1.10)) hat dann die Form:

$$P(A_1.A_2) = P(A_1).P(A_2/A_1) = P(A_1).P(A_2)$$

Diese Aussage wird nun zur Definition der paarweisen Unabhängigkeit von zwei Ereignissen verwendet.

Definition 1.11:

Zwei Ereignisse A_1 und A_2 eines Ereignissystems $\mathbb{A}$ heißen stochastisch unabhängig, wenn

$$P(A_1.A_2) = P(A_1).P(A_2) \qquad (1.13)$$

gültig ist.

Kann die stochastische Unabhängigkeit der Ereignisse A_1 und A_2 vorausgesetzt werden, dann dient Gl.(1.13) zur Berechnung der Wahrscheinlichkeit des Produktereignisses $A_1.A_2$ aus den Wahrscheinlichkeiten der Ereignisse A_1 und A_2. In diesem Zusammenhang wird die Definitionsgleichung der Unabhängigkeit zweier Ereignisse auch als Produktsatz für zwei unabhängige Ereignisse bezeichnet.

b) Vollständige Unabhängigkeit von drei Ereignissen

Wir wollen den Begriff der Unabhängigkeit zuerst auf drei und dann auf endlich viele Ereignisse erweitern.

Definition 1.12:

Die drei Ereignisse A_1, A_2 und A_3 des Ereignissystems $\mathbf{A}$ heißen (vollständig) unabhängig, wenn folgende Bedingungen erfüllt sind:

$$P(A_1 . A_2) = P(A_1).P(A_2) \tag{1.14}$$

$$P(A_1 . A_3) = P(A_1).P(A_3) \tag{1.15}$$

$$P(A_2 . A_3) = P(A_2).P(A_3) \tag{1.16}$$

$$P(A_1 . A_2 . A_3) = P(A_1).P(A_2).P(A_3) \tag{1.17}$$

Gelten nur die Gleichungen (1.14), (1.15) und (1.16), so sind die Ereignisse A_1, A_2 und A_3 paarweise unabhängig. Die paarweise Unabhängigkeit von Ereignissen ist nicht hinreichend für ihre vollständige Unabhängigkeit. Dies soll am folgendem Beispiel gezeigt werden.

Beispiel 14: Ein Tetraeder hat auf je einer Seitenfläche die Farben rot (R), blau (B) und gelb (G), auf der 4. Seitenfläche alle drei Farben. Der Tetraeder wird so auf eine Ebene geworfen, daß jede der 4 Seitenlächen mit der gleichen Wahrscheinlichkeit unten liegt (Laplace-Experiment). Liegt z.B. die rote Seitenfläche unten, so gilt das Ereignis R als eingetreten.

Jede der drei Farben kommt auf je zwei Seitenflächen vor:

$$\Longrightarrow \quad P(R) = P(B) = P(G) = \frac{1}{2}.$$

Jedes Paar von Farben ist nur auf einer Seitenfläche vorhanden:

$$\Longrightarrow \quad P(R.B) = P(R.G) = P(B.G) = \frac{1}{4}.$$

Es gelten also die Gleichungen:

$$\left.\begin{aligned} P(R.B) &= P(R).P(B) = \tfrac{1}{4} \\ P(R.G) &= P(R).P(G) = \tfrac{1}{4} \\ P(B.G) &= P(B).P(G) = \tfrac{1}{4} \end{aligned}\right\} \Longrightarrow \text{Die Ereignisse R, B und G sind paarweise unabhängig!}$$

Alle drei Farben kommen nur auf einer der Seitenflächen vor:

$$\Longrightarrow \quad P(R.B.G) = \frac{1}{4} \neq P(R).P(B).P(G) = \frac{1}{8}$$

Aus der paarweisen Unabhängigkeit der Ereignisse R, B und G folgt nicht ihre vollständige Unabhängigkeit. Daß diese Ereignisse nicht vollständig unabhängig sind, erkennt man daran, daß mit zwei der Farben immer auch das Auftreten der dritten Farbe verbunden ist. So ist etwa das Ereignis R vom Ereignis (B.G) abhängig. Zur vollständigen Unabhängigkeit gehört aber die Unabhängigkeit des Ereignisses R vom Ereignis (B.G), d.h. die Gültigkeit der Gleichung $P(R/B.G) = P(R)$. Hieraus folgt mit der Definition der bedingten Wahrscheinlichkeit und der paarweisen Unabhängigkeit der Ereignisse B und G:

$$P(R/B.G) = P(R) = \frac{P(R.(B.G))}{P(B.G)} = \frac{P(R.B.G)}{P(B).P(G)}$$

Daraus erhält man schließlich $P(R.B.G) = P(R).P(B).P(G)$. Neben der paarweisen Unabhängigkeit muß also auch Gl.(1.17) erfüllt sein. Man kann leicht zeigen, daß auch die Ereignisse A_1, A_2 und A_3 von Beispiel 13 paarweise, aber nicht vollständig unabhängig sind.

c) Stochastische Unabhängigkeit von endlich vielen Ereignissen

<u>Definition 1.13</u>:

Die Ereignisse $A_1, A_2, A_3, \ldots, A_n$ des Ereignissystems $\mathbb{A}$ heißen (vollständig) unabhängig, wenn für jede Indexkombination $\{i_1, i_2, \ldots, i_k\}$ aus der Indexmenge $\{1,2,3,\ldots,n\}$ gilt:

$$P(A_{i_1}.A_{i_2} \ldots A_{i_k}) = P(A_{i_1}).P(A_{i_2}) \ldots P(A_{i_k}) \qquad (1.18)$$

Es handelt sich hier um ein System von $2^n - n - 1$ Gleichungen. Im Falle $n = 3$ sind es die 4 Gleichungen (1.14) bis (1.17).

Es stellt sich jetzt natürlich die Frage, wie die Unabhängigkeit von Ereignissen bei der Lösung einer realen Aufgabe zu erkennen ist. In den meisten Fällen gelingt dies nicht mit Hilfe der Definition der stochastischen Unabhängigkeit. Um die Gültigkeit des Gleichungssystems (1.18) zu zeigen, müßte man ja alle dort auftretenden Wahrscheinlichkeiten kennen, während man im allgemeinen in der Situation ist, einige dieser Wahrscheinlichkeiten berechnen zu wollen. In solchen Fällen wird man bei Ereignissen, die nicht kausal voneinander abhängen, die Unabhängigkeit voraussetzen.

Kann die Unabhängigkeit der Ereignisse $A_1, A_2, \ldots, A_n$ vorausgesetzt werden, so gelten die Gleichungen des Systems (1.18) und insbesondere auch

$$P(A_1 . A_2 \ldots A_n) = P(A_1).P(A_2)\ldots P(A_n) \qquad (1.19)$$

Diese Gleichung wird auch als Multiplikationssatz für unabhängige Ereignisse bezeichnet.

Beispiel 15: Man zeige, daß aus der Unabhängigkeit der Ereignisse A_1 und A_2 die Unabhängigkeit der Ereignisse $\overline{A}_1$ und $\overline{A}_2$ folgt.

Voraussetzung: $P(A_1 . A_2) = P(A_1).P(A_2)$.

Ferner gilt: $P(\overline{A}_1) = 1 - P(A_1)$ und $P(\overline{A}_2) = 1 - P(A_2)$.

Mit einer der de Morgan'schen Regeln $\overline{A}_1 . \overline{A}_2 = \overline{A_1 + A_2}$ (Bild 7) folgt

$$\begin{aligned} P(\overline{A}_1 . \overline{A}_2) &= P(\overline{A_1 + A_2}) \\ &= 1 - P(A_1 + A_2) \\ &= 1 - [P(A_1) + P(A_2) - P(A_1 . A_2)] \\ &= [1 - P(A_1)] \cdot [(1 - P(A_2)] \\ &= P(\overline{A}_1).P(\overline{A}_2) \end{aligned}$$

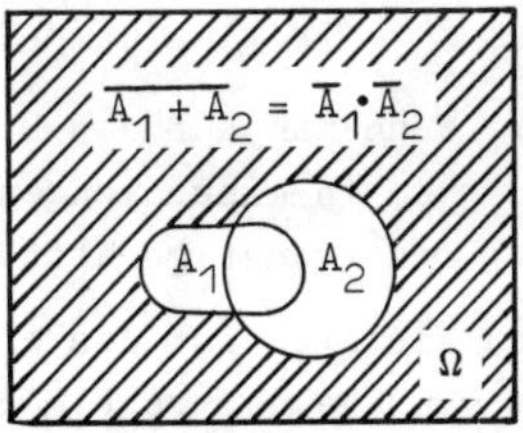

Bild 7 Mengendiagramm

Die Ereignisse $\overline{A}_1$ und $\overline{A}_2$ sind also unabhängig.

In ähnlicher Weise folgt aus der Unabhängigkeit von A_1 und A_2 auch die der Ereignispaare $(\overline{A}_1, A_2)$ und $(A_1, \overline{A}_2)$.

Beispiel 16: In einer Schaltung werden 5 Bauteile A der Ausschußwahrscheinlichkeit $p_A = 1\,\%$ und 6 Bauteile B der Ausschußwahrscheinlichkeit $p_B = 0{,}5\,\%$ eingebaut. Wie groß ist die Wahrscheinlichkeit, daß kein fehlerhaftes Bauteil eingebaut wird, wenn angenommen werden kann, daß die Ereignisse

A_i := i-tes Bauteil der Sorte A ist fehlerhaft und

B_k := k-tes Bauteil der Sorte B ist fehlerhaft

voneinander unabhängig sind?

Das Ereignis C:= kein Bauteil ist fehlerhaft, ist gegeben durch $C = \overline{A}_1.\overline{A}_2...\overline{A}_5.\overline{B}_1.\overline{B}_2...\overline{B}_6.$

Mit den Wahrscheinlichkeiten $P(\overline{A}_i) = 0{,}99$ $(i = 1,2,...,5)$ und $P(\overline{B}_k) = 0{,}995$ $(k = 1,2,...,6)$ erhält man wegen der Unabhängigkeit der Ereignisse

$$P(C) = 0{,}99^5 . 0{,}995^6 = \underline{0{,}9228}$$

<u>Beispiel 17</u>: Aufgaben des Chevalier de Mèrè an Pascal

a) Wie groß ist die Wahrscheinlichkeit bei 4-maligen Würfeln mit einem regelmäßigen Würfel mindestens eine 6 zu erhalten?

Ereignis A:= mindestens eine 6 bei 4-maligen Würfeln.
Mit den Ereignissen A_i := Würfeln einer 6 beim i-ten Versuch ist das Komplementärereignis $\overline{A}$:= keine 6 bei 4-maligen Würfeln gegeben durch $\overline{A} = \overline{A}_1.\overline{A}_2.\overline{A}_3.\overline{A}_4$. Damit erhält man wegen der Unabhängigkeit der Versuche

$$P(A) = 1 - P(\overline{A}) = 1 - \left(\frac{5}{6}\right)^4 = 0{,}518 > 0{,}5$$

Wenn man auf das Eintreten des Ereignisses A wettet, wird man in einer langen Spielserie öfter gewinnen als verlieren (günstige Wette).

b) Wie groß ist die Wahrscheinlichkeit bei 24-maligen Würfeln mit je zwei regelmäßigen Würfel mindestens eine Doppelsechs (Sechserpasch) zu erhalten?

Es sei A:= mindestens eine Doppelsechs bei 24-maligen Würfeln.

Analog zur vorhergehenden Aufgabe ergibt sich für die gesuchte Wahrscheinlichkeit

$$P(A) = 1 - P(\overline{A}) = 1 - \left(\frac{35}{36}\right)^{24} = 0{,}491 < 0{,}5$$

Bei einer Wette auf das Eintreten dieses Ereignisses wird man wegen $P(A) < 0{,}5$ im Mittel öfter verlieren als gewinnen.

<u>Beispiel 18</u>: Es sind n Personen versammelt. Wie groß ist die Wahrscheinlichkeit, daß mindestens zwei Personen am gleichen Tag Geburtstag haben, wenn angenommen werden kann, daß die Geburtstage dieser Personen unabhängige Ereignisse sind und in der Gesamtbevölkerung sich die Geburten gleichmäßig über das Jahr verteilen?

Schließt man den 29. Februar aus, so folgt aus der letzten, sicherlich nur näherungsweise erfüllten Voraussetzung, daß jeder Tag des Jahres mit der Wahrscheinlichkeit $\frac{1}{365}$ als Geburtstag einer Person in Frage kommt.

Wir denken uns die Personen durchnummeriert und führen die folgenden Ereignisse ein:

$A :=$ mindestens zwei Personen haben am gleichen Tag Geburtstag

$\overline{A} :=$ alle Personen haben an verschiedenen Tagen Geburtstag

$\overline{A}_i :=$ die i-te Person hat an einem <u>anderen</u> Tag Geburtstag als die $i-1$ vorhergehenden Personen.

Dabei gilt:

$$P(\overline{A}_2) = \frac{364}{365},\ P(\overline{A}_3) = \frac{363}{365},\ \ldots,\ P(\overline{A}_n) = \frac{365-(n-1)}{365}$$

Nun ist aber $\overline{A} = \overline{A}_2 . \overline{A}_3 \ldots \overline{A}_n$ und damit gilt wegen der Unabhängigkeit der Ereignisse

$$P(\overline{A}) = P(\overline{A}_2) . P(\overline{A}_3) \ldots P(\overline{A}_n).$$

Die gesuchte Wahrscheinlichkeit dafür, daß mindestens zwei Personen am gleichen Tag Geburtstag haben ist damit

$$P(A) = 1 - P(\overline{A}) = \begin{cases} 1 - \dfrac{364 . 363 \ldots (366-n)}{365^{n-1}} & (n < 366) \\ 1 & (n \geqq 366) \end{cases}$$

Die überraschend großen Werte der Wahrscheinlichkeit P(A) zeigt für verschiedene n die folgende Übersicht.

n	10	20	23	30	50	100
P(A)	0,117	0,411	0,507	0,706	0,970	0,99999969

1.2.5 Mehrstufige Zufallsexperimente

Oft läßt sich ein Zufallsexperiment in eine Folge von einfacheren Zufallsexperimenten zerlegen. Eine derartige Folge von Zufallsexperimenten heißt <u>mehrstufiges Zufallsexperiment</u>.
So läßt sich beispielsweise das Zufallsexperiment "Ziehen von zwei Kugeln aus einer Urne" als eine Folge von zwei Zufallsexperimenten auffassen, von denen jedes im Ziehen von nur einer Kugel besteht.
Den Ablauf eines mehrstufigen Zufallsexperiments kann man sich übersichtlich durch ein <u>Baumdiagramm</u> veranschaulichen.
Stellen wir uns zwei Zufallsexperimente hintereinander ausgeführt vor. Das erste habe die beiden Ausgänge A_1 und A_2, das zweite die Ausgänge B_1 und B_2. Das Baumdiagramm von Bild 8 zeigt die möglichen Abläufe dieses zweistufigen Zufallsexperiments. Bei den Pfeilen, die den Ablauf des mehrstufigen Zufallsexperiments anzeigen, ist jeweils die Wahrscheinlichkeit, bzw. bedingte Wahrscheinlichkeit angegeben, mit der das betreffende Teilstück eines Pfades durch das Baumdiagramm durchlaufen wird.

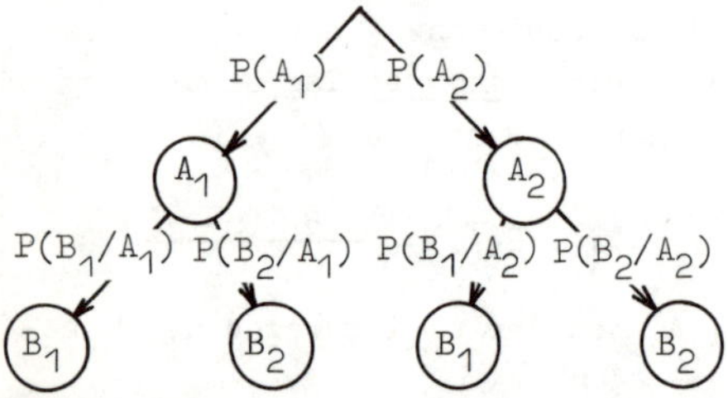

Bild 8 Baumdiagramm

Dabei gilt folgende Aussage:

a) Jedem möglichen Ablauf eines mehrstufigen Zufallsexperiments entspricht umkehrbar eindeutig ein Pfad des Baumdiagramms.

b) Die Wahrscheinlichkeit dafür, daß ein bestimmter Ablauf stattfindet, ist durch das Produkt der Wahrscheinlichkeiten längs des Pfades gegeben (Produktsatz für abhängige Ereignisse, Gl.(1.12)).

<u>Beispiel 19</u>: Eine Urne enthält 2 Kugeln mit der Ziffer 1 und 3 Kugeln mit der Ziffer 2. Wir betrachten das zweistufige

Zufallsexperiment: 1. Stufe: Ziehen einer Kugel ohne Zurücklegen

2. Stufe: Ziehen einer weiteren Kugel.

Welche Wahrscheinlichkeiten haben die möglichen Abläufe dieses Zufallsexperiments?

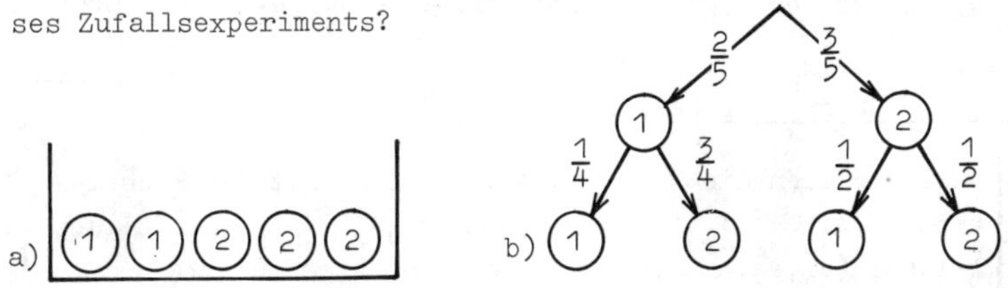

Bid 9 a) Urne b) Baumdiagramm

Aus dem Baumdiagramm von Bild 9 lassen sich die folgenden Wahrscheinlichkeiten ablesen.

ω_i	11	12	21	22
$P(\omega_i)$	$\frac{2}{5}\cdot\frac{1}{4} = 0{,}1$	$\frac{2}{5}\cdot\frac{3}{4} = 0{,}3$	$\frac{3}{5}\cdot\frac{1}{2} = 0{,}3$	$\frac{3}{5}\cdot\frac{1}{2} = 0{,}3$

Das Hilfsmittel des Baumdiagramms soll nun verwendet werden, die Berechnung der <u>Anzahl der möglichen Abläufe eines mehrstufigen Zufallsexperiments</u> zu veranschaulichen.

Betrachten wir ein 3-stufiges Zufallsexperiment mit $n_1 = 4$ möglichen Ergebnissen der 1.Stufe, $n_2 = 2$ möglichen Ergebnissen der 2.Stufe und $n_3 = 3$ möglichen Ergebnissen der 3.Stufe. Das Baumdiagramm von Bild 10 zeigt, daß dieses Zufallsexperiment 4.2.3 = 24 mögliche Abläufe hat.

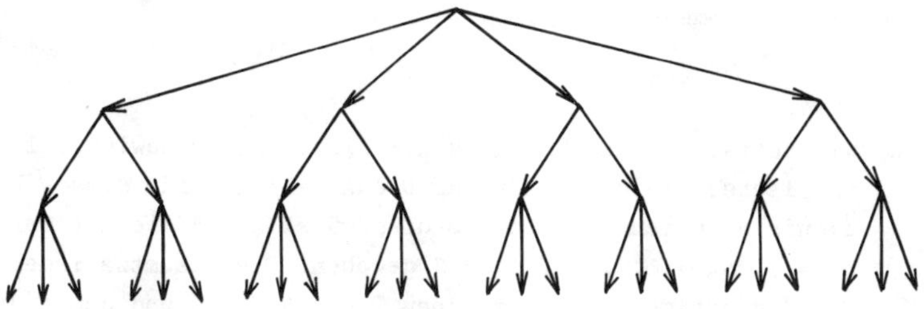

Bild 10 Baumdiagramm

Allgemein gilt:

> Gesamtzahl der möglichen Abläufe eines mehrstufigen Zufallsexperiments
> = Produkt der möglichen Ergebnisse in den einzelnen Stufen.

Diese Aussage wird, etwas allgemeiner formuliert, als allgemeines Zählprinzip bezeichnet.

> Gegeben seien die k Mengen $A_1, A_2, \ldots, A_k$ mit den Mächtigkeiten $|A_1| = n_1$, $|A_2| = n_2$, ..., $|A_k| = n_k$. Man bildet k-Tupel $(a_1, a_2, \ldots, a_k)$ aus der Produktmenge $A_1 \times A_2 \times \ldots \times A_k$ dadurch, daß man die i-te Stelle des k-Tupels mit einem Element a_i aus der Menge A_i besetzt.
> Dann gibt es $n_1 . n_2 \ldots n_k$ verschiedene k-Tupel.

Beispiel 20: Zur Ermittlung einer siebenstelligen Gewinnzahl wurden aus einer Trommel, in der sich 70 gleichartige Kugeln und zwar je 7 mit den Aufschriften 0,1,2,...,9 befanden, 7 Kugeln ohne Zurücklegen gezogen (Glücksspirale 1971).

a) Mit welcher Wahrscheinlichkeit wurde eine Losnummer mit lauter gleichen Ziffern, z.B. die Losnummer 1111111, als Gewinnzahl gezogen?
b) Welche Wahrscheinlichkeit hatte eine Losnummer mit lauter verschiedenen Ziffern, z.B. die Losnummer 1234567, als Gewinnzahl gezogen zu werden?

Es handelt sich um ein Laplace-Experiment. Die Anzahl der möglichen, gleichwahrscheinlichen Abläufe dieses 7-stufigen Zufallsexperiments ist durch

$$m = 70.69.68.67.66.65.64$$

gegeben.

a) Wir betrachten das Ereignis A:= Ziehen einer Gewinnzahl mit lauter gleichen Ziffern. Die Anzahl der für dieses Ereignis A in den einzelnen Stufen günstigen Fälle ist durch $n_1 = 7$, $n_2 = 6$, ... , $n_7 = 1$ gegeben. Die Gesamtzahl der für A günstigen Fälle ist dann 7.6.5.4.3.2.1 und damit die gesuchte Wahrscheinlichkeit

$$P(A) = \frac{7.6.5.4.3.2.1}{70.69.68.67.66.65.64} = 8{,}34.10^{-10}$$

b) Es sei B:= Ziehen einer Gewinnzahl mit lauter verschiedenen Ziffern. Da hier in allen Stufen die Anzahl der für B günstigen Ausgänge jeweils 7 ist folgt

$$P(B) = \frac{7.7.7.7.7.7.7}{70.69.68.67.66.65.64} = 1{,}36.10^{-7}$$

Die Wahrscheinlichkeiten, als Gewinnzahl zu erscheinen, waren für die verschiedenen Losnummern recht unterschiedlich. Bei den folgenden Ausspielungen wurden die Gewinnzahlen durch Ziehen aus 7 verschiedenen Trommeln mit je 10 Kugeln (0 bis 9) ermittelt. Dadurch werden die einzelnen Stufen voneinander unabhängig und jede Losnummer erhält die gleiche Gewinnwahrscheinlichkeit $P = (\frac{1}{10})^7 = 10^{-7}$ (Multiplikationssatz für unabhängige Ereignisse).

1.2.6 Totale Wahrscheinlichkeit, Formel von Bayes

Wir betrachten ein Ereignis B, das stets genau im Zusammenhang mit einem der paarweise disjunkten Ereignisse A_i auftritt. Es soll die totale Wahrscheinlichkeit P(B) des Ereignisses B bestimmt werden.

Satz von der totalen Wahrscheinlichkeit:

Gegeben sei eine Folge von paarweise disjunkten Ereignissen A_i (i = 1,2,...,n) aus einem Ereignissystem $\mathbb{A}$ über der nichtleeren Ergebnismenge Ω mit $P(A_i) > 0$ für alle i. Dann gilt für jedes Ereignis B mit der Eigenschaft

$$B = \sum_{i=1}^{n} B.A_i :$$

$$P(B) = \sum_{i=1}^{n} P(A_i).P(B/A_i) \tag{1.20}$$

Beweis: Da sich die Ereignisse A_i paarweise gegenseitig ausschließen, sind auch die Ereignisse $B.A_i$ paarweise disjunkt und man erhält

$$P(B) = P(\sum_{i=1}^{n} B.A_i) = \sum_{i=1}^{n} P(B.A_i) = \sum_{i=1}^{n} P(A_i).P(B/A_i)$$

Für die letzte Umformung wurde der Multiplikationssatz (Gl. 1.10) verwendet.

Bemerkung:
Wäre entgegen den hier gemachten Voraussetzungen für mindestens ein i die Wahrscheinlichkeit $P(A_i) = 0$, so sind in Gl. (1.20)die entsprechenden Ausdrücke $P(A_i).P(B/A_i)$ Null zu setzen, auch wenn die zugehörigen bedingten Wahrscheinlichkeiten $P(B/A_i) = P(B.A_i)/P(A_i)$ nicht definiert sind.

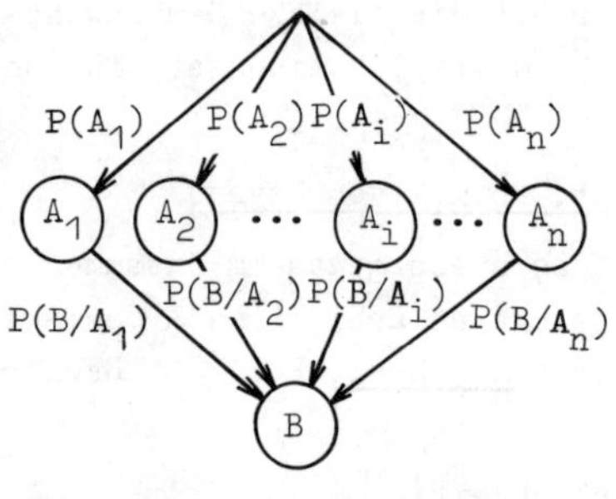

Bild 11 Baumdiagramm

Die Formel für die totale Wahrscheinlichkeit kann durch das Baumdiagramm von Bild 11 veranschaulicht werden, in das nur die Pfade eingetragen sind, die zum Ereignis B führen. Man "erreicht" B nur über eine der "Zwischenstationen" A_i. Die totale Wahrscheinlichkeit P(B) ist die Wahrscheinlichkeit, auf irgendeinen der Pfade B zu erreichen.

Zur Berechnung von Wahrscheinlichkeiten bei Vorliegen eines Baumdiagramms werden gern folgende Pfadregeln verwendet.

1.Pfadregel: Die Wahrscheinlichkeit dafür, daß ein bestimmter Pfad durchlaufen wird, ist gleich dem Produkt der Wahrscheinlichkeiten längs des Pfades.

2.Pfadregel: Die Wahrscheinlichkeit eines bestimmten Ereignisses ist gleich der Summe der Wahrscheinlichkeiten aller Pfade, die zu diesem Ereignis führen (Satz von der totalen Wahrscheinlichkeit).

Wir wollen nun die Fragestellung etwas abändern und das Eintreten des Ereignisses B voraussetzen. Gesucht ist die Wahrscheinlichkeit dafür, daß B mit dem Auftreten des Ereignisses A_k verbunden war. Gesucht ist also die bedingte Wahrscheinlichkeit $P(A_k/B)$. Mit der Definition der bedingten Wahrscheinlichkeit und dem Multiplikationssatz erhalten wir:

$$P(A_k/B) = \frac{P(A_k.B)}{P(B)} = \frac{P(A_k).P(B/A_k)}{P(B)}$$

Wendet man im Nenner des letzten Ausdrucks auf $P(B) > 0$ den Satz von der totalen Wahrscheinlichkeit an, so erhält man die von Thomas Bayes 1763 veröffentlichte Formel, durch die, nach der Durchführung des Zufallsexperiments, die Wahrscheinlichkeit dafür berechnet wird, daß das eingetretene Ereignis B mit dem Ereignis A_k verbunden war.

$$P(A_k/B) = \frac{P(A_k).P(B/A_k)}{\sum_{i=1}^{n} P(A_i).P(B/A_i)} \qquad (1.21)$$

Formel von Bayes

Betrachtet man das Baumdiagramm von Bild 11, so erkennt man, daß die Formel von Bayes auch in der Form geschrieben werden kann

$$P(A_k/B) = \frac{\text{Wahrscheinlichkeit des günstigen Pfades}}{\sum \text{Wahrscheinlichkeiten aller Pfade nach B}} .$$

Beispiel 21: In einer Urne befinden sich 2 weiße und 3 andere Kugeln. Aus der Urne wird dreimal je eine Kugel ohne Zurücklegen zufällig entnommen. Es sei das Ereignis

W_i := Ziehen einer weißen Kugel beim i-ten Versuch ($i = 1,2,3$)

Man berechne für $i = 1,2,3$ die Wahrscheinlichkeiten $P(W_i)$.

Der Ablauf des Zufallsexperiments ist im Baumdiagramm von Bild 12 dargestellt, wobei in der 3. Stufe nur die Pfade eingezeichnet wurden, die zum Ereignis W_3 führen.

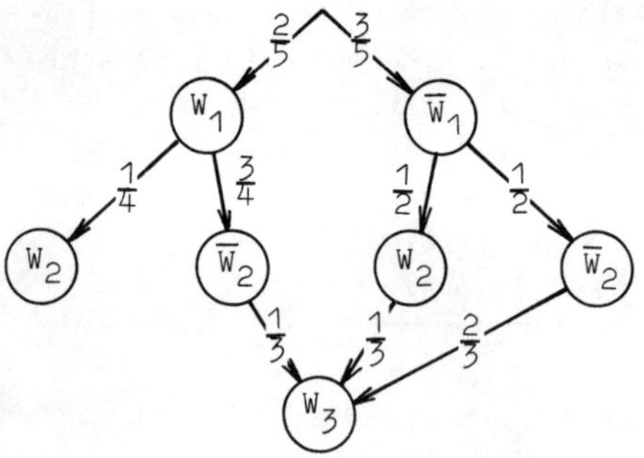

Mit den Pfadregeln erhält man:

$P(W_1) = \frac{2}{5}$

$P(W_2) = \frac{2}{5}\cdot\frac{1}{4} + \frac{3}{5}\cdot\frac{1}{2} = \frac{2}{5}$

$P(W_3) = \frac{2}{5}\cdot\frac{3}{4}\cdot\frac{1}{3} + \frac{3}{5}\cdot\frac{1}{2}\cdot\frac{1}{3} + $

$+ \frac{3}{5}\cdot\frac{1}{2}\cdot\frac{2}{3} = \frac{2}{5}$

Bild 12 Baumdiagramm von Beispiel 21

Das überraschende Ergebnis $P(W_1) = P(W_2) = P(W_3) = \frac{2}{5}$ zeigt, daß die totalen Wahrscheinlichkeiten für das Ziehen einer weißen Kugel in allen Stufen des Zufallsexperiments gleich sind.

<u>Beispiel 22</u>: Über einen Nachrichtenkanal werden die digitalen Zeichen 0 und 1 im Verhältnis 3 : 2 übertragen. Infolge von Störungen des Nachrichtenkanals werden 3 % der gesendeten Zeichen 0 als 1 und 2 % der gesendeten Zeichen 1 als 0 empfangen.

a) Mit welcher Wahrscheinlichkeit ist ein empfangenes Zeichen ein Zeichen 0?

b) Wie groß ist die Wahrscheinlichkeit, daß ein als 0 empfangenes Zeichen auch als 0 gesendet wurde?

Wir führen die folgenden zufälligen Ereignisse ein:

A_i := gesendet wurde das Zeichen i (i = 0,1)

B_i := empfangen wird das Zeichen i (i = 0,1).

a) Totale Wahrscheinlichkeit:

$$P(B_o) = P(A_o).P(B_o/A_o) + P(A_1).P(B_o/A_1)$$
$$= 0{,}6.0{,}97 + 0{,}4.0{,}02 = \underline{0{,}59}$$

60 % der gesendeten, aber 59 % der empfangenen Zeichen sind Zeichen 0.

b) Bayes'sche Formel:

$$P(A_o/B_o) = \frac{P(A_o).P(B_o/A_o)}{P(B_o)} = \frac{0{,}6.0{,}97}{0{,}59} = \underline{0{,}9864}$$

Von den empfangenen Zeichen 0 wurden 98,64 % auch als Zeichen 0 gesendet.

Übungsaufgaben zum Abschnitt 1.2 (Lösungen im Anhang)

Beispiel 23: Die Wahrscheinlichkeit, ein bestimmtes Ergebnis zu erraten, sei 1 %. Wie groß ist die Wahrscheinlichkeit, daß von 200 Personen mindestens eine das Ergebnis errät, wenn die Rateversuche der Personen voneinander unabhängig sind?

Beispiel 24: Ein Versuch mit der Erfolgswahrscheinlichkeit $p = 0{,}1$ wird n-mal unabhängig wiederholt.

a) Wie groß ist die Wahrscheinlichkeit für mindestens einen Erfolg bei $n = 10$ Versuchen?
b) Wie oft muß der Versuch mindestens durchgeführt werden, um mit einer Wahrscheinlichkeit $P \geq 0{,}8$ mindestens einen Erfolg zu erzielen?

Beispiel 25: In einer Fabrik werden bestimmte Werkstücke an drei Maschinen gefertigt. Die Maschine 1 liefert 50 % der Gesamtproduktion mit einem Ausschußanteil von 3 %, die Maschine 2 liefert 30 % mit einem Ausschußanteil von 1 % und die Maschine 3 liefert 20 % der Produktion mit einem Ausschußanteil von 2 %.

a) Wie groß ist die Wahrscheinlichkeit, daß ein zufällig aus der Produktion ausgewähltes Werkstück Ausschuß ist ?
b) Ein Werkstück sei Ausschuß. Wie groß ist die Wahrscheinlichkeit, daß es von der Maschine 1 gefertigt wurde ?

Beispiel 26: Angenommen, für einen Test zur Krebsdiagnose gelten die folgenden Angaben:
Hat eine Person Krebs, dann ist mit einer Wahrscheinlichkeit 0,95 der Test positiv. Hat die Person keinen Krebs, dann ist der Test mit einer Wahrscheinlichkeit 0,92 negativ.
Bei einer Versuchsperson ist der Test positiv. Wie groß ist die Wahrscheinlichkeit, daß die Person wirklich Krebs hat, wenn in der Gesamtbevölkerung 0,5 % der Personen dieser Altersgruppe an Krebs erkrankt sind ?

1.3 Kombinatorik

Kann ein Zufallsexperiment als Laplace-Experiment angesehen werden und soll die Wahrscheinlichkeit eines dabei auftretenden Ereignisses A berechnet werden, so kommt es im wesentlichen darauf an, die für A günstigen Ergebnisse und die bei dem Zufallsexperiment überhaupt möglichen Ergebnisse abzuzählen. Einige Formeln der Kombinatorik sollen uns bei der Berechnung dieser Anzahlen helfen. Dabei spielen bei den hier interessierenden Aufgaben der Kombinatorik zwei Operationen eine wichtige Rolle.

1. Die Auswahl einer Teilmenge (Stichprobe) von n Elementen aus einer Grundmenge von N Elementen.
   a) Erfolgt die Auswahl der Stichprobenelemente ohne Zurücklegen, so kann jedes Element der Grundmenge höchstens einmal in der Stichprobe enthalten sein: Auswahl ohne Wiederholungen.
   b) Bei einer Auswahl der Stichprobenelemente mit Zurücklegen wird jedes gezogene Element vor dem Ziehen des nächsten Elements in die Grundmenge zurückgelegt. Ein Element der Grundmenge kann daher mehrmals in die Stichprobe gelangen: Auswahl mit Wiederholungen.

2. Die Anordnung der Elemente in der Stichprobe.
   a) Eine Stichprobe soll geordnete Stichprobe heißen, wenn die Reihenfolge ihrer Elemente beachtet wird. Stichproben, die sich nur in der Reihenfolge ihrer Elemente unterscheiden, gelten als verschiedene Stichproben. Soll etwa eine Gewinnzahl ermittelt werden, so ist die Reihenfolge, in der die Ziffern gezogen werden wesentlich.
   b) Bei einer ungeordneten Stichprobe dagegen spielt die Reihenfolge in der ihre Elemente aus der Grundmenge ausgewählt werden keine Rolle. Stichproben, die sich nur in der Reihenfolge ihrer Elemente unterscheiden, gelten nicht als verschiedene Stichproben.

1.3.1 Permutationen

Definition 1.14:

Jede Anordnung von n Elementen in einer bestimmten Reihenfolge,heißt Permutation dieser Elemente.

Jede Permutation enthält also alle n Elemente, und zwar jedes genau einmal. Bei der Bestimmung der Anzahl der möglichen Permutationen von n Elementen sind zwei Fälle zu unterscheiden.

a) Alle Elemente sind voneinander verschieden.

Es gibt dann n mögliche Stellen für das 1. Element,
$n-1$ " " " " 2. " ,
.
.
.
1 mögliche Stelle für das n-te Element.

Mit dem allgemeinen Zählprinzip (Abschn. 1.2.5) folgt:

$$\text{Anzahl der Permutationen von n verschiedenen Elementen} = n.(n-1)\ldots 3.2.1 = n! \quad (1.22)$$

b) Es existieren k Klassen von je $n_1, n_2, \ldots, n_k$ gleichen Elementen. Da die $n_1!$, $n_2!, \ldots, n_k!$ Vertauschungen der jeweils gleichen Elemente keine neue Anordnung der n Elemente ergeben, folgt in diesem Falle:

$$\text{Anzahl der Permutationen} = \frac{n!}{n_1!\, n_2! \ldots n_k!} \quad (1.23)$$

Zusammenfassung:

	alle Elemente sind verschieden	je $n_1, n_2, \ldots, n_k$ Elemente sind gleich
Anzahl der Permutationen	$n!$	$\frac{n!}{n_1!\, n_2! \ldots n_k!}$

Beispiel 27: Wie viele verschiedene Wörter lassen sich aus den Buchstaben der Wörter "median" und "mississippi" bilden? Das gegebene Wort sei dabei mitgezählt.

a) Das Wort median enthält n = 6 verschiedene Buchstaben. Es gibt daher 6! = 720 verschiedene Buchstabenanordnungen.
b) Das Wort mississippi enthält n = 11 Buchstaben, von denen n_1 = 4 mal der Buchstabe i, n_2 = 4 mal der Buchstabe s und n_3 = 2 mal der Buchstabe p auftritt. Die Anzahl der verschiedenen Buchstabenanordnungen (Wörter) ist daher durch $\frac{11!}{4!\,4!\,2!} = 34\,650$ gegeben.

X

Beispiel 28: Wie viele kürzeste Wege gibt es, um in dem im Bild 13 dargestellten Straßensystem vom Punkt A(0/0) zum Punkt P(x/y) zu kommen ?

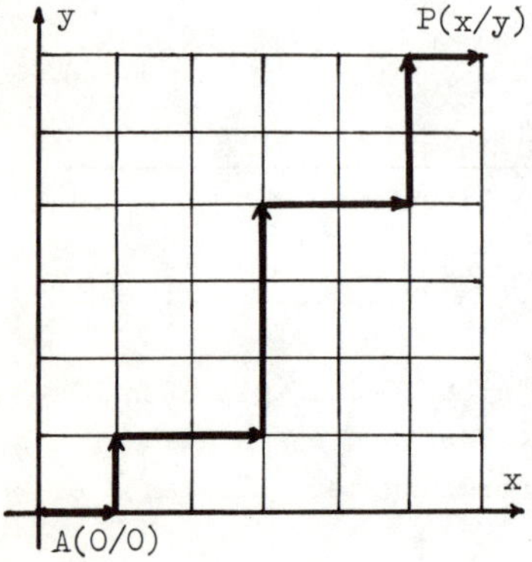

Bild 13 Straßensystem

In das Bild 13 ist ein möglicher kürzester Weg eingezeichnet. Allgemein besteht ein kürzester Weg aus x horizontalen und y vertikalen Wegstrecken.
Bezeichnet man die horizontalen Wegstrecken mit 0, die vertikalen mit 1, so kann jeder kürzeste Weg als eine Folge von x mal 0 und y mal 1 beschrieben werden.
Der im Bild dargestellte kürzeste Weg ist durch die Folge 010011100110 beschrieben.
Da jede Permutation der x Symbole 0 und der y Symbole 1 einen kürzesten Weg angibt, ist die Gesamtzahl der kürzesten Wege gegeben durch:

$$z = \frac{(x + y)\,!}{x!\;y!}$$

Für A(0/0) und P(6/6) existieren $\frac{12!}{6!\,6!} = 924$ verschiedene kürzeste Wege.

1.3.2 Stichproben vom Umfang n aus einer Grundgesamtheit von N Elementen

a) Geordnete Stichproben ohne Wiederholungen

Aus einer Grundmenge von N Elementen werden n Elemente ($n \leqq N$) ohne Zurücklegen entnommen. Die Reihenfolge wird beachtet (geordnete Stichprobe).

Es gibt dann N Möglichkeiten die 1. Stelle,
$N-1$ " " 2. "
.
.
.
$N-n+1$ " " n-te Stelle zu besetzen. Mit dem allgemeinen Zählprinzip erhält man die folgende Aussage:

Aus einer Menge von N Elementen kann man

$$\frac{N!}{(N-n)!} = N(N-1)(N-2)\ldots(N-n+1)$$

verschiedene geordnete Stichproben ohne Wiederholungen vom Umfang n ($n \leqq N$) entnehmen.

b) Geordnete Stichproben mit Wiederholungen

Aus N Elementen werden mit Zurücklegen n Elemente mit Beachtung der Reihenfolge entnommen. Wegen der möglichen Wiederholungen kann n auch größer als N sein.Es gibt hier
N Möglichkeiten die 1. Stelle
N " " 2. "
.
.
.
N " " n-te Stelle zu besetzen.

Mit dem allgemeinen Zählprinzip erhält man als Gesamtzahl N^n verschiedene Stichproben.

Aus einer Menge von N Elementen kann man

$$N^n$$

verschiedene geordnete Stichproben mit Wiederholungen vom Umfang n entnehmen.

c) <u>Ungeordnete Stichproben ohne Wiederholungen</u>

Es gibt $\frac{N!}{(N-n)!}$ verschiedene <u>geordnete</u> Stichproben ohne Wiederholungen.

In dieser Anzahl sind Stichproben, die sich nur in der Reihenfolge ihrer Elemente unterscheiden, als verschiedene Stichproben gezählt. Wird die Reihenfolge der Elemente nicht beachtet, so werden die n! Permutationen von je n verschiedenen Stichprobenelementen nur als eine Stichprobe gezählt. Die obengenannte Anzahl ist daher noch durch n! zu dividieren.

Aus einer Menge von N Elementen kann man

$$\frac{N!}{(N-n)!\,n!} = \binom{N}{n}$$

verschiedene ungeordnete Stichproben ohne Wiederholungen vom Umfang n $(n \leqq N)$ entnehmen.

Im folgenden sind kurz einige wichtige Eigenschaften der <u>Binomialkoeffizienten</u> $\binom{N}{n}$ aufgeführt.

1. Definition der Binomialkoeffizienten:

$$\binom{N}{n} := \frac{N(N-1)(N-2)\ldots(N-n+1)}{1\cdot 2\cdot 3 \ldots n} = \frac{N!}{n!(N-n)!}$$

$$\binom{N}{0} := 1$$

2. Symmetrieeigenschaft: $\binom{N}{n} = \binom{N}{N-n}$

   Der Beweis ergibt sich direkt aus der Definition der Binomialkoeffizienten.

3. Summeneigenschaft: $\binom{N}{n} + \binom{N}{n+1} = \binom{N+1}{n+1}$

   Beweis:

$$\binom{N}{n} + \binom{N}{n+1} = \binom{N}{n} + \binom{N}{n}\cdot\frac{N-n}{n+1} = \binom{N}{n}\cdot\left[1 + \frac{N-n}{n+1}\right]$$

$$= \binom{N}{n}\cdot\frac{N+1}{n+1} = \binom{N+1}{n+1}$$

4. Aus dem Binomialsatz $(a+b)^N = \sum_{n=0}^{N} \binom{N}{n} a^{N-1} b^n$

folgt im Sonderfall $a = b = 1$ die folgende Aussage über die Summe der Binomialkoeffizienten bei festem N:

$$\sum_{n=0}^{N} \binom{N}{n} = 2^N$$

d) <u>Ungeordnete Stichproben mit Wiederholungen</u>

Aus N Elementen werden nun mit Zurücklegen n Elemente entnommen, wobei die Reihenfolge keine Rolle spielt. Da die ersten $n-1$ entnommenen Elemente wieder zurückgelegt werden, stellen wir uns vor, aus einer Grundmenge von $N+n-1$ Elementen n Elemente ohne Wiederholungen und ohne Beachtung der Reihenfolge zu entnehmen.

Aus einer Menge von N Elementen kann man

$$\binom{N+n-1}{n}$$

verschiedene ungeordnete Stichproben mit Wiederholungen vom Umfang n entnehmen.

<u>Zusammenfassung</u>: Anzahl der möglichen Stichproben

	Paare geordnete Stichprobe (mit Beachtung der Reihenfolge)	Teilmengen ungeordnete Stichprobe (ohne Beachtung der Reihenfolge)
ohne Zurücklegen (ohne Wiederholungen)	$\frac{N!}{(N-n)!}$	$\binom{N}{n}$
mit Zurücklegen (mit Wiederholungen)	N^n	$\binom{N+n-1}{n}$

Beispiel 29: In der Sendung "Testspiele" des ZDF (1973) konzentrierte sich eine Person nacheinander auf 6 verschiedene Zahlen zwischen 1 und 9, um sie auf telepathischem Wege den Zuschauern zu übermitteln. Die Zuschauer wurden gebeten, die ihnen "übermittelten" Zahlen dem ZDF mitzuteilen. Von 42 420 gültigen Einsendungen waren 2 richtig.
Wie groß ist die Wahrscheinlichkeit, die 6 Zahlen in der richtigen Reihenfolge zu erraten?

Aus N = 9 Zahlen werden n = 6 Zahlen ohne Wiederholungen ausgewählt. Die Reihenfolge ist wesentlich. Es gibt daher

$$\frac{9!}{(9-6)!} = 9 \cdot 8 \cdot 7 \cdot 6 \cdot 5 \cdot 4 = 60\,480$$

verschiedene, gleichwahrscheinliche Zahlenfolgen, von denen eine die richtige ist. Die gesuchte Wahrscheinlichkeit ergibt sich damit zu

$$P = \frac{1}{60\,480} = 0{,}0000165$$

Beispiel 30: Wie viele verschiedene Tippmöglichkeiten gibt es beim Fußballtoto?

Aus den N = 3 Elementen 0,1,2 werden mit Wiederholungen und Beachtung der Reihenfolge n = 11 Elemente ausgewählt.

Anzahl der verschiedenen Tippmöglichkeiten = 3^{11} = 177 147.

Beispiel 31: Wie viele verschiedene Tippmöglichkeiten gibt es beim Zahlenlotto " 6 aus 49" und beim Zahlenlotto "7 aus 38"?

a) Aus N = 49 Zahlen werden ohne Wiederholungen und ohne Beachtung der Reihenfolge n = 6 Zahlen ausgewählt.

   Gesuchte Anzahl = $\binom{49}{6}$ = 13 983 816

b) Mit N = 38 und n = 7 erhält man analog

   Gesuchte Anzahl = $\binom{38}{7}$ = 12 620 256

Beispiel 32: Mit welcher Wahrscheinlichkeit treten beim Zahlenlotto " 6 aus 49 " keine Zahlennachbarn auf ?

Sollen keine Zahlennachbarn erscheinen, so dürfen von den

N = 49 Zahlen 5 Zahlen ("Zwischenräume") nicht gezogen werden. Für das Ereignis A:= "es treten keine Zahlennachbarn auf", sind $\binom{44}{6}$ der möglichen $\binom{49}{6}$ Fälle günstig. Das Ziehen der Lottozahlen ist ein Laplace-Experiment und man erhält

$$P(A) = \frac{\binom{44}{6}}{\binom{49}{6}} = 0,5048 \approx \frac{1}{2}$$

In etwa der Hälfte aller Ausspielungen ist damit zu rechnen, daß keine Zahlennachbarn auftreten.

Beispiel 33: In einem Raum befinden sich N = 8 Lampen, die unabhängig voneinander ein- und ausgeschaltet werden können. Wie viele verschiedene Beleuchtungsarten gibt es?

Es gibt $\binom{8}{n}$ verschiedene Möglichkeiten je n Lampen einzuschalten. Insgesamt sind daher

$$\sum_{n=0}^{8} \binom{8}{n} = 2^8 = 256$$ Beleuchtungsarten möglich.

Beispiel 34: Wie viele Möglichkeiten gibt es, N Bälle auf n $\leq$ N Körbchen so zu verteilen, daß kein Körbchen leer bleibt?

Unter Verwendung der Symbole für Ball (o) und für Trennwand (I) ist für N = 10 und n = 6

I oo I o I ooo I o I oo I o I

eine Beschreibung einer möglichen Verteilung. Da die beiden seitlichen Trennsymbole fest stehen, gibt es so viele mögliche Verteilungen, wie es Möglichkeiten gibt, n - 1 Trennsymbole auf N - 1 Zwischenräume zwischen den Ballsymbolen zu verteilen.

Anzahl der möglichen Verteilungen = Anzahl der Möglichkeiten aus N - 1 Zwischenräumen ohne Wiederholungen und ohne Beachtung der Reihenfolge n - 1 Zwischenräume auszuwählen und mit Trennsymbolen zu besetzen.

$$\text{Anzahl der Verteilungen} = \binom{N-1}{n-1}$$

Für N = 10 und n = 6 existieren $\binom{9}{5}$ = 126 verschiedene Verteilungen.

Übungsaufgaben zum Abschnitt 1.3 (Lösungen im Anhang)

Beispiel 35: In einer Urne befinden sich 2 schwarze, 3 weiße und 4 blaue Kugeln. Wie groß ist die Wahrscheinlichkeit, zuerst 2 schwarze, dann 3 weiße und dann 4 blaue Kugeln zu entnehmen?

Beispiel 36: Ein parapsychologisches Experiment, das den Nachweis der Existenz außersinnlicher Wahrnehmungen zum Ziel hat, besteht darin, daß ein Kartenspiel mit 25 Karten, von denen je 5 gleich sind, verdeckt aufgelegt wird.
Die Testperson soll die Reihenfolge der 25 Karten angeben.

a) Wie groß ist die Wahrscheinlichkeit für 25 richtige Antworten bei 25 unabhängigen Rateversuchen?
b) Wie groß ist die Wahrscheinlichkeit für 25 richtige Antworten, wenn die Versuchsperson den Aufbau des Kartenspiels berücksichtigt?

Beispiel 37: N Bälle sollen auf n Körbchen verteilt werden. Wie viele verschiedene Möglichkeiten gibt es, wenn nicht immer alle Körbchen besetzt werden müssen?

Beispiel 38: Wie groß ist die Wahrscheinlichkeit, daß beim Skatspiel zwei Buben im Skat liegen?

Beispiel 39: Beim Pokern werden 5 von 52 Karten ausgeteilt.

a) Wie viele verschiedene Pokerblätter gibt es?
b) Wie groß ist die Wahrscheinlichkeit, daß ein Spieler zwei Asse hat?

Beispiel 40: Es sind N = 12 zufällig ausgewählte Personen versammelt. Wie groß ist die Wahrscheinlichkeit, daß die Geburtstage dieser Personen in 12 verschiedenen Monaten liegen?
Die Geburtstage der Personen seien voneinander unabhängig.
Es kann angenommen werden, daß die Wahrscheinlichkeit dafür, daß eine bestimmte Person in einem bestimmten Monat Geburtstag hat jeweils $\frac{1}{12}$ ist.

1.4 Zufallsgrößen

1.4.1 Allgemeines

Bei vielen Zufallsexperimenten interessiert nicht nur das Elementarereignis $\omega \in \Omega$, das Ergebnis des Zufallsexperiments, sondern auch ein durch das Elementarereignis ω bestimmter reeller Zahlenwert.
Wird aus einer Grundmenge Ω von N Personen eine Person zufällig ausgewählt, so steht als Ergebnis ω dieses Zufallsexperiments eine bestimmte Person fest. Soll nun z.B. das Merkmal Körpergewicht der Personen dieser Grundgesamtheit untersucht werden, so interessiert der Zahlenwert $G(\omega)$ = Körpergewicht der zufällig ausgewählten Person. Wird eine andere Person ausgewählt, so wird auch der Zahlenwert $G(\omega)$ einen i.allg. anderen Wert annehmen. Die Zufallsgröße Körpergewicht ist also ein durch das Ergebnis des Zufallsexperiments bestimmter reller Zahlenwert.

Definition 1.15:

> Unter einer Zufallsgröße (Zufallsvariable) X versteht man eine Funktion
>
> $$X : \omega \longrightarrow X(\omega) \in \mathbb{R} \quad ,$$
>
> die jedem Elementarereignis $\omega \in \Omega$ eine reelle Zahl $X(\omega)$ zuordnet.

Durch diese Definition ist eine Zufallsgröße $X(\omega)$ als eine Funktion (Abbildung) festgelegt. Durch den Zufall bestimmt wird nur der Ausgang ω des Zufallsexperiments. Die Funktion X ordnet dann diesem Elementarereignis ω einen Zahlenwert $X(\omega)$ zu.
Zufallsgrößen sollen im folgenden mit großen Buchstaben, die Werte, die sie annehmen (Realisationen) mit kleinen Buchstaben geschrieben werden.
Man verwendet den Begriff Zufallsgröße auch dann, wenn der interessierende Zahlenwert direkt als Ergebnis des Zufallsexperiments auftritt.

1.4.2 Wahrscheinlichkeits- und Verteilungsfunktion einer diskreten Zufallsgröße

Definition 1.16:

> Eine Zufallsgröße heißt diskret, wenn sie nur abzählbar viele Werte annehmen kann.

Eine diskrete Zufallsgröße kann also entweder endlich viele Werte $x_1, x_2, \ldots, x_n$ oder abzählbar unendlich viele Werte x_i ($i \in \mathbb{N}$) annehmen.

Eine Zufallsgröße X bestimmt eine eindeutige Zerlegung der Ergebnismenge Ω, auf der sie definiert ist.
Es sei A_i eine Teilmenge von Ω derart, daß für alle $\omega_k \in A_i$ $X(\omega_k) = x_i$ ist. Die Teilmenge A_i enthält also alle Elementarereignisse ω_k, für welche die Zufallsgröße X den gleichen Zahlenwert $X(\omega_k) = x_i$ annimmt.
Die Ergebnismenge Ω wird dadurch in disjunkte Teilmengen A_i zerlegt.
Durch ein auf der Ergebnismenge Ω definiertes Wahrscheinlichkeitsmaß P werden den Elementarereignissen ω_k Wahrscheinlichkeiten $P(\omega_k)$ zugeordnet. Damit ist auch die Wahrscheinlichkeit bestimmt, mit welcher die Zufallsgröße X einen Wert x_i annimmt.

Definition 1.17:

> Unter der Wahrscheinlichkeitsfunktion der diskreten Zufallsgröße X versteht man eine Funktion
>
> $$f: \; x_i \longrightarrow P(A_i) = P\Big(\sum_{\omega_k \in A_i} \omega_k\Big) = \sum_{\omega_k \in A_i} P(\omega_k) = P(X = x_i),$$
>
> die den Realisationen x_i der diskreten Zufallsgröße X eine Wahrscheinlichkeit zuordnet.

Da die Teilmengen A_i disjunkt sind und ihre Vereinigung die Ergebnismenge Ω ergibt, gilt

$$\sum_i f(x_i) = 1 \qquad (1.24)$$

Beispiel 41: Werfen von zwei regelmäßigen Würfeln

Die Ergebnismenge Ω dieses Laplace-Experiments besteht aus den 36 gleichwahrscheinlichen Zahlenpaaren (i,k), $1 \leqq i,k \leqq 6$. Betrachtet sei die Zufallsgröße X = Augensumme. Dem Elementarereignis (i,k) wird der Zahlenwert $X\big((i,k)\big) = i + k$ zugeordnet. Die möglichen Realisationen x_i der Zufallsgröße Augensumme, die zugehörenden Teilmengen A_i und die Werte $f(x_i)$ der Wahrscheinlcihkeitsfunktion zeigt die folgende Zusammenstellung:

$P(X = x_i)$

x_i	A_i	$f(x_i)$
2	$\{(1,1)\}$	1/36
3	$\{(1,2),(2,1)\}$	2/36
4	$\{(1,3),(2,2),(3,1)\}$	3/36
5	$\{(1,4),(2,3),(3,2),(4,1)\}$	4/36
6	$\{(1,5),(2,4),(3,3),(4,2),(5,1)\}$	5/36
7	$\{(1,6),(2,5),(3,4),(4,3),(5,2),(6,1)\}$	6/36
8	$\{(2,6),(3,5),(4,4),(5,3),(6,2)\}$	5/36
9	$\{(3,6),(4,5),(5,4),(6,3)\}$	4/36
10	$\{(4,6),(5,5),(6,4)\}$	3/36
11	$\{(5,6),(6,5)\}$	2/36
12	$\{(6,6)\}$	1/36
		$\sum f(x_i) = 1$

In Bild 14 ist die Wahrscheinlichkeitsfunktion der Zufallsgröße X graphisch dargestellt (diskrete Dreiecksverteilung). Man erkennt, daß die Augensumme X = 7 mit der größten Wahrscheinlichkeit $P(X=7) = \frac{6}{36}$ auftritt.

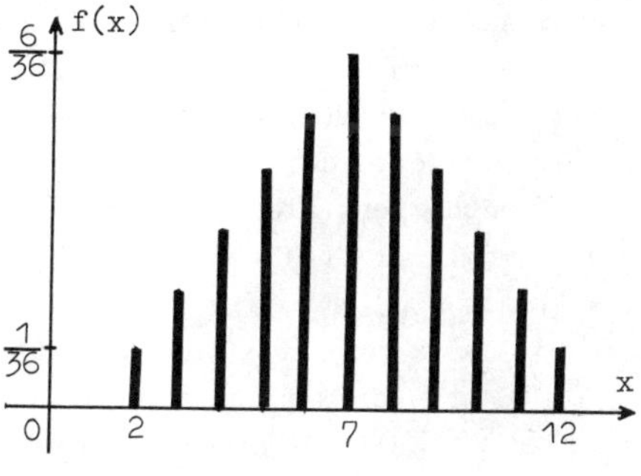

Bild 14 Wahrscheinlichkeitsfunktion

Definition 1.18:

Die Verteilungsfunktion $F(x)$ einer diskreten Zufallsgröße X gibt die Wahrscheinlichkeit dafür an, daß die Zufallsgröße Werte annimmt, die kleiner oder gleich dem Wert x sind.

$$F(x) := P(X \leqq x) = \sum_{x_i \leqq x} f(x_i) \tag{1.25}$$

Wegen der Nichtnegativität der Wahrscheinlichkeit gilt für alle i: $f(x_i) = P(X = x) \geqq 0$.
Die Verteilungsfunktion $F(x)$ ist daher eine nicht fallende Funktion mit dem Wertebereich

$$0 \leqq F(x) \leqq 1\,. \tag{1.26}$$

Beispiel 42: Aus einer Menge von 10 Schrauben, unter denen sich 4 defekte Schrauben befinden,werden ohne Zurücklegen und ohne Beachtung der Reihenfolge 2 Schrauben entnommen.
Für die Zufallsgröße X = " Anzahl der defekten Schrauben in der Stichprobe vom Umfang n = 2" sollen die Wahrscheinlichkeitsfunktion und die Verteilungsfunktion bestimmt werden.

Die möglichen Werte, welche die Zufallsgröße annehmen kann, sind $x_1 = 0$, $x_2 = 1$ und $x_3 = 2$.
Berechnung der Wahrscheinlichkeiten $f(x_i) = P(X = x_i)$:
Es gibt $m = \binom{10}{2} = 45$ verschiedene Stichproben vom Umfang 2.

$x_1 = 0$: Aus den 6 nichtdefekten Schrauben werden 2 Schrauben entnommen. Dies ist auf $\binom{6}{2} = 15$ verschiedene Arten möglich: $f(0) = P(X = 0) = 15/45 = 5/15$.

$x_3 = 2$: Aus den 4 defekten Schrauben werden beide Schrauben entnommen. Dies ist auf $\binom{4}{2} = 6$ verschiedene Arten möglich: $f(2) = P(X = 2) = 6/45 = 2/15$.

$x_2 = 1$: Aus $f(0) + f(1) + f(2) = 1$ folgt: $f(1) = 8/15$.
Oder: Aus den 6 nichtdefekten und den 4 defekten Schrauben wird je eine entnommen. Dies ist auf $\binom{6}{1}\binom{4}{1} = 24$ Arten möglich: $f(1) = P(X = 1) = 24/45 = 8/15$.

Die Wahrscheinlichkeitsfunktion und die Verteilungsfunktion der Zufallsgröße X sind in Bild 15 dargestellt.

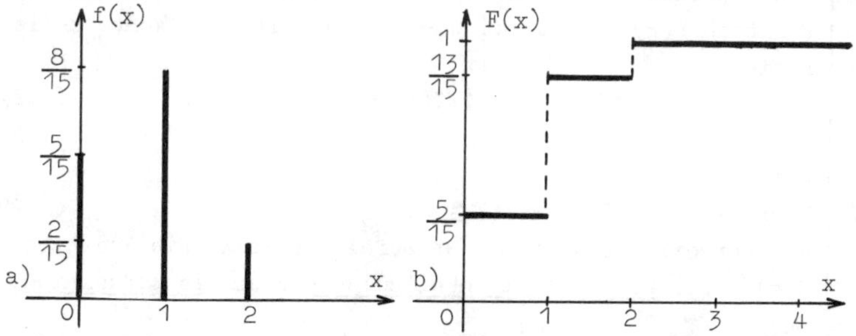

Bild 15 a) Wahrscheinlichkeits- b) Verteilungsfunktion

Im Gegensatz zur Wahrscheinlichkeitsfunktion f nimmt die Verteilungsfunktion F von Null verschiedene Werte auch für Werte von x an, die keine Realisationen der Zufallsgröße X sind.

So ist z.B. $F(1{,}8) = P(X \leqq 1{,}8) = P(X=0) + P(X=1) = \frac{13}{15}$

oder $F(4) = P(X \leqq 4) = 1$.

1.4.3 Dichtefunktion und Verteilungsfunktion einer stetigen Zufallsgröße

Die Anzahl der möglichen Realisationen einer stetigen Zufallsgröße ist nicht abzählbar. Man kann daher nicht jedem möglichen Wert x eine Wahrscheinlichkeit $P(X=x)$ zuordnen. Für stetige Zufallsgrößen gibt es keine derartige Wahrscheinlichkeitsfunktion. Es können nur Wahrscheinlichkeiten dafür angegeben werden, daß die Zufallsgröße Werte annimmt, die innerhalb eines bestimmten Intervalls liegen.

Die zufälligen Ereignisse, denen Wahrscheinlichkeiten zugeordnet werden können sind:

$A_i :=$ X nimmt einen Wert an, der im Intervall I_i liegt.

Die Intervalle I_i können abgeschlossen, offen oder halboffen sein. Es läßt sich zeigen, daß es ein System von Teilmengen der reellen Zahlen gibt, das alle Intervalle enthält und eine σ - Algebra ist.

Definition 1.19:

Eine Zufallsgröße X heißt stetig, wenn eine nichtnegative Funktion f(x) existiert, die für alle reellen Werte x die Beziehung

$$F(x) = \int_{-\infty}^{x} f(t)\,dt \qquad (1.27)$$

erfüllt.

Hierbei ist $F(x) := P(X \leqq x)$ (1.28)

die Verteilungsfunktion der Zufallsgröße X. Die Funktion f(x) heißt Wahrscheinlichkeitsdichte oder Dichtefunktion.

Die Verteilungsfunktion F(x) einer stetigen Zufallsgröße X ist wie bei einer diskreten Zufallsgröße als $F(x) = P(X \leqq x)$ definiert. War bei einer diskreten Zufallsgröße F(x) eine "Treppenfunktion" (Bild 15 b)mit Unstetigkeitsstellen, so ist die Verteilungsfunktion einer stetigen Zufallsgröße X eine stetige Funktion.

Da die Verteilungsfunktion $F(x) = P(X \leqq x)$ mit zunehmenden x nicht abnehmen kann, folgt

$$F'(x) = f(x) \geqq 0$$

Die Dichtefunktion nimmt nur nichtnegative Werte an. Aus den Definitionen der Verteilungs- und Dichtefunktion ergeben sich die folgenden Aussagen:

$$F(-\infty) = 0 \quad \text{und} \quad F(\infty) = 1 \qquad (1.29)$$

$$f(x) = F'(x) \qquad (1.30)$$

$$F(\infty) = \int_{-\infty}^{\infty} f(x)\,dx = 1 \quad \text{Normierung der Dichtefunktion} \qquad (1.31)$$

$$P(a < X \leqq b) = \int_{a}^{b} f(x)\,dx = F(b) - F(a) \qquad (1.32)$$

Ausgehend von der geometrischen Deutung des Integrals als Inhalt der Fläche zwischen der Kurve f(x) und der Abszissenachse, erhalten wir die Verteilungsfunktion F(x) als Inhalt der Fläche von $-\infty$ bis x, die Wahrscheinlichkeit $P(a < X \leqq b)$ als Teilfläche von $x_1 = a$ bis $x_2 = b$ (Bild 16).

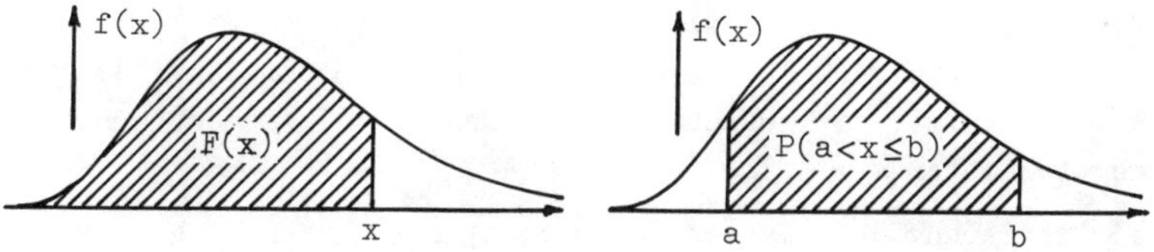

Bild 16 Zusammenhang zwischen Dichtefunktion, Verteilungsfunktion und Wahrscheinlichkeit $P(a < X \leqq b)$

Beispiel 43: Die stetige Zufallsgröße X sei im Intervall [0,2] gleichverteilt. Man bestimme die Dichte- und die Verteilungsfunktion der Zufallsgröße X.

Gleichverteilung im Intervall [0,2] bedeutet:

$$f(x) = \begin{cases} 0 & \text{für } x < 0 \\ 0{,}5 & \text{für } 0 \leqq x \leqq 2 \\ 0 & \text{für } x > 2 \end{cases}$$

Den Funktionswert $f(x) = 0{,}5$ für $0 \leqq x \leqq 2$ erhält man aus der Normierung der Dichtefunktion (Gl.(1.31)).

$$F(x) = \int_{-\infty}^{x} f(t)\,dt = \begin{cases} 0 & \text{für } x < 0 \\ 0{,}5x & \text{für } 0 \leqq x \leqq 2 \\ 1 & \text{für } x > 2 \end{cases}$$

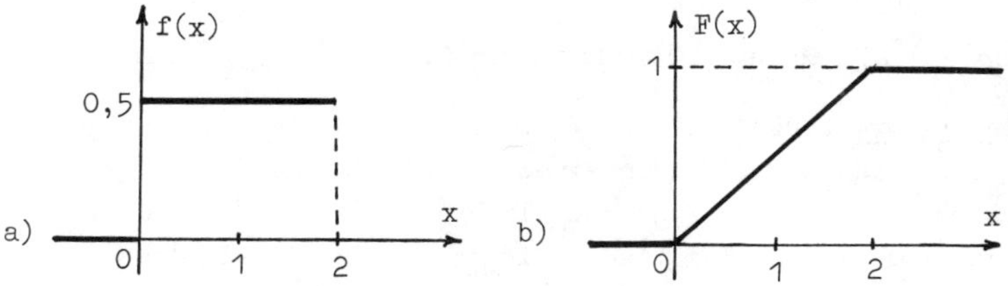

Bild 17 a) Dichtefunktion b) Verteilungsfunktion von Beispiel 43

Beispiel 44: Die stetige Zufallsgröße X hat die Dichtefunktion

$$f(x) = \begin{cases} 0 & \text{für } x < 0 \\ k\,e^{-\lambda x} & \text{für } x \geqq 0 \end{cases}$$

Die Wahrscheinlichkeitsverteilung dieser Zufallsgröße heißt Exponentialverteilung.
Man bestimme a) die Konstante k, b) die Verteilungsfunktion und c) die Wahrscheinlichkeit dafür, daß die Zufallsgröße Werte annimmt, die zwischen $x_1 = 1$ und $x_2 = 2$ liegen, wenn der Parameter $\lambda = 1$ ist.

a) Normierung der Dichtefunktion: $k \cdot \int_{-\infty}^{\infty} e^{-\lambda x}\,dx = 1$

$$k\left[-\frac{e^{-\lambda x}}{\lambda}\right]_0^{\infty} = \frac{k}{\lambda} = 1 \implies \underline{k = \lambda}$$

b) $x < 0$: $F(x) = 0$

$$x \geqq 0: \quad F(x) = \lambda \cdot \int_0^x e^{-\lambda t}\,dt = \left[-e^{-\lambda t}\right]_0^x = \underline{1 - e^{-\lambda x}}$$

c) $P(1 < X \leqq 2) = F(2) - F(1) = (1 - e^{-2}) - (1 - e^{-1}) =$

$$= e^{-1} - e^{-2} = \underline{0{,}2325}$$

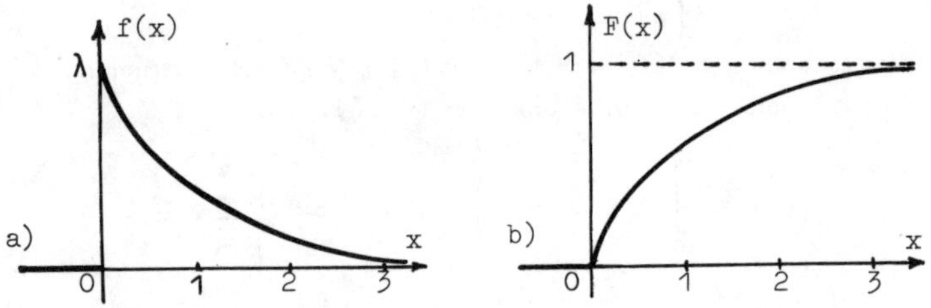

Bid 18 a) Dichte- b) Verteilungsfunktion von Beispiel 44

Beispiel 45: Der Punkt P(X/Y), dessen Koordinaten stetige Zufallsgrößen sind, ist in einem Kreis vom Radius $r = 1$ gleichverteilt, d.h. die Wahrscheinlichkeit, daß P(X/Y) innerhalb einer bestimmten Teilfläche liegt, ist dem Inhalt dieser Fläche proportional.
Man bestimme die Verteilungsfunktion F und die Dichtefunktion

f der Zufallsgröße

$$Z = \frac{Y}{X} .$$

Da X und Y stetige Zufallsgrößen sind, ist auch Z als Funktion von X und Y eine stetige Zufallsgröße. Z kann Werte annehmen, die im Intervall $-\infty < z < \infty$ liegen. Nach Bild 19 gilt für die Verteilungsfunktion der Zufallsgröße Z:

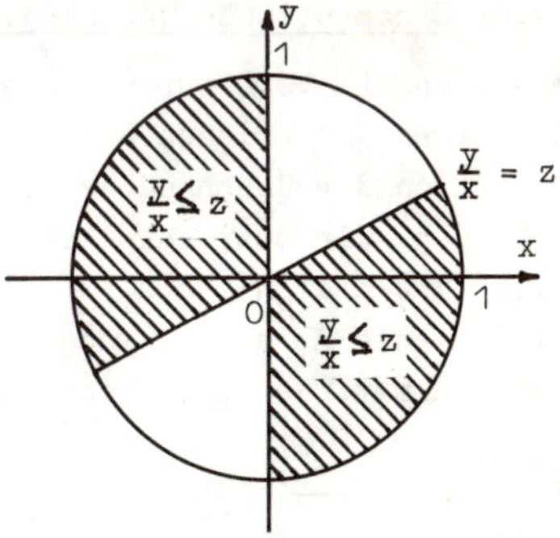

Bild 19 Skizze zu Beispiel 45

$$F(z) = P(Z \leqq z) = \frac{\text{schraffierte Fläche}}{\text{Kreisfläche}} = \frac{\frac{\pi}{2} + \arctan z}{\pi}$$

Man erkennt sofort: $F(-\infty) = 0$, $F(\infty) = 1$ und $F(0) = 0,5$.
Hier konnte zuerst die Verteilungsfunktion $F(z) = P(Z \leqq z)$ als "geometrische Wahrscheinlichkeit" bestimmt werden.
Die Dichtefunktion der Zufallsgröße Z erhält man nach Gl.(1.28) als Ableitung der Verteilungsfunktion

$$f(z) = F'(z) = \frac{1}{\pi \cdot (1 + z^2)}$$

Die Wahrscheinlichkeit, daß Z Werte annimmt, die z.B. zwischen $z_1 = 1$ und $z_2 = 3$ liegen erhält man zu

$$P(1 < Z \leqq 3) = F(3) - F(1) = 0,8976 - 0,75 = 0,1476$$

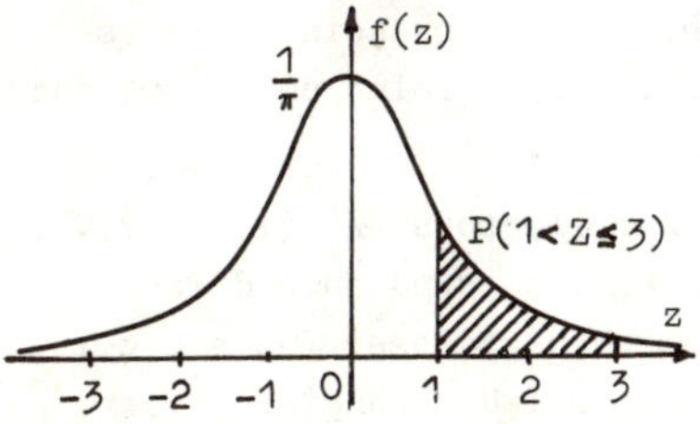

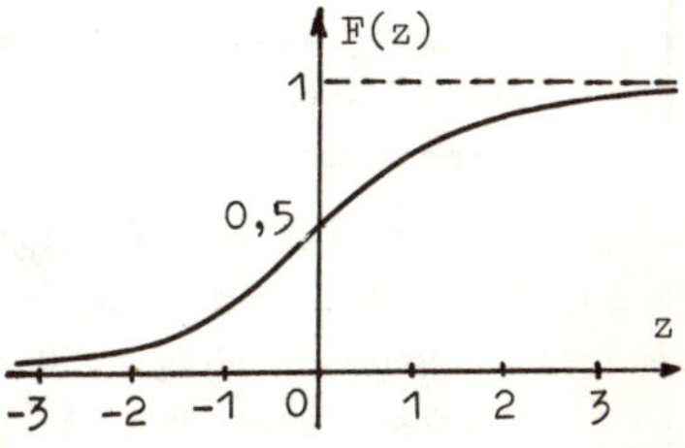

Bild 20 Verteilungs und Dichtefunktion der Zufallsgröße Z

1.4.4 Stochastische Unabhängigkeit von Zufallsgrößen

Im Abschnitt 1.2.4 wurde die stochastische Unabhängigkeit von zufälligen Ereignissen erklärt. Es liegt nun nahe, bei einer Definition der Unabhängigkeit von Zufallsgrößen daran anzuschließen. Wir betrachten daher bei den Zufallsgrößen $X_1, X_2, \ldots, X_n$ die Ereignisse $A_i := X_i \leqq x_i$.
Das Ereignis A_i tritt also ein, wenn die Zufallsgröße X_i einen Wert annimmt, der höchstens gleich x_i ist.

Definition 1.20:

Die Zufallsgrößen $X_1, X_2, \ldots, X_n$ mit den Verteilungsfunktionen $F_i(x_i) = P(X_i \leqq x_i)$ und der gemeinsamen Verteilungsfunktion

$$F(x_1, x_2, \ldots, x_n) = P(X_1 \leqq x_1, X_2 \leqq x_2, \ldots, X_n \leqq x_n) \quad (1.33)$$

heißen stochastisch unabhängig, wenn für alle $(x_1, \ldots, x_n)$

$$F(x_1, x_2, \ldots, x_n) = F_1(x_1) . F_2(x_2) \ldots F(x_n) \quad (1.34)$$

gilt.

Die Zufallsgrößen X_i seien entweder alle diskret oder alle stetig.

Sind die Zufallsgrößen X_i $(i = 1, 2, \ldots, n)$ stochastisch unabhängig, so gilt für ihre Wahrscheinlichkeits- bzw. Dichtefunktionen

$$f(x_1, x_2, \ldots, x_n) = f_1(x_1) . f_2(x_2) \ldots f_n(x_n), \quad (1.35)$$

wobei $f(x_1, x_2, \ldots, x_n)$ die gemeinsame Wahrscheinlichkeits- bzw. Dichtefunktion ist. Aus Gl. (1.35) folgt umgekehrt auch die Unabhängigkeit der Zufallsgrößen.

Wählt man aus den unabhängigen Zufallsgrößen X_i $(i = 1, 2, .., n)$ k Zufallsgrößen $(k < n)$ beliebig aus, so sind auch diese k Zufallsgrößen unabhängig. Die Umkehrung dieser Aussage gilt nicht. So kann etwa aus der paarweisen Unabhängigkeit der Zufallsgrößen X_1, X_2, X_3 nicht auf ihre vollständige Unabhängigkeit geschlossen werden.

Beispiel 46: Aus einer Urne, in der sich zwei Kugeln mit der Ziffer 1 und drei Kugeln mit der Ziffer 2 befinden, werden ohne Zurücklegen zwei Kugeln zufällig entnommen. Es seien die folgenden Zufallsgrößen definiert:

X_1 := Ziffer der beim 1. Versuch entnommenen Kugel

X_2 := Ziffer der beim 2. Versuch entnommenen Kugel.

Man bestimme die Wahrscheinlichkeitsfunktionen der Zufallsgrößen, ihre gemeinsame Wahrscheinlichkeitsfunktion und prüfe die Zufallsgrößen auf Unabhängigkeit.

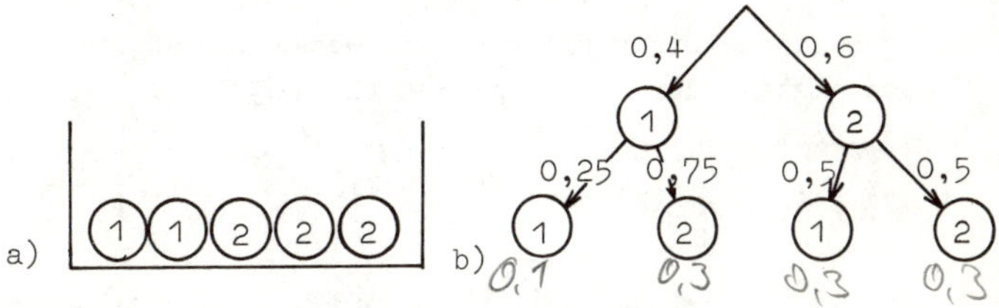

Bild 21 a) Urne b) Baumdiagramm

Aus dem Baumdiagramm von Bild 21 erhält man die nebenstehende Wahrscheinlichkeitstafel, die innerhalb des stark umrandeten Teils die Wahrscheinlichkeiten

x_1 \ x_2	1	2	$P(X_1 = x_1) = f_1(x_1)$
1	0,1	0,3	0,4
2	0,3	0,3	0,6
$P(X_2 = x_2) = f_2(x_2)$	0,4	0,6	1

$P(X_1 = x_1, X_2 = x_2) = f(x_1, x_2)$ der gemeinsamen Wahrscheinlichkeitsfunktion angibt. Die Zeilen- bzw. Spaltensummen (Randverteilungen) sind die Wahrscheinlichkeitsfunktionen $f_1(x_1)$ und $f_2(x_2)$.

Aus $f(1, 1) = 0{,}1$ sowie $f_1(1) = 0{,}4$ und $f_2(1) = 0{,}4$ erkennt man

$$f(1, 1) \neq f_1(1) \cdot f_2(1).$$

Die Zufallsgrößen X_1 und X_2 sind nicht unabhängig, was wegen der Entnahme ohne Zurücklegen zu vermuten war.

<u>Beispiel 47</u>: Die stochastisch unabhängigen Zufallsgrößen X und Y genügen Exponentialverteilungen mit den Dichtefunkttionen

$$f_1(x) = \begin{cases} 0 & x < 0 \\ 2\,e^{-2x} & x \geqq 0 \end{cases} \quad \text{und} \quad f_2(y) = \begin{cases} 0 & y < 0 \\ 0{,}5e^{-0{,}5y} & y \geqq 0 \end{cases}$$

Man bestimme die gemeinsame Dichtefunktion und man berechne $P(0 < X \leqq 1\,,\, 1 < Y \leqq 2)$, die Wahrscheinlichkeit dafür, daß die Zufallsgröße X Werte zwischen $x_1 = 0$ und $x_2 = 1$, die Zufallsgröße Y Werte zwischen $y_1 = 1$ und $y_2 = 2$ annimmt.

a) Die gemeinsame Dichtefunktion ist wegen der stochastischen Unabhängigkeit der Zufallsgrößen für $x \geqq 0$ und $y \geqq 0$ gegeben durch

$$f(x,y) = f_1(x).f_2(y) = e^{-(2x+0{,}5y)}$$

b)
$$P(0 < X \leqq 1\,,\, 1 < Y \leqq 2) = \int\limits_{x=0}^{1} \int\limits_{y=1}^{2} e^{-(2x+0{,}5y)}\,dy\,dx =$$

$$= \int\limits_0^1 e^{-2x}\,dx \int\limits_1^2 e^{-0{,}5y}\,dy = \underline{0{,}20635}$$

<u>Bemerkung</u>:

In Definition 1.20 wurde die Unabhängigkeit der Zufallsgrößen X_i durch die Unabhängigkeit der Ereignisse $A_i := X_i \leqq x_i$ festgelegt. Es läßt sich zeigen, daß bei unabhängigen Zufallsgrößen X_i auch die Ereignisse $B_i := x_{i1} < X_i \leqq x_{i2}$ unabhängig sind.

Für die Aufgabenstellung von Beispiel 47 folgt daraus:

$$P(0 < X \leqq 1\,,\, 1 < Y \leqq 2) = P(0 < X \leqq 1).P(1 < Y \leqq 2) =$$

$$= \int\limits_0^1 f_1(x)\,dx \int\limits_1^2 f_2(y)\,dy =$$

$$= 0{,}86466.0{,}23865 = 0{,}20635$$

1.4.5 Erwartungswert einer Zufallsgröße

Definition 1.21:

Unter dem Erwartungswert E(X) einer Zufallsgröße X versteht man

a) bei einer diskreten Zufallsgröße
$$E(X) = \sum_i x_i f(x_i) \tag{1.36}$$

b) bei einer stetigen Zufallsgröße
$$E(X) = \int_{-\infty}^{\infty} x f(x)\, dx \tag{1.37}$$

Da eine Funktion g(X) der Zufallsgröße X ebenfalls eine Zufallsgröße ist, gilt folgende Verallgemeinerung der Definition des Erwartungswertes:

Definition 1.22:

Unter dem Erwartungswert der Funktion g(X) der Zufallsgröße X versteht man

a) bei einer diskreten Zufallsgröße
$$E(g(X)) = \sum_i g(x_i) f(x_i) \tag{1.38}$$

b) bei einer stetigen Zufallsgröße
$$E(g(X)) = \int_{-\infty}^{\infty} g(x) f(x)\, dx \tag{1.39}$$

Der Erwartungswert einer Zufallsgröße kann anschaulich als mittlerer Wert der Realisationen von sehr vielen (unendlich vielen) Versuchen interpretiert werden.

Es sollen nun 4 Regeln für das Rechnen mit Erwartungswerten angegeben werden.

Die beiden ersten Regeln sind trivial, sodaß auf einen Beweis verzichtet werden kann. Für die Beweise der anderen Regeln werden die Zufallsgrößen als diskret angenommen. Die Beweise für stetige Zufallsgrößen verlaufen analog. Die Existenz der Erwartungswerte sei vorausgesetzt.

1. $E(a) = a$ (1.40)

Der Erwartungswert einer Konstanten ist diese Konstante.

2. $\underline{E(aX) = aE(X)}$ (1.41)

Ein konstanter Faktor kann vor das Erwartungswertsymbol herausgezogen werden.

3. $\underline{E(X+Y) = E(X) + E(Y)}$ (1.42)

Der Erwartungswert einer Summe von Zufallsgrößen ist gleich der Summe der Erwartungswerte der einzelnen Zufallsgrößen.

Beweis: Es sei $p_{ik} = P(X = x_i, Y = y_k)$ die Wahrscheinlichkeit dafür, daß die Zufallsgröße X den Wert x_i und die Zufallsgröße Y den Wert y_k annimmt. Dabei gelten die Aussagen

$$\sum_k p_{ik} = P(X = x_i) \quad \text{und} \quad \sum_i p_{ik} = P(Y = y_k).$$

Damit erhält man:

$$E(X+Y) = \sum_i \sum_k (x_i + y_k) \cdot p_{ik} = \sum_i \sum_k x_i p_{ik} + \sum_i \sum_k y_k p_{ik}$$

$$= \sum_i x_i \sum_k p_{ik} + \sum_k y_k \sum_i p_{ik} =$$

$$= \sum_i x_i P(X = x_i) + \sum_k y_k P(Y = y_k) = E(X) + E(Y).$$

4. Für stochastisch unabhängige Zufallsgrößen X,Y gilt:

$\underline{E(X.Y) = E(X).E(Y)}$. (1.43)

Der Erwartungswert des Produktes unabhängiger Zufallsgrößen ist gleich dem Produkt der Erwartungswerte der einzelnen Zufallsgrößen.

Beweis: Sind die Zufallsgrößen X und Y unabhängig, so gilt für die Wahrscheinlichkeit des gemeinsamen Auftretens der Realisationen x_i und y_k:

$$P(X = x_i, Y = y_k) = P(X = x_i).P(Y = y_k)$$

und man erhält für den Erwartungswert des Produktes

$$E(X.Y) = \sum_i \sum_k x_i . y_k . P(X = x_i, Y = y_k)$$

$$= \sum_i x_i . P(X = x_i) \cdot \sum_k y_k . P(Y = y_k) = E(X).E(Y).$$

Man beachte, daß die Umkehrung der 4. Regel <u>nicht</u> gilt. Aus der Gültigkeit der Gleichung E(X.Y) = E(X).E(Y) kann nicht auf die Unabhängigkeit der Zufallsgrößen X und Y geschlossen werden.

<u>Beispiel 48</u>: X sei eine diskrete Zufallsgröße mit einer Wahrscheinlichkeitsverteilung, die durch die nebenstehende Wahrscheinlichkeitstafel gegeben ist und dem Erwartungswert

x_i	-1	0	1
$P(X = x_i)$	$\frac{1}{3}$	$\frac{1}{3}$	$\frac{1}{3}$

$$E(X) = \sum_i x_i P(X = x_i) = 0.$$

Y sei die von X abhängige Zufallsgröße: $Y = X^2$ mit dem Erwartungswert

y_k	0	1
$P(Y = y_k)$	$\frac{1}{3}$	$\frac{2}{3}$

$$E(Y) = \sum_k y_k P(Y = y_k) = \frac{2}{3}.$$

Man berechne E(X.Y), den Erwartungswert des Produktes der beiden Zufallsgrößen.

Die gemeinsame Wahrscheinlichkeitsverteilung $P(X = x_i, Y = y_k) = f(x_i, y_k)$ zeigt die Wahrscheinlichkeitstafel. Damit erhält man:

y_k \ x_i	-1	0	1
0	0	$\frac{1}{3}$	0
1	$\frac{1}{3}$	0	$\frac{1}{3}$

$$E(X.Y) = -1.\frac{1}{3} + 1.\frac{1}{3} = 0 = E(X).E(Y)$$

Obwohl hier die Beziehung E(X.Y) = E(X).E(Y) gilt, sind die Zufallsgrößen wegen $Y = X^2$ nicht unabhängig!

<u>Beispiel 49</u>: Zwei Personen spielen das folgende Spiel: Der Spieler A leistet einen Einsatz, würfelt und erhält vom Spieler B

10 Pfg.	beim Würfeln einer	1 oder 2
20 Pfg.	" " "	3 oder 4
40 Pfg.	" " "	5
80 Pfg.	" " "	6.

Welche durchschnittliche Einnahme pro Spiel kann der Spieler A erwarten?

Erwartungswert der Zufallsgröße X = "Einnahme pro Spiel":

$$E(X) = \sum_i x_i f(x_i) = \left[10\cdot\frac{1}{3} + 20\cdot\frac{1}{3} + 40\cdot\frac{1}{6} + 80\cdot\frac{1}{6}\right]\text{Pfg.} = \underline{30\ \text{Pfg}}.$$

Der Spieler A kann also pro Spiel eine Einnahme von 30 Pfg. erwarten. Setzt A den gleichen Betrag pro Spiel ein, so haben beide Spieler die gleichen Gewinnaussichten.

Beispiel 50: Durch den Punkt A des Umfangs eines Kreises vom Radius r wird zufällig eine Sehne $\overline{AB}$ so gezogen, daß alle Sehnenrichtungen gleichwahrscheinlich sind. Der Winkel φ ist eine der möglichen Realisationen der Zufallsgröße Φ. Welche Dichtefunktion hat die Zufallsgröße Φ und wie groß ist der Erwartungswert der Zufallsgröße X = Sehnenlänge ?

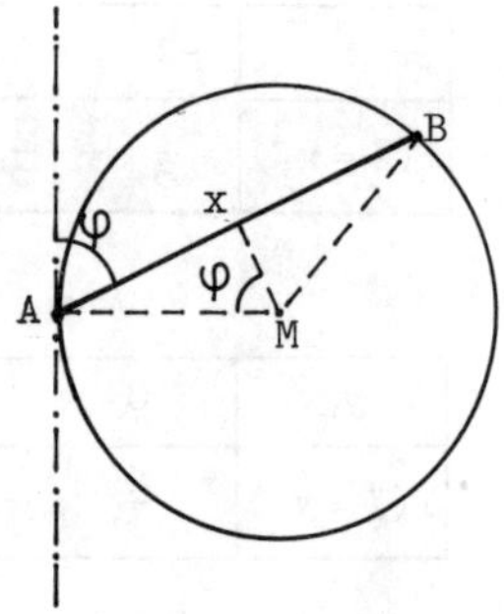

Bild 22 Skizze zu Beispiel 50

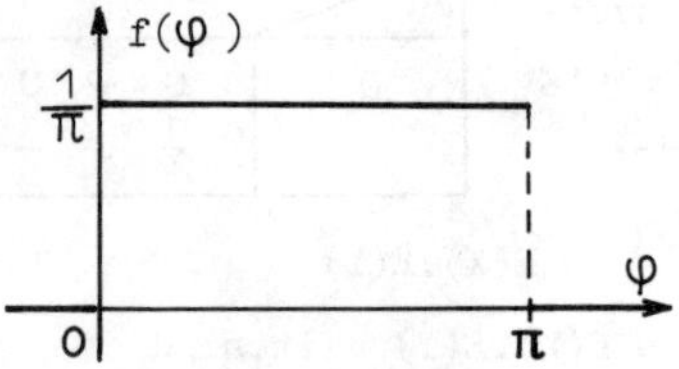

Bild 23 Dichtefunktion

a) Φ ist im Intervall $[0,\pi]$ gleichverteilt mit der Dichtefunktion

$$f(\varphi) = \begin{cases} \frac{1}{\pi} & \text{für } 0 \leqq \varphi \leqq \pi \\ 0 & \text{sonst} \end{cases}$$

b) Sehnenlänge $X = g(\Phi) =$

$$= 2r\sin(\Phi)$$

$$E(X) = \int_0^\pi g(\varphi)\, f(\varphi)\, d\varphi =$$

$$= \frac{2r}{\pi}\int_0^\pi \sin\varphi\, d\varphi = \frac{4r}{\pi}$$

1.4.6 Mittelwert und Varianz einer Zufallsgröße, Momente einer Verteilung

Definition 1.23:

Unter dem Mittelwert μ einer Zufallsgröße versteht man den Erwartungswert der Zufallsgröße

$$\mu := E(X) \tag{1.44}$$

Für die Zufallsgröße X = Augenzahl beim Würfeln ist der Mittelwert $\mu = E(X) = 3{,}5$. Würfelt man n-mal, so wird man in dieser Stichprobe vom Umfang n aus der Grundgesamtheit der beliebig vielen denkbaren Würfe ein arithmetisches Mittel $\bar{x}$ erhalten, das bei großen Stichproben in der Nähe von 3,5 liegt.

Definition 1.24:

Unter der Varianz der Zufallsgröße X, $Var(X) = \sigma^2$, versteht man den Erwartungswert des Quadrates der Abweichung vom Mittelwert

$$Var(X) := E\left[(X-\mu)^2\right] \tag{1.45}$$

$$= \sum_i (x_i - \mu)^2 f(x_i) \text{ bei diskreten,}$$

$$= \int_{-\infty}^{\infty} (x-\mu)^2 f(x)\,dx \text{ bei stetigen Zufallsgrößen.}$$

Die Quadratwurzel aus der Varianz heißt Standardabweichung

$$\sigma = \sqrt{Var(X)} \tag{1.46}$$

Die Varianz, ein durchschnittliches Abweichungsquadrat vom Mittelwert, wird als ein Maß für die Streuung der Werte einer Zufallsgröße verwendet. Werden die Realisationen einer Zufallsgröße etwa in mm gemessen, so hat die Varianz dieser Zufallsgröße die Benennung mm^2. Die Standardabweichung hat als ein mögliches anderes Maß für die Streuung den Vorteil, daß sie wieder die gleiche Dimension besitzt wie die Zufallsgröße selbst.

Will man die Streuungen von Zufallsgrößen mit unterschiedlichen Mittelwerten vergleichen, so eignet sich hierfür der Variationskoeffizient

$$v = \frac{\sigma}{\mu} \quad \text{bzw.} \quad v = \frac{\sigma}{\mu} \cdot 100\,\% \tag{1.47}$$

Der dimensionslose Variationskoeffizient gibt die Standardabweichung in Prozenten des Mittelwertes an.

Wir wollen nun einige für das Rechnen mit Varianzen wichtige Formeln angeben.

1. $\underline{Var(X) = E(X^2) - [E(X)]^2}$ (1.48)

   Diese Formel ist oft günstig für die Berechnung der Varianz einer Zufallsgröße.

   Beweis:

   $$Var(X) = E\left[(X-\mu)^2\right] = E(X^2 - 2\mu X + \mu^2) =$$
   $$= E(X^2) - 2\mu E(X) + \mu^2 = E(X^2) - 2\mu^2 + \mu^2 =$$
   $$= E(X^2) - [E(X)]^2$$

2. $\underline{Var(aX + b) = a^2 Var(X)}$ (1.49)

   Beweis:

   Mit $E(X) = \mu$ und $E(aX + b) = a\mu + b$ erhält man

   $$Var(aX+b) = E\left[[aX+b-(a\mu+b)]^2\right] = E\left[a^2(X-\mu)^2\right] =$$
   $$= a^2 Var(X)$$

   Sonderfälle: $\underline{Var(aX) = a^2 Var(X)}$. Ein konstanter Faktor kann als Quadrat vor das Varianzsymbol herausgezogen werden.

   $\underline{Var(X + b) = Var(X)}$. Eine Verschiebung der Werte einer Zufallsgröße ändert die Varianz nicht.

3. Sind die Zufallsgrößen X und Y unabhängig, so gilt:

   $\underline{Var(aX + bY) = a^2 Var(X) + b^2 Var(Y)}$ (1.50)

   Beweis:

   $$Var(aX+bY) = E\left[[aX+bY-(a\mu_x+b\mu_y)]^2\right] =$$
   $$= E\left[[a(X-\mu_x)+b(Y-\mu_y)]^2\right] =$$
   $$= a^2E\left[(X-\mu_x)^2\right] + b^2E\left[(Y-\mu_y)^2\right] + 2abE\left[(X-\mu_x)(Y-\mu_y)\right]$$

   Sind die Zufallsgrößen X und Y stochastisch unabhängig, so gilt nach Gl.(1.43):

   $$E\left[(X-\mu_x)(Y-\mu_y)\right] = E(X-\mu_x).E(Y-\mu_y) = 0.$$

   Damit erhält man schließlich den zu beweisenden Satz:

   $$Var(aX + bY) = a^2Var(X) + b^2Var(Y).$$

Sonderfälle: $a = b = 1$: $\mathrm{Var}(X + Y) = \mathrm{Var}(X) + \mathrm{Var}(Y)$.
Die Varianz einer Summe unabhängiger Zufallsgrößen ist gleich der Summe der Varianzen der einzelnen Zufallsgrößen.
$a = 1,\ b = -1$: $\mathrm{Var}(X - Y) = \mathrm{Var}(X) + \mathrm{Var}(Y)$.
Die Varianz einer Differenz unabhängiger Zufallsgrößen ist gleich der Summe der Varianzen der einzelnen Zufallsgrößen.

4. Es sei X eine Zufallsgröße mit $E(X) = \mu$ und $\mathrm{Var}(X) = \sigma^2$.
Dann ist

$$Z = \frac{X - \mu}{\sigma} \tag{1.51}$$

eine Zufallsgröße mit $E(Z) = 0$ und $\mathrm{Var}(Z) = 1$.

Beweis:

$$E(Z) = E\left(\frac{X-\mu}{\sigma}\right) = \frac{1}{\sigma}\left[E(X) - \mu\right] = 0$$

$$\mathrm{Var}(Z) = E\left[\left(\frac{X-\mu}{\sigma}\right)^2\right] = \frac{1}{\sigma^2}E\left[(X - \mu)^2\right] = 1.$$

Die durch Gl.(1.51) bestimmte Transformation der Zufallsgröße X in die Zufallsgröße Z heißt Standardtransformation.

Beispiel 51: Der Anteil der defekten Stücke einer Warenlieferung sei p ($0 < p < 1$). Es werden n Stücke mit Zurücklegen zufällig ausgewählt. Man bestimme den Mittelwert und die Varianz der Zufallsgröße X = Anzahl der defekten Stücke in der Stichprobe vom Umfang n.

Es sei

$$X_i = \begin{cases} 1, & \text{wenn das i-te ausgewählte Stück defekt ist} \\ 0 & \text{sonst} \end{cases}$$

Die Zufallsgröße X = Anzahl der defekten Stücke ist dann gegeben durch

$$X = \sum_{i=1}^{n} X_i.$$

Jede der Zufallsgröße X_i ($i = 1,2,\ldots,n$) kann nur die Werte 0 oder 1 annehmen. Mit $P(X_i = 1) = p$ und $P(X_i = 0) = 1 - p$ folgt: $E(X_i) = 1.p + 0.(1-p) = p$

$$\mathrm{Var}(X_i) = E\left[(X_i - p)^2\right] = p(1-p).$$

Da die Zufallsgrößen X_i stochastisch unabhängig sind (Entnahmemodell mit Zurücklegen), folgt:

$$E(X) = \sum_{i=1}^{n} E(X_i) = n.p \quad \text{und} \quad Var(X) = \sum_{i=1}^{n} Var(X_i) = n.p.(1-p).$$

<u>Beispiel 52</u>: Die stetige Zufallsgröße X hat die Dichtefunktion

$$f(x) = \begin{cases} x & 0 \leqq x \leqq 1 \\ 2-x & 1 < x \leqq 2 \\ 0 & \text{sonst} \end{cases}$$

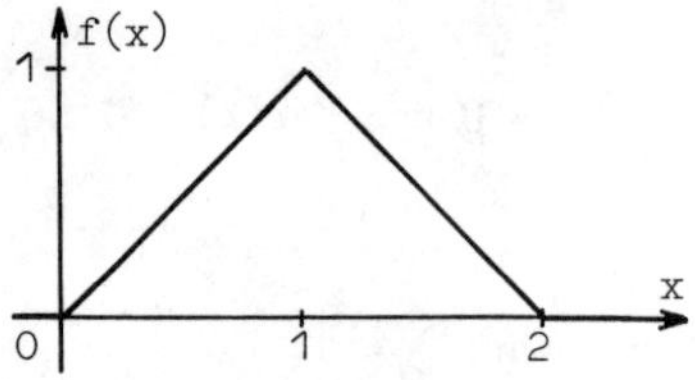

Bild 24 Dichtefunktion

Man berechne E(X) und Var(X).

$$E(X) = \int_0^2 x\, f(x)\, dx =$$

$$= \int_0^1 x^2 dx + \int_1^2 x(2-x)dx = 1.$$

Aus der Symmetrie der Dichtefunktion zu x = 1 ist E(X) = 1 auch ohne Rechnung erkennbar.

$$Var(X) = \int_0^2 (x-1)^2 f(x)dx = \int_0^1 (x-1)^2\, x\, dx + \int_1^2 (x-1)^2(2-x)dx$$

$$= \frac{1}{6}.$$

Mittelwert μ und Varianz σ^2 sind Kennwerte der Wahrscheinlichkeitsverteilung einer Zufallsgröße. Sie sind die wichtigsten Sonderfälle einer Gruppe von Kennwerten, die man die Momente einer Verteilung nennt.

<u>Definition 1.25</u>:

a) Unter dem <u>k-ten Moment</u> der Verteilung einer Zufallsgröße X versteht man den Erwartungswert der Potenz X^k.

k-tes Moment $\alpha_k := E(X^k)$ (1.52)

b) Unter dem <u>k-ten zentralen Moment</u> der Verteilung einer Zufallsgröße versteht man den Erwartungswert von $(X - \mu)^k$.

k-tes zentrales Moment $\beta_k := E\left[(X - \mu)^k\right]$ (1.53)

Der Mittelwert μ ist das 1. Moment, die Varianz σ^2 ist das 2. zentrale Moment einer Verteilung.
Besonders die ersten Momente ($1 \leqq k \leqq 4$) spielen in der Statistik eine wichtige Rolle. Da bei eingipfeligen, symmetrischen Verteilungen das 3. zentrale Moment Null ist, verwendet man dieses Moment zur Festlegung eines Maßes für die Schiefe, d.h. für die Abweichung von einer symmetrischen Verteilung.

$$\text{Schiefe} \quad \gamma = \frac{E[(X-\mu)^3]}{\sigma^3} \tag{1.54}$$

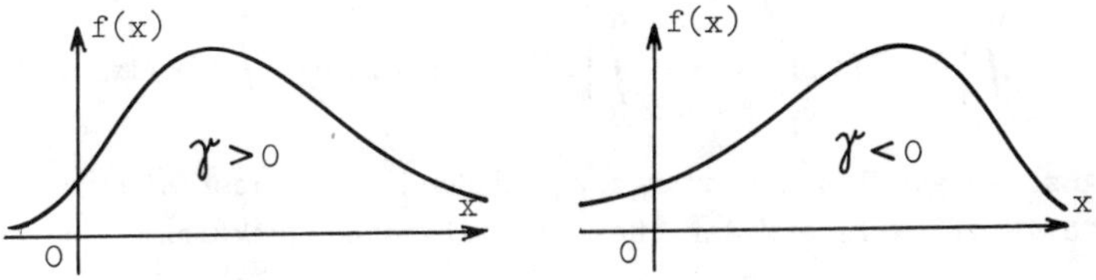

Bild 25 Verteilungen mit positiver und negativer Schiefe

Bei den bisherigen Überlegungen wurde immer vorausgesetzt, daß die betrachteten Erwartungswerte oder Momente existieren, d.h. die entsprechenden Summen oder Integrale konvergieren. Dies muß nicht bei allen Wahrscheinlichkeitsverteilungen der Fall sein. So existieren z.B. für die Zufallsgröße Z von Beispiel 45 keine Momente.

1.4.7 Charakteristische Funktion einer Verteilung

Definition 1.26:

> Unter der charakteristischen Funktion $\varphi_X(t)$ der Wahrscheinlichkeitsverteilung der Zufallsgröße X versteht man
>
> $$\varphi_X(t) := E(e^{jtX}) \tag{1.55}$$

Hierbei ist t eine reelle Variable und j die imaginäre Einheit. Die imaginäre Einheit soll hier wie in der Technik mit j bezeichnet werden. Wir werden in diesem Zusammenhang nicht mit komplexen Zahlen rechnen müssen, sondern nur die Potenzen

$$j^2 = -1, \; j^3 = -j, \; j^4 = 1$$

und die Euler'sche Gleichung

$$e^{j\alpha} = \cos\alpha + j\sin\alpha \qquad (\alpha \in \mathbb{R}),$$

aus der $\left|e^{j\alpha}\right| = 1$ folgt, benötigen.
Mit $\left|e^{jtx}\right| = 1$, $f(x_i) \geqq 0$ bzw. $f(x) \geqq 0$ erhält man

a) für diskrete Zufallsgrößen

$$\sum_i \left|e^{jtx_i} f(x_i)\right| = \sum_i \left|e^{jtx_i}\right| f(x_i) = \sum_i f(x_i) = 1$$

b) für stetige Zufallsgrößen

$$\int_{-\infty}^{\infty} \left|e^{jtx} f(x)\right| dx = \int_{-\infty}^{\infty} \left|e^{jtx}\right| f(x)\,dx = \int_{-\infty}^{\infty} f(x)dx = 1.$$

Aus der absoluten Konvergenz der Summe bzw. des Integrals folgt die Existenz der charakteristischen Funktion

$$\varphi_X(t) = \sum_i e^{jtx_i} f(x_i) \quad \text{bzw.} \quad \varphi_X(t) = \int_{-\infty}^{\infty} e^{jtx} f(x)dx$$

für jede Wahrscheinlichkeitsverteilung.

Die charakteristische Funktion einer Zufallsgröße hat viele interessante Eigenschaften. Es sollen hier nur einige für die weiteren Betrachtungen wichtige Sätze angegeben werden.

1. Existiert das k-te Moment $\alpha_k = E(X^k)$ der Zufallsgröße X, so ist es durch

$$\alpha_k = \frac{\varphi_X^{(k)}(0)}{j^k} \tag{1.56}$$

gegeben. Hierbei bedeutet $\varphi_X^{(k)}(0)$ die k-te Ableitung der charakteristischen Funktion an der Stelle t = 0.

<u>Beweis</u>: Der Beweis sei für eine diskrete Zufallsgröße X durchgeführt.
Es ist $\varphi_X(t) = \sum e^{jtx_i} f(x_i)$. Da die Existenz des k-ten Momentes vorausgesetzt wurde, darf die Summe gliedweise differenziert werden und man erhält

$$\varphi_X^{(k)}(t) = j^k \sum x_i^k e^{jtx_i} f(x_i) \quad \text{und für } t = 0:$$

$$\varphi_X^{(k)}(0) = j^k \sum x_i^k f(x_i) = j^k E(X^k) = j^k \alpha_k .$$

2. Sind die Zufallsgrößen X_i stochastisch unabhängig, so ist die charakteristische Funktion der Summe dieser Zufallsgrößen gleich dem Produkt der charakteristischen Funktionen der Zufallsgrößen X_i.

$$X = \sum_{i=1}^{n} X_i \Longrightarrow \varphi_X(t) = \varphi_{X_1}(t) \cdot \varphi_{X_2}(t) \ldots \varphi_{X_n}(t) \qquad (1.57)$$

Beweis:

$$\varphi_X(t) = E(e^{jtX}) = E(e^{jt(X_1+X_2+\ldots+X_n)}) =$$

$$= E(e^{jtX_1} \cdot e^{jtX_2} \ldots e^{jtX_n}) = E(e^{jtX_1}) \ldots E(e^{jtX_n}) =$$

$$= \varphi_{X_1}(t) \cdot \varphi_{X_2}(t) \ldots \varphi_{X_n}(t).$$

Wegen der Unabhängigkeit der Zufallsgrößen X_i sind auch die Zufallsgrößen $Y_i = e^{jtX_i}$ unabhängig. Der Erwartungswert des Produkte der Zufallsgrößen Y_i ist daher gleich dem Produkt der Erwartungswerte der Y_i.

3. Eindeutigkeitssatz

   Jeder Wahrscheinlichkeitsverteilung einer Zufallsgröße wird umkehrbar eindeutig eine charakteristische Funktion zugeordnet.

Die Kenntnis der charakteristischen Funktion ist somit gleichbedeutend mit der Kenntnis der Wahrscheinlichkeitsverteilung.

4. Stetigkeitssatz

   Eine Folge $F_n(x)$ von Verteilungsfunktionen konvergiere gegen eine Verteilungsfunktion $F(x)$. Die Folge $\varphi_n(t)$ der zugehörenden charakteristischen Funktionen konvergiert dann für jedes t gegen die charakteristische Funktion $\varphi(t)$ von $F(x)$. Konvergiert umgekehrt eine Folge von charakteristischen Funktionen $\varphi_n(t)$ gegen eine stetige Funktion $\varphi(t)$, dann konvergiert die zugehörige Folge $F_n(x)$ von Verteilungsfunktionen gegen die zu $\varphi(t)$ gehörende Verteilungsfunktion $F(x)$.

Die charakteristische Funktion wird damit zu einem wichtigen Hilfsmittel der Wahrscheinlichkeitsrechnung. Zum Beweis des Eindeutigkeits- und Stetigkeitssatzes muß auf die weiterführende Literatur verwiesen werden.

Bemerkung:

Für stetige Zufallsgrößen mit einer Dichtefunktion $f(x) = 0$ für $x < 0$ kann anstelle der charakteristischen Funktion die Laplace-Transformierte $\psi_X(s)$ verwendet werden.

$$\psi_X(s) := \int_0^\infty f(x)\, e^{-sx}\, dx = E(e^{-sX}) \qquad (1.58)$$

In Gl.(1.58) ist s eine komplexe Variable. Es läßt sich zeigen, daß für die Laplace-Transformierte analog die gleichen Sätze gelten wie für die charakteristische Funktion. Die Laplace-Transformierte hat aber dann den Vorteil, daß alle Sätze und Korrespondenzen der Laplace-Transformation verwendet werden können.

Beispiel 53: Die stetige Zufallsgröße X genüge einer Exponentialverteilung mit der Dichtefunktion

$$f(x) = \begin{cases} 0 & \text{für } x < 0 \\ \lambda\, e^{-\lambda x} & \text{für } x \geqq 0 \end{cases}$$

Man berechne die charakteristische Funktion $\varphi_X(t)$ der Verteilung, den Mittelwert μ und die Varianz σ^2.

$$\varphi_X(t) = \int_0^\infty e^{jtx} . \lambda \cdot e^{-\lambda x}\, dx = \lambda \int_0^\infty e^{(jt-\lambda)x}\, dx = \underline{\frac{\lambda}{\lambda - jt}}$$

$$\mu = E(X) = \alpha_1 = \frac{1}{j}\, \varphi'_X(0) = \frac{1}{j}\left[\frac{\lambda . j}{(\lambda - jt)^2}\right]_{t=0} = \underline{\frac{1}{\lambda}}$$

$$E(X^2) = \alpha_2 = \frac{1}{j^2}\, \varphi''_X(0) = \frac{1}{j^2}\left[\frac{2\lambda\, j^2}{(\lambda - jt)^3}\right]_{t=0} = \frac{2}{\lambda^2}$$

$$Var(X) = \sigma^2 = E(X^2) - \mu^2 = \frac{2}{\lambda^2} - \left(\frac{1}{\lambda}\right)^2 = \underline{\frac{1}{\lambda^2}}$$

Übungsaufgaben zu Abschnitt 1.4 (Lösungen im Anhang)

Beispiel 54: Der Punkt P(X/Y), dessen Koordinaten stetige Zufallsgrößen sind, ist in einem Quadrat mit der Seitenlänge 1 gleichverteilt.

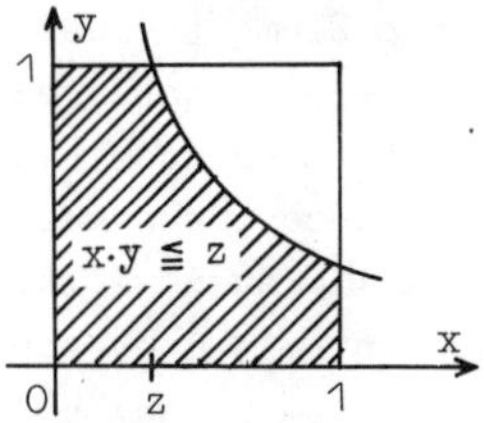

a) Man berechne die Verteilungsfunktion F und die Dichtefunktion f der Zufallsgröße Z = X.Y.

b) Mit welcher Wahrscheinlichkeit nimmt Z Werte an, die im Intervall von $z_1 = 0{,}2$ bis $z_2 = 0{,}6$ liegen?

Beispiel 55: In einer Urne befinden sich 5 Kugeln mit den Ziffern 1,2,3,4 und 5. Es werden ohne Zurücklegen 2 Kugeln gezogen. Die Zufallsgröße X sei die größere der beiden gezogenen Kugeln. Welchen Erwartungswert hat X?

Beispiel 56: Ein Spieler erhält 10 DM beim Werfen von 18 Augen bei einem Wurf mit 3 regelmäßigen Würfeln und 5 DM beim Werfen von 17 Augen. Man berechne den Erwartungswert der Zufallsgröße X = Gewinn des Spielers pro Spiel, wenn pro Spiel 0,20 DM als Einsatz zu leisten sind?

Beispiel 57: Die stetige Zufallsgröße X ist im Intervall [0,1] gleichverteilt, d.h. ihre Dichtefunktion ist durch

$$f(x) = \begin{cases} 0 & x < 0 \\ 1 & 0 \leqq x \leqq 1 \\ 0 & x > 1 \end{cases}$$

gegeben. Man berechne E(X) und Var(X).

Beispiel 58: Die diskrete Zufallsgröße X hat die Wahrscheinlichkeitsfunktion

$$f(x) = P(X = x) = \frac{\alpha}{(1+\alpha)^{x+1}}$$

$$x = 0,1,2,\ldots\ldots \; ; \quad \alpha > 0$$

Man bestimme die charakteristische Funktion $\varphi_X(t)$ der Verteilung, den Mittelwert μ und die Varianz σ^2.

1.5 Einige wichtige Wahrscheinlichkeitsverteilungen

1.5.1 Binomialverteilung

Eine zweistufige Grundgesamtheit, d.h. eine Grundgesamtheit, deren Elemente aus zwei Klassen bestehen, enthalte N Elemente. N_1 Elemente haben eine bestimmte Eigenschaft A, der Rest von $N - N_1$ Elementen hat diese Eigenschaft nicht (Eigenschaft $\overline{A}$). Aus dieser Grundgesamtheit werden n Elemente mit Zurücklegen zufällig ausgewählt.
Gesucht ist die Wahrscheinlichkeit dafür, daß in dieser Stichprobe vom Umfang n genau x Elemente mit der Eigenschaft A enthalten sind.

Grundgesamtheit		Stichprobe
N Elemente, davon N_1 mit der Eigenschaft A	→ mit Zurücklegen	n Elemente, davon x mit der Eigenschaft A

a) Wahrscheinlichkeitsfunktion

Die Wahrscheinlichkeit, ein Element mit der Eigenschaft A zu erhalten, ist bei jedem Versuch die gleiche, nämlich

$$P(A) = \frac{N_1}{N} = p.$$

Analog ist die Wahrscheinlichkeit, bei einem Versuch ein Element mit der Eigenschaft $\overline{A}$ auszuwählen,

$$P(\overline{A}) = \frac{N - N_1}{N} = 1 - p.$$

Wegen des Entnahmemodells "mit Zurücklegen" handelt es sich hier um eine Folge von unabhängigen Versuchen.
Die Wahrscheinlichkeit, bei den ersten x Ziehungen ein Element mit der Eigenschaft A, bei den folgenden n - x Ziehungen je ein Element mit der Eigenschaft $\overline{A}$ zu erhalten ist deshalb

$$p^x \cdot (1 - p)^{n-x}.$$

Nun spielt aber die Reihenfolge, in welcher die Elemente gezogen werden keine Rolle. Jede der $\frac{n!}{x!(n-x)!} = \binom{n}{x}$ Permutationen erscheint mit der gleichen Wahrscheinlichkeit $p^x \cdot (1 - p)^{n-x}$ und führt ebenfalls zu einer Stichprobe vom

Umfang n, in der x Elemente mit der Eigenschaft A enthalten sind.

<u>Definition 1.27</u>:

Die Verteilung der Zufallsgröße X = Anzahl der Elemente mit der Eigenschaft A in einer Stichprobe vom Umfang n, deren Wahrscheinlichkeitsfunktion durch

$$P(X = x) = f(x/n;p) = \binom{n}{x} p^x (1-p)^{n-x} \qquad (1.59)$$

gegeben ist, heißt <u>Binomialverteilung</u> mit den Parametern n und p.

<u>b) Charakteristische Funktion</u>

$$\varphi_X(t) = E(e^{jtX}) = \sum_{x=0}^{n} e^{jtx} \binom{n}{x} p^x (1-p)^{n-x}$$

$$= \sum_{x=0}^{n} \binom{n}{x} (pe^{jt})^x q^{n-x} \qquad (\text{mit } q = 1-p)$$

Mit der Binomialreihe $\sum_{k=0}^{n} \binom{n}{k} a^k b^{n-k} = (a+b)^n$ folgt:

$$\underline{\varphi_X(t) = (p\,e^{jt} + q)^n} \qquad (1.60)$$

<u>c) Mittelwert und Varianz</u>

$$E(X) = \frac{1}{j}\varphi'_X(0) = \frac{1}{j}\left[n(pe^{jt}+q)^{n-1}.p\,j\,e^{jt}\right]_{t=0} = n.p$$

<u>Mittelwert $\mu = n.p$</u> (1.61)

$$E(X^2) = \frac{1}{j^2}\varphi''_X(0) = np + n(n-1)p^2$$

$$Var(X) = E(X^2) - \mu^2 = (np + n^2p^2 - np^2) - (np)^2 = np(1-p)$$

<u>Varianz $\sigma^2 = np(1-p) = n.p.q$</u> (1.62)

Ein anderer Weg zu diesen Aussagen zu gelangen, besteht darin, die Zufallsgröße X als eine Summe von n unabhängigen Zufallsgrößen X_i darzustellen, wobei jede der Zufallsgrößen X_i = Anzahl der Elemente mit der Eigenschaft A beim i-ten Versuch, nur die Werte 0 oder 1 annehmen kann und zwar mit den Wahrcheinlichkeiten $P(X_i = 1) = p$ und $P(X_i = 0) = 1 - p = q$. Damit erhält man:

$$E(X_i) = p \text{ und } Var(X_i) = p(1 - p) \text{ für } i = 1,2,\dots,n$$

(Beispiel 51) und $\varphi_{X_i}(t) = E(e^{jtX_i}) = pe^{jt} + q$.

Mit den Gleichungen (1.42),(1.50) und (1.57) folgt aus der Unabhängigkeit der Zufallsgrößen X_i:

$$E(X) = n.p, \; Var(X) = n.p.(1 - p) \text{ und } \varphi_X(t) = (pe^{jt} + q)^n.$$

<u>Sonderfall p = 0,5:</u>

In diesem Sonderfall ist auch $q = 1 - p = 0,5$ und man erhält

$$P(X = x) = f(x/n;0,5) = \binom{n}{x} \cdot 0,5^n$$

Aus der Symmetrie der Binomialkoeffizienten (Abschn.1.3.2) folgt die Symmetrie der Binomialverteilung für p = 0,5. Bei festem Stichprobenumfang n ist die Varianz σ^2 eine Funktion von p, die für p = 0,5 ein Maximum hat.

Allgemein läßt sich sagen, daß eine Binomialverteilung umso symmetrischer ist, je mehr sich der Anteilswert p dem Wert 0,5 nähert, gleichzeitig nimmt jedoch die Varianz σ^2 zu.

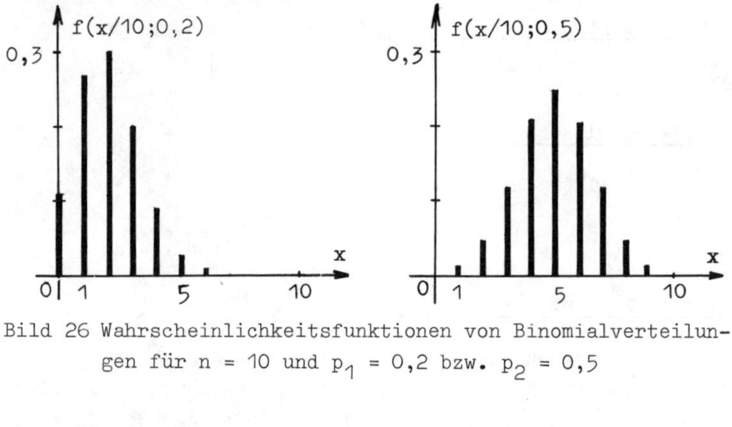

Bild 26 Wahrscheinlichkeitsfunktionen von Binomialverteilungen für n = 10 und $p_1 = 0,2$ bzw. $p_2 = 0,5$

d) Rekursionsformel

Für viele Zwecke ist es günstig, die Wahrscheinlichkeitsfunktion $P(X = x+1) = f(x+1/n;p)$ aus der Wahrscheinlichkeitsfunktion $P(X = x) = f(x/n;p)$ zu berechnen. Dafür gilt

$$f(x+1/n;p) = \binom{n}{x+1} p^{x+1} q^{n-x-1} = \frac{n-x}{x+1} \binom{n}{x} \frac{p}{q} p^x q^{n-x}$$

oder:

$$f(x+1/n;p) = \frac{n-x}{x+1} \cdot \frac{p}{q} f(x/n;p) \qquad (1.63)$$

Beispiel 59: Ein Fragebogen besteht aus 10 Fragen mit jeweils 4 vorgegebenen Antworten, von denen je eine richtig ist. Wie groß ist bei einer zufälligen Auswahl der Antworten die Wahrscheinlichkeit, daß a) genau 3 Fragen, b) mindestens 3 Fragen richtig beantwortet werden? (X)

Die Zufallsgröße X = Anzahl der richtig beantworteten Fragen ist binomialverteilt mit den Parametern $n = 10$ und $p = 0,25$.

a) $P(X = 3) = \binom{10}{3} \cdot 0,25^3 \cdot 0,75^7 = \underline{0,25028}$

b) $P(X \geqq 3) = 1 - P(X \leqq 2) = 1 - \left[P(X=0)+P(X=1)+P(X=2) \right] =$

$= 1 - \left[0,75^{10} + \binom{10}{1} 0,25 \cdot 0,75^9 + \binom{10}{2} 0,25^2 \cdot 0,75^8 \right] =$

$= \underline{0,47441}$

Beispiel 60: Einer Lieferung wird mit Zurücklegen eine Stichprobe vom Umfang $n = 40$ entnommen. Enthält die Stichprobe mehr als 2 unbrauchbare Teile, so wird die Lieferung zurückgewiesen. Gesucht ist die Annahmewahrscheinlichkeit L(p) der Lieferung, wenn sie p = 1 %, 2 %, 5 % bzw. 10 % unbrauchbare Teile enthält? (X)

Die Zufallsgröße X = Anzahl der unbrauchbaren Teile in der Stichprobe ist binomialverteilt mit den Parametern $n = 40$ und p. Die Zufallsgröße X kann auch im realistischeren Modell ohne Zurücklegen als (näherungsweise) binomialverteilt angesehen werden, wenn der Umfang N der Lieferung so groß ist, daß durch die Entnahme der Stichprobe vom Umfang $n = 40$ der Ausschußanteil nur unwesentlich verändert wird. Als Kriterium hierfür wird meist ein Auswahlsatz $f = \frac{n}{N} \leqq 0{,}05$ angegeben.

$$L(p) = P(X \leqq 2) = P(X=0) + P(X=1) + P(X=2) =$$

$$= \binom{40}{0}p^0(1-p)^{40} + \binom{40}{1}p^1(1-p)^{39} + \binom{40}{2}p^2(1-p)^{38} =$$

$$= (1-p)^{38}\left[(1-p)^2 + 40p(1-p) + 780p^2\right] =$$

$$= (1-p)^{38}\left[1 + 38p + 741p^2\right]$$

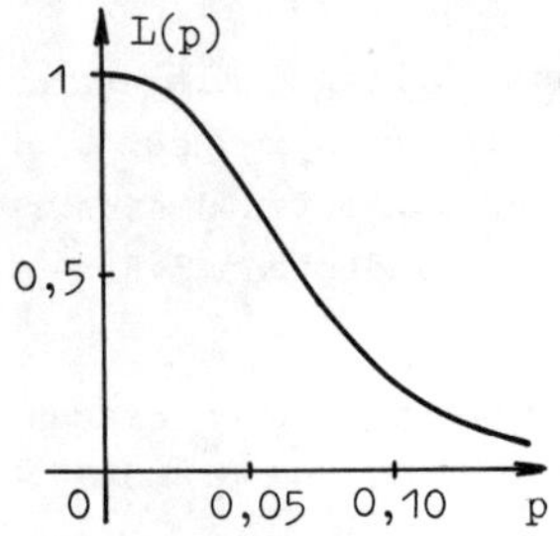

Bild 27 OC - Kurve

Für die angegebenen p-Werte erhält man:

p	0,01	0,02	0,05	0,10
L(p)	0,9925	0,9543	0,6767	0,2228

L(p) heißt Annahmekennlinie, Operationscharakteristik oder OC - Kurve des Stichprobenplanes.
Die Annahmekennlinie spielt in der statistischen Qualitätskontrolle eine wichtige Rolle bei der Beurteilung von Stichprobenplänen.

<u>Beispiel 61</u>: Um zu entscheiden, ob eine Warenlieferung angenommen werden soll, wird der folgende zweistufige Stichprobenplan durchgeführt:
Es wird mit Zurücklegen eine erste Stichprobe vom Umfang $n_1 = 5$ entnommen. Enthält die Stichprobe kein fehlerhaftes Teil, so wird die Lieferung angenommen, enthält sie mehr als ein Ausschußstück, wird die Lieferung zurückgewiesen. Bei genau einem Ausschußstück wird eine zweite Stichprobe vom Umfang $n_2 = 10$ mit Zurücklegen entnommen und die Lieferung angenommen, wenn die Stichprobe kein fehlerhaftes Teil enthält. Wie groß ist die Wahrscheinlichkeit für die Annahme der Lieferung, wenn ihr Ausschußanteil p = 1 % ist ?

Die Zufallsgrößen X_i = Anzahl der Ausschußstücke in der i-ten Stichprobe (i = 1,2) genügen Binomialverteilungen mit den Parametern $p = 0{,}01$ und $n_1 = 5$ bzw. $n_2 = 10$.

$P(X_1 = 0) = 0{,}99^5 = 0{,}9510$

$P(X_1 = 1) = 5 \cdot 0{,}01 \cdot 0{,}99^4 = 0{,}0480$

$P(X_2 = 0) = 0{,}99^{10} = 0{,}9044$

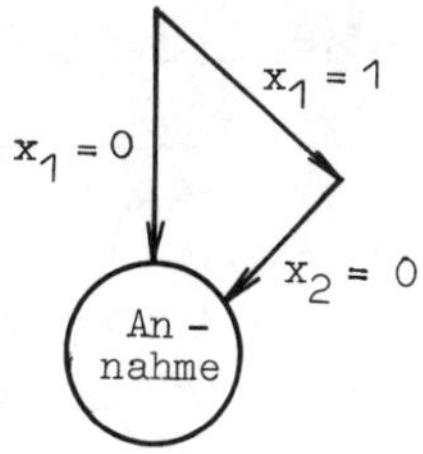

Die Lieferung wird angenommen, wenn entweder $x_1 = 0$ oder $x_1 = 1$ und $x_2 = 0$ gilt (siehe nebenstehende Skizze).

Annahmewahrscheinlichkeit $P_A = 0{,}9510 + 0{,}0480 \cdot 0{,}9044 = 0{,}9944$

Beispiel 62: Eine Münze wird 2m - mal geworfen. Man berechne die Wahrscheinlichkeit, daß genau m - mal Zahl erscheint und bestimme mit Hilfe der Stirling'schen Formel

$$n! \approx \left(\frac{n}{e}\right)^n \sqrt{2\pi n} \qquad (1.64)$$

eine Näherungsformel für große m.

Die Zufallsgröße X = Anzahl der Würfe, bei denen Zahl geworfen wird, ist binomialverteilt mit $n = 2m$ und $p = 0{,}5$.

$$P(X = m) = \binom{2m}{m} \cdot 0{,}5^m \cdot 0{,}5^m = \frac{(2m)!}{m! \cdot m!}\, 0{,}5^{2m}$$

Näherungsformel für große m:

$$P(X = m) = \frac{(2m)!}{m! \cdot m!} \cdot \frac{1}{2^{2m}} \approx \frac{\left(\frac{2m}{e}\right)^{2m} \sqrt{4\pi m}}{\left(\frac{m}{e}\right)^{2m} 2\pi m \cdot 2^{2m}} = \frac{1}{\sqrt{\pi \cdot m}}$$

m = 10: $P(X = 10) = \frac{20!}{10!\,10!}\, 0{,}5^{20} = 0{,}1762$

$P(X = 10) \approx \frac{1}{\sqrt{10\pi}} = 0{,}1784$

m = 50: $P(X = 50) = \frac{100!}{50!\,50!}\, 0{,}5^{100} = 0{,}0796$

$P(X = 50) \approx \frac{1}{\sqrt{50\pi}} = 0{,}0798$

Die viel einfachere Näherungsformel liefert für m = 50 schon recht gute Werte.

1.5.2 Poisson - Verteilung

a) Wahrscheinlichkeitsfunktion

Die Poisson - Verteilung ergibt sich als Grenzverteilung der Binomialverteilung für $n \to \infty$ und $p \to 0$, wenn der Erwartungswert n.p beim Grenzübergang konstant bleibt.

Aus der Wahrscheinlichkeitsfunktion der Binomialverteilung

$$f(x/n;p) = \binom{n}{x} \cdot p^x \cdot (1-p)^{n-x}$$

erhält man mit $n \cdot p = \lambda$ = const. die Wahrscheinlichkeitsfunktion der Poisson - Verteilung

$$f(x/\lambda) = \lim_{n \to \infty} \frac{n!}{x!\,(n-x)!} \left(\frac{\lambda}{n}\right)^x \left(1 - \frac{\lambda}{n}\right)^{n-x}$$

$$= \frac{\lambda^x}{x!} \lim_{n \to \infty} \frac{n(n-1)\ldots(n-x+1)}{n^x} \left(1 - \frac{\lambda}{n}\right)^{n-x}$$

Nun ist aber

1. $\lim\limits_{n \to \infty} \frac{n}{n} \cdot \frac{n-1}{n} \ldots \frac{n-x+1}{n} = 1$, da jeder der endlich vielen Faktoren gegen 1 konvergiert.

2. $\lim\limits_{n \to \infty} \left(1 - \frac{\lambda}{n}\right)^n = e^{-\lambda}$. Dies ist eine Definition von $e^{-\lambda}$.

3. $\lim\limits_{n \to \infty} \left(1 - \frac{\lambda}{n}\right)^{-x} = 1$, da x eine feste, endliche Zahl ist und der Klammerinhalt gegen 1 strebt.

Damit erhält man: $f(x/\lambda) = \frac{\lambda^x}{x!} e^{-\lambda}$

Definition 1.28:

> Die Verteilung einer diskreten Zufallsgröße X mit der Wahrscheinlichkeitsfunktion
>
> $$f(x/\lambda) = \frac{\lambda^x}{x!} e^{-\lambda} \qquad (\lambda > 0,\ x = 0,1,2,3,\ldots) \qquad (1.65)$$
>
> heißt Poisson - Verteilung mit dem Parameter λ.

Die Herleitung der Wahrscheinlichkeitsfunktion der Poisson - Verteilung auf diese Weise ist recht formal und wenig anschaulich. Man kann insbesondere schwer erkennen, unter welchen Voraussetzungen damit zu rechnen ist, daß eine Zufallsgröße einer Poisson - Verteilung genügt. Wegen $p \to 0$ kann vermutet werden, daß die Poisson - Verteilung bei der Verteilung seltener Ereignisse eine Rolle spielen kann (Beispiel 63).

b) Poisson - Prozeß

Betrachten wir den radioaktiven Zerfall als ein Beispiel eines zufällig ablaufenden Prozesses. Mit einem Zählgerät werden die Zerfallsakte (Signale) beobachtet und auf einer Zeitachse markiert. Der Beobachtungszeitraum sei dabei sehr klein im Verhältnis zur Halbwertszeit des radioaktiven Präperates.

Bild 28 Zufällige Folge von Zerfallsakten

Es sei 1. X_t = Anzahl der Signale im Zeitintervall $[0,t)$

2. $p_x(t) = P(X_t = x)$ die Wahrscheinlichkeit für x Signale im Zeitraum $[0,t)$.

Der radioaktive Zerfall erfüllt (mindestens näherungsweise) die folgenden Axiome:

Axiom I: Die Wahrscheinlichkeit für x Signale in einem Zeitintervall der Länge t hängt nur von x und t, nicht aber von der Lage des Intervalls auf der Zeitachse ab.

Axiom II: Die Anzahlen der Signale in disjunkten Zeitintervallen sind unabhängige Zufallsgrößen.

Axiom III: Die Wahrscheinlichkeit für mehr als ein Signal in einem Zeitintervall der Länge Δt ist von kleinerer Größenordnung als Δt.

$$\left.\begin{matrix} p_x(\Delta t) = o(\Delta t) \\ \text{für } x > 1 \end{matrix}\right\} \lim_{\Delta t \to 0} \frac{p_x(\Delta t)}{\Delta t} = 0 \qquad (1.66)$$

Definition 1.29:

Ein zufälliger Prozeß, der die Axiome I mit III erfüllt, heißt Poisson - Prozeß.

Durch diese drei Eigenschaften eines Poisson-Prozesses ist die Wahrscheinlichkeitsverteilung der Zufallsgröße

X_t = Anzahl der Signale in einem Zeitintervall der Länge t

bestimmt und man erhält:

$$P(X_t = x) = \frac{(\lambda t)^x}{x!} e^{-\lambda t} \tag{1.67}$$

Für t = 1 ergibt sich hieraus Gl.(1.65).

Beweis: Aus den Axiomen I und II folgt für die Wahrscheinlichkeit für 0 Signale im Zeitraum $[0, t+\Delta t)$

$$p_o(t+\Delta t) = p_o(t) \cdot p_o(\Delta t)$$

Diese Funktionalgleichung hat als einzige brauchbare Lösung

$$p_o(t) = e^{-\lambda t} \quad \text{mit} \quad \lambda > 0 \quad (\, p_o(t) < 1 \,)$$

d.f. $\quad p_o(\Delta t) = e^{-\lambda \Delta t} = 1 - \lambda \Delta t + o(\Delta t)$

[$o(\Delta t)$ bedeutet von kleinerer Größenordnung als Δt, Gl.(1.66)]

Unter Verwendung von Axiom III erhält man

$$p_1(\Delta t) = 1 - p_o(\Delta t) + o(\Delta t) = \lambda \Delta t + o(\Delta t)$$

Die Wahrscheinlichkeit für ein Signal im Zeitraum Δt ist im wesentlichen Δt proportional, wobei die Proportionalitätskonstante λ ist.

Zu x Signalen im Zeitintervall $[0, t+\Delta t)$ führen drei Pfade:

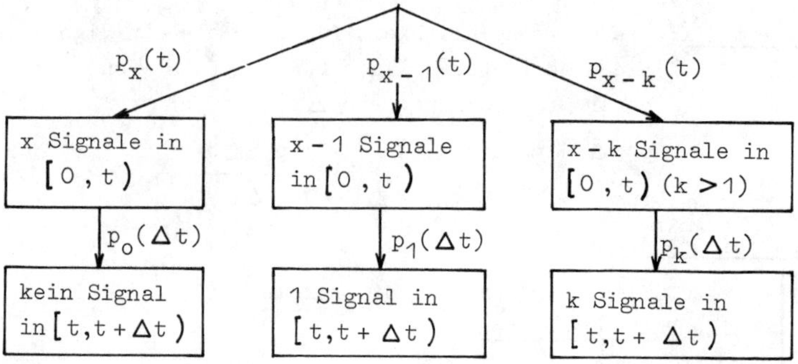

Mit $p_o(\Delta t) = 1 - \lambda\Delta t + o(\Delta t)$, $p_1(\Delta t) = \lambda\Delta t + o(\Delta t)$ und $p_k(\Delta t) = o(\Delta t)$ erhält man

$$p_x(t+\Delta t) = p_x(t)(1-\lambda\Delta t) + p_{x-1}(t)\lambda\Delta t + o(\Delta t)$$

$$\frac{p_x(t+\Delta t) - p_x(t)}{\Delta t} = \lambda\left[p_{x-1}(t) - p_x(t)\right] + \frac{o(\Delta t)}{\Delta t}$$

Grenzübergang $\Delta t \to 0$: $\quad p_x'(t) = \lambda\left[p_{x-1}(t) - p_x(t)\right] \qquad (1.68)$

Mit dem Lösungsansatz $p_x(t) = q_x(t).e^{-\lambda t}$ folgt aus dem System von Differentialgleichungen (Gl.(1.68)):

$$q_x'(t) = \lambda q_{x-1}(t) \qquad x = 1,2,3,\ldots \qquad (1.69)$$

Aus $p_o(t) = e^{-\lambda t}$ folgt $q_o(t) = 1$. Damit erhalten wir der Reihe nach

$q_1'(t) = \lambda q_o(t) = \lambda \quad \Longrightarrow q_1(t) = \lambda t + C$

Wegen $p_x(0) = q_x(0) = 0$ ist $C = 0$. Analog sind alle folgenden Integrationskonstanten Null.

$q_2'(t) = \lambda q_1(t) = \lambda^2 t \quad \Longrightarrow q_2(t) = \frac{\lambda^2 t^2}{2!}$

$q_3'(t) = \lambda q_2(t) = \frac{\lambda^3 t^2}{2!} \quad \Longrightarrow q_3(t) = \frac{\lambda^3 t^3}{3!}$

$\Downarrow$

$q_x(t) = \frac{(\lambda t)^x}{x!}$

Durch Einsetzen in den Lösungsansatz $p_x(t) = q_x(t).e^{-\lambda t}$ erhält man schließlich die zu beweisenden Gl.(1.67).

Die poissonverteilte Zufallsgröße X, die wir eingangs durch einen Grenzübergang aus einer binomialverteilten Zufallsgröße erhalten haben, kann nun folgendermaßen interpretiert werden:

Die Zufallsgröße X gibt die Anzahl der Signale pro Zeiteinheit eines Poisson-Prozesses an.
Die Zeiteinheit t = 1 kann beliebig gewählt werden.

c) Charakteristische Funktion, Mittelwert und Varianz

$$\varphi_X(t) = E(e^{jtX}) = \sum_{x=0}^{\infty} e^{jtx} \frac{\lambda^x}{x!} e^{-\lambda} = e^{-\lambda} \sum_{x=0}^{\infty} \frac{(\lambda e^{jt})^x}{x!}$$

$$= e^{-\lambda} \cdot e^{\lambda e^{jt}}$$

$$\underline{\varphi_X(t) = e^{\lambda(e^{jt}-1)}} \qquad (1.70)$$

1. Ableitung der charakteristischen Funktion:

$$\varphi'_X(t) = j\lambda e^{jt} e^{\lambda(e^{jt}-1)} \Longrightarrow E(X) = \frac{1}{j}\varphi'_X(0) = \lambda$$

$$\underline{\mu = E(X) = \lambda} \qquad (1.71)$$

Eine poissonverteilte Zufallsgröße X hat den Mittelwert λ. Der Parameter λ ist also die durchschnittliche Anzahl von Signalen pro Zeiteinheit eines Poisson-Prozesses.

Mit der 2. Ableitung der charakteristischen Funktion erhält man

$$E(X^2) = \frac{1}{j^2}\varphi''_X(0) = \lambda^2 + \lambda$$

und

$$\underline{Var(X) = E(X^2) - \mu^2 = \lambda} \qquad (1.72)$$

Die Poisson-Verteilung wird mit zunehmenden λ symmetrischer, gleichzeitig nimmt die Varianz zu.

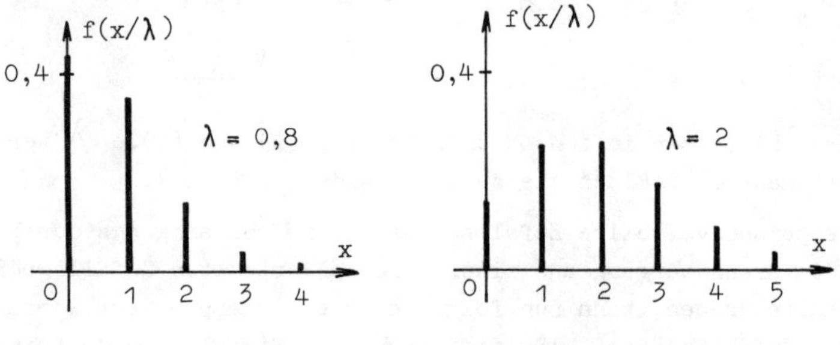

Bild 29 Wahrscheinlichkeitsfunktionen von Poisson-Verteilungen für $\lambda_1 = 0{,}8$ und $\lambda_2 = 2$

d) Rekursionsformel

Für die Wahrscheinlichkeitsfunktion einer Poisson - Verteilung gilt die leicht beweisbare Rekursionsformel

$$f(x+1/\lambda) = \frac{\lambda}{x+1} f(x/\lambda) \tag{1.73}$$

e) Additionssatz für poissonverteilte Zufallsgrößen

Sind die unabhängigen Zufallsgrößen X_1 und X_2 poissonverteilt mit den Parametern λ_1 und λ_2, dann ist die Zufallsgröße $X = X_1 + X_2$ poissonverteilt mit dem Parameter $\lambda = \lambda_1 + \lambda_2$.

Beweis: Da die Zufallsgrößen X_1 und X_2 unabhängig sind, ist die charakteristische Funktion der Zufallsgröße $X = X_1 + X_2$ gleich dem Produkt der charakteristischen Funktionen von X_1 und X_2.

Mit $\varphi_{X_1}(t) = e^{\lambda_1(e^{jt}-1)}$ und $\varphi_{X_2}(t) = e^{\lambda_2(e^{jt}-1)}$ folgt

$$\varphi_X(t) = \varphi_{X_1}(t) \cdot \varphi_{X_2}(t) = e^{(\lambda_1+\lambda_2)(e^{jt}-1)}$$

Dies ist aber die charakteristische Funktion einer poissonverteilten Zufallsgröße mit dem Parameter $\lambda = \lambda_1 + \lambda_2$.

f) Approximation einer Binomialverteilung durch eine Poisson - Verteilung

Da für $n \to \infty$ und $p \to 0$ $(n.p = \lambda)$ die Binomialverteilung in eine Poisson - Verteilung übergeht, kann für große n und kleine p die Binomialverteilung durch eine Poisson - Verteilung angenähert werden.

$$f(x/n;p) = \binom{n}{x} p^x (1-p)^{n-x} \approx f(x/\lambda) = \frac{\lambda^x}{x!} e^{-\lambda} \tag{1.74}$$

$$\lambda = n.p$$

Als Kriterium für die Verwendbarkeit der Approximation wird häufig

$$n.p \leqq 10 \quad \text{und} \quad n \geqq 1500.p$$

angegeben.

Die Bedeutung der Poisson-Approximation der Binomialverteilung ist natürlich heute bei der Verwendung elektronischer Rechenhilfsmittel stark eingeschränkt.

Beispiel 63: Ein bekanntes Beispiel für die Verteilung eines seltenen Ereignisses ist die der Anzahl der durch Pferdehufschlag getöteten Kavalleristen der preußischen Armee. Beobachtungen von 10 Regimentern über einen Zeitraum von 20 Jahren (1875 - 1894) ergaben folgende Verteilung:

x	0	1	2	3	4
n_x	109	65	22	3	1
h_x	0,545	0,325	0,110	0,015	0,005
$f(x/0{,}61)$	0,543	0,331	0,101	0,021	0,003

Dabei bedeutet:

x = Anzahl der in einem Jahr pro Regiment getöteten Kavalleristen

n_x = absolute Häufigkeit und h_x = relative Häufigkeit der pro Jahr in einem Regiment getöteten Soldaten.

Will man nun die beobachteten relativen Häufigkeiten h_x mit den aufgrund einer Poisson - Verteilung berechneten Wahrscheinlichkeiten vergleichen, so muß der unbekannte Wert des Parameters λ geschätzt werden.

Da λ der Mittelwert einer poissonverteilten Zufallsgröße ist, liegt es nahe, als Schätzwert $\hat{\lambda}$ für λ den beobachteten Mittelwert $\bar{x}$ zu verwenden.

$$\hat{\lambda} = \bar{x} = \frac{65.1 + 22.2 + 3.3 + 1.4}{200} = 0{,}61$$

Die damit berechneten Wahrscheinlicheiten

$$P(X = x) = f(x/0{,}61) = \frac{0{,}61^x}{x!}\, e^{-0{,}61}$$

zeigen eine gute Übereinstimmung mit den beobachteten relativen Häufigkeiten h_x.

Die Zufallsgröße X = Anzahl der in einem Jahr pro Regiment getöteten Soldaten kann als poissonverteilt angesehen werden.

Genaueres über das Schätzen von Parametern und das Prüfen der Übereinstimmung einer beobachteten mit einer theoretischen Verteilung wird im Abschnitt 3 behandelt.

Beispiel 64: Die Zufallsgröße X = Anzahl der in einer Telephonzentrale in einem bestimmten Zeitintervall eintreffenden Anrufe (Signale), erfülle die Axiome eines Poisson-Prozesses. Die Zentrale erhält im Mittel 180 Anrufe pro Stunde. Sie ist überlastet, wenn pro Minute mehr als 6 Anrufe eintreffen. Wie groß ist die Wahrscheinlichkeit, daß die Telephonzentrale überlastet wird?

X

Die Zufallsgröße X = Anzahl der Anrufe in der Minute genügt einer Poisson-Verteilung mit dem Parameter $\lambda = 3$ (mittlere Anzahl der Anrufe pro Minute).

$$P(X > 6) = 1 - P(X \leqq 6) = 1 - e^{-3} \sum_{x=0}^{6} \frac{3^x}{x!} = 0,0335$$

In ca. 3% aller Zeitintervalle der Länge 1 Minute ist die Zentrale überlastet.

Beispiel 65: Eine Fabrik produziert Werkstücke, die mit einer Wahrscheinlichkeit p = 0,001 defekt sind.
Wie groß ist die Wahrscheinlichkeit, daß eine Lieferung von n = 500 Werkstücken mindestens 2 unbrauchbare Werkstücke enthält?

X

a) Exakte Lösung: X = Anzahl der defekten Werkstücke in der Lieferung, ist binomialverteilt mit den Parametern p = 0,001 und n = 500.

$$P(X \geqq 2) = 1 - P(X \leqq 1) = 1 - 0,999^{500} - \binom{500}{1} \cdot 0,001 \cdot 0,999^{499}$$

$$= 0,090128 \approx 9\,\%$$

b) Poisson-Näherung: Die Zufallsgröße X ist näherungsweise poissonverteilt mit dem Parameter $\lambda = n \cdot p = 0,5$.

Wegen $n \cdot p = 0,5 < 10$ und $n = 500 > 1500 \cdot p = 1,5$ kann die Poisson-Näherung verwendet werden.

$$P(X \geqq 2) = 1 - P(X \leqq 1) = 1 - e^{-0,5} - 0,5 \cdot e^{-0,5} =$$

$$= 0,090204 \approx 9\,\%$$

1.5.3 Hypergeometrische Verteilung

Aus einer zweistufigen Grundgesamtheit von N Elementen, von denen N_1 Elemente die Eigenschaft A haben, werden ohne Zurücklegen n Elemente zufällig entnommen.

Grundgesamtheit		Stichprobe
N Elemente, davon N_1 mit der Eigenschaft A	ohne Zurücklegen →	n Elemente, davon x mit der Eigenschaft A

a) Wahrscheinlichkeitsfunktion

Betrachtet wird die Zufallsgröße X = Anzahl der Elemente mit der Eigenschaft A in der Stichprobe vom Umfang n. Für die Werte x, welche die Zufallsgröße X annehmen kann, gilt:

$$\max\left[0\,,\, n-(N-N_1)\right] \leqq x \leqq \min\left[n, N_1\right].$$

Die Anzahl x der Elemente mit der Eigenschaft A in der Stichprobe kann weder größer als n, noch größer als N_1 sein, ist also höchstens gleich der kleineren der beiden Zahlen. Ist der Stichprobenumfang n größer als $N - N_1$ = Anzahl der Elemente mit der Eigenschaft $\overline{A}$ in der Grundgesamtheit, so müssen mindestens $n - (N - N_1)$ Elemente mit der Eigenschaft A in der Stichprobe sein, anderenfalls ist 0 der kleinste Wert, den die Zufallsgröße X annehmen kann.

Sind x Elemente mit der Eigenschaft A in der Stichprobe, so bedeutet dies, daß

1. aus der Teilmenge der N_1 Elemente der Grundgesamtheit mit der Eigenschaft A ohne Zurücklegen und ohne Beachtung der Reihenfolge x Elemente entnommen werden; dies ist auf $\binom{N_1}{x}$ Arten möglich und
2. aus der Teilmenge der $N - N_1$ Elemente mit der Eigenschaft $\overline{A}$ die restlichen $n - x$ Elemente entnommen werden; dies ist auf $\binom{N-N_1}{n-x}$ Arten möglich.

Mit dem allgemeinen Zählprinzip ergibt sich daher als Anzahl der Möglichkeiten, aus der gegebenen Grundgesamtheit in einer

Stichprobe vom Umfang n genau x Elemente mit der Eigenschaft A zu erhalten: $g = \binom{N_1}{x}\binom{N-N_1}{n-x}$.

Da die Gesamtzahl der möglichen Fälle, aus einer Grundgesamtheit von N Elementen ohne Zurücklegen und ohne Beachtung der Reihenfolge n Elemente zu entnehmen, durch

$$m = \binom{N}{n}$$

gegeben ist, folgt mit dem klassischen Wahrscheinlichkeitsbegriff $P(X = x) = f(x/N,N_1,n) = \frac{g}{m}$.

<u>Definition 1.30</u>:

Die Verteilung einer diskreten Zufallsgröße X mit der Wahrscheinlichkeitsfunktion

$$f(x/N,N_1,n) = \frac{\binom{N_1}{x}\binom{N-N_1}{n-x}}{\binom{N}{n}} \qquad (1.75)$$

heißt <u>Hypergeometrische Verteilung</u> mit den Parametern N, N_1 und n.

Eine Hypergeometrische Verteilung konvergiert für $N \to \infty$ bei $N_1/N = p = \text{const.}$ gegen eine Binomialverteilung.

$$\lim_{N \to \infty} \frac{\binom{N_1}{x}\binom{N-N_1}{n-x}}{\binom{N}{n}} = \binom{n}{x} p^x (1-p)^{n-x} \qquad (1.76)$$

Zum Beweis werden die Binomialkoeffizienten entsprechend der Definition (Abschn. 1.3.2) ausführlich angeschrieben, Zähler und Nenner durch N^n dividiert und dann der Grenzübergang durchgeführt.

Für große Grundgesamtheiten (Auswahlsatz $f = \frac{n}{N} < 0{,}05$) kann eine Hypergeometrische Verteilung durch eine Binomialverteilung angenähert werden.

<u>b) Mittelwert und Varianz</u>

Mittelwert:

$$\mu = E(X) = n \cdot \frac{N_1}{N} = n.p \qquad (1.77)$$

Varianz:

$$\mathrm{Var}(X) = n\frac{N_1}{N}\left(1-\frac{N_1}{N}\right)\frac{N-n}{N-1} = n.p.(1-p)\frac{N-n}{N-1} \qquad (1.78)$$

Formal unterscheidet sich die Varianz einer Hypergeometrischen Verteilung von der einer Binomialverteilung nur durch den Faktor $\frac{N-n}{N-1}$, der Korrekturfaktor für endliche Grundgesamtheiten heißt. Im Sonderfall $n = N$ kann die Zufallsgröße X nur den einen Wert $x = N_1$ annehmen. Es ist dann $\mathrm{Var}(X) = 0$.

c) Rekursionsformel

Für die Wahrscheinlichkeitsfunktion einer Hypergeometrischen Verteilung gilt folgende Rekursionsformel:

$$f(x+1/N,N_1,n) = \frac{(n-x)(N_1-x)}{(x+1)(N-N_1-n+x+1)} f(x/N,N_1,n) \qquad (1.79)$$

Beispiel 66: In einer Urne befinden sich $N = 50$ Kugeln, davon sind $N_1 = 10$ weiße Kugeln ($p = N_1/N = 0{,}2$). Man berechne die Wahrscheinlichkeiten, in einer Stichprobe vom Umfang $n = 10$ genau $x = 0,1,2,3,4,5$ weiße Kugeln zu erhalten.

Die Zufallsgröße X = Anzahl der weißen Kugeln in der Stichprobe genügt einer Hypergeometrischen Verteilung mit den Parametern $N = 50$, $N_1 = 10$ und $n = 10$. Es ist daher

$$P(X=x) = \frac{\binom{10}{x}\binom{40}{10-x}}{\binom{50}{10}}$$

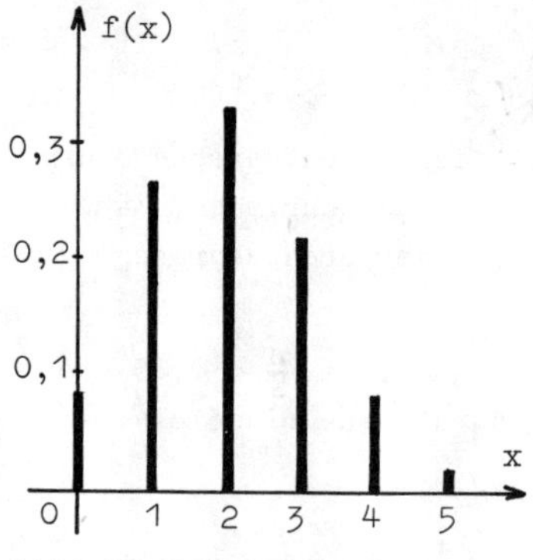

Bild 30 Wahrscheinlichkeitsfunktion

Ergebnis:

x	f(x/50,10,10)
0	0,082519
1	0,266191
2	0,336899
3	0,217793
4	0,078469
5	0,016142

Es ist also am wahrscheinlichsten, eine Stichprobe zu erhalten, deren Anteil an weißen Kugeln mit dem Anteil der weißen Kugeln in der Grundgesamtheit übereinstimmt.

Beispiel 67: Eine Lieferung von N = 500 Bauteilen enthält $N_1 = 10$ defekte Bauteile. Aus der Lieferung werden ohne Zurücklegen n = 50 Teile entnommen. Mit welcher Wahrscheinlichkeit enthält die Stichprobe kein defektes Bauteil?

Die Zufallsgröße X = Anzahl der defekten Teile genügt einer Hypergeometrischen Verteilung mit den Parametern N = 500, $N_1 = 10$ und n = 50.

$$P(X = 0) = f(0 / 500, 10, 50) = \frac{\binom{10}{0}\binom{490}{50}}{\binom{500}{50}} =$$

$$= \frac{490.489\ldots441}{50!} \cdot \frac{50!}{500.499\ldots451} = \underline{0{,}34516}$$

1.5.4 Mehrdimensionale diskrete Wahrscheinlichkeitsverteilungen

Gegeben sei eine k-stufige Grundgesamtheit von N Elementen. Es sind in ihr je N_i Elemente mit der Eigenschaft A_i vorhanden. Dieser Grundgesamtheit wird eine zufällige Stichprobe vom Umfang n entnommen. Dabei sei x_i die Anzahl der Elemente mit der Eigenschaft A_i in der Stichprobe.

Grundgesamtheit:		Stichprobe:
N_1 Elemente mit A_1		x_1 Elemente mit A_1
N_2 Elemente mit A_2		x_2 Elemente mit A_2
⋮	⟶	⋮
N_k Elemente mit A_k		x_k Elemente mit A_k
$\sum_{i=1}^{k} N_i = N$		$\sum_{i=1}^{k} x_i = n$

Wir haben nun k Zufallsgrößen X_i = Anzahl der Elemente mit der Eigenschaft A_i in der Stichprobe.

Diese k eindimensionalen Zufallsgrößen bilden zusammen einen k-dimensionalen Zufallsvektor

$$\vec{X} = (X_1, X_2, X_3, \ldots, X_k).$$

Gesucht wird die Wahrscheinlichkeit, daß diese k-dimensionale Zufallsgröße eine ganz bestimmte Realisation

$$\vec{x} = (x_1, x_2, x_3, \ldots, x_k)$$

annimmt.

a) Polynomialverteilung

Die Stichprobenelemente werden mit Zurücklegen gezogen. Es handelt sich um eine Verallgemeinerung der Binomialverteilung. Dabei gilt:

$$P(A_i) = \frac{N_i}{N} = p_i \quad \text{mit} \quad \sum_{i=1}^{k} p_i = 1.$$

$p_1^{x_1} \cdot p_2^{x_2} \cdots p_k^{x_k}$ ist die Wahrscheinlichkeit, x_i-mal ein Element mit der Eigenschaft A_i in einer bestimmten Reihenfolge, etwa zuerst x_1-mal ein Element mit der Eigenschaft A_1, dann x_2-mal ein Element mit der Eigenschaft $A_2, \ldots$, schließlich x_k-mal ein Element mit der Eigenschaft A_k zu erhalten.
Da die Reihenfolge nicht beachtet wird, führt jede der

$\frac{n!}{x_1!\, x_2! \ldots x_k!}$ verschiedenen Permutationen von n Elementen, von denen je $x_1, x_2, \ldots, x_k$ untereinander gleich sind, zur gleichen Realisation $\vec{x}$ des Zufallsvektors $\vec{X}$.

Definition 1.31:

> Die Verteilung einer k-dimensionalen Zufallsgröße mit der Wahrscheinlichkeitsfunktion
>
> $$P(X_1 = x_1, \ldots, X_k = x_k) = \frac{n!}{x_1!\, x_2! \ldots x_k!}\, p_1^{x_1} \cdot p_2^{x_2} \cdots p_k^{x_k} \qquad (1.80)$$
>
> heißt Polynomialverteilung.

Im Sonderfall $k = 2$: $p_1 = p$, $p_2 = 1 - p$, $x_1 = x$ und $x_2 = n - x$ geht die Wahrscheinlichkeitsfunktion der Polynomialverteilung in die der Binomialverteilung über.

b) Verallgemeinerte Hypergeometrische Verteilung

Die Elemente der Stichprobe werden aus der Grundgesamtheit ohne Zurücklegen entnommen.

$\binom{N_1}{x_1}\binom{N_2}{x_2}\cdots\binom{N_k}{x_k}$ ist die Anzahl der Möglichkeiten aus den N_1 Elementen mit der Eigenschaft A_1 genau x_1, aus den N_2 Elementen mit der Eigenschaft A_2 genau $x_2, \dots,$ aus den N_k Elementen mit der Eigenschaft A_k genau x_k Elemente ohne Zurücklegen und ohne Beachtung der Reihenfolge zu entnehmen. Dies ist die Anzahl g, der für eine bestimmte Realisation des Zufallsvektors günstigen Fälle. $\binom{N}{n} = m$ ist die Anzahl der möglichen Stichproben vom Umfang n aus der Grundmenge von N Elementen.

Definition 1.32:

Die Verteilung einer k-dimensionalen Zufallsgröße mit der Wahrscheinlichkeitsfunktion

$$P(X_1 = x_1, \dots, X_k = x_k) = \frac{\binom{N_1}{x_1}\binom{N_2}{x_2}\cdots\binom{N_k}{x_k}}{\binom{N}{n}} \qquad (1.81)$$

heißt verallgemeinerte Hypergeometrische Verteilung.

Beispiel 68: In einer Urne befinden sich N = 20 Kugeln und zwar $N_1 = 8$ blaue, $N_2 = 6$ rote, $N_3 = 4$ grüne und $N_4 = 2$ schwarze Kugeln. Wie groß sind die Wahrscheinlichkeiten für das Ziehen von je 2 Kugeln von jeder Farbe bei einer Stichprobe vom Umfang n = 8, wenn die Entnahme der Kugeln einmal ohne und einmal mit Zurücklegen erfolgt?

a) Mit Zurücklegen:

$$P(X_1=2, X_2=2, X_3=2, X_4=2) = \frac{8!}{2!\,2!\,2!\,2!}\,0{,}4^2\,0{,}3^2\,0{,}2^2\,0{,}1^2 = $$
$$= 0{,}0145152 = 1{,}45\,\%$$

b) Ohne Zurücklegen:

$$P(X_1=2, X_2=2, X_3=2, X_4=2) = \frac{\binom{8}{2}\binom{6}{2}\binom{4}{2}\binom{2}{2}}{\binom{20}{8}}$$
$$= 0{,}020004763 = 2\,\%.$$

1.5.5 Normalverteilung

a) Wahrscheinlichkeitsdichte

Definition 1.33:

Eine stetige Zufallsgröße X heißt normalverteilt mit den Parametern μ und σ^2, wenn ihre Dichtefunktion gegeben ist durch

$$f(x/\mu, \sigma^2) = \frac{1}{\sigma\sqrt{2\pi}} \cdot e^{-\frac{(x-\mu)^2}{2\sigma^2}} \qquad (1.82)$$

$(-\infty < x < \infty \; ; \; -\infty < \mu < \infty \; ; \; \sigma > 0)$

1. Für alle μ und alle $\sigma > 0$ gilt:

$$\int_{-\infty}^{\infty} f(x/\mu;\sigma^2)\,dx = 1 \qquad (1.83)$$

(Normierung der Dichtefunktion)

2. Die Dichtefunktion ist symmetrisch zur Geraden $x = \mu$.

3. Das einzige Maximum liegt bei $x = \mu$. Die Dichtefunktion hat dort den Funktionswert $1/(\sigma\sqrt{2\pi})$, d.h. die Höhe des Maximums nimmt mit zunehmenden σ ab.

4. Die beiden Wendepunkte liegen an den Stellen $x = \mu \pm \sigma$.

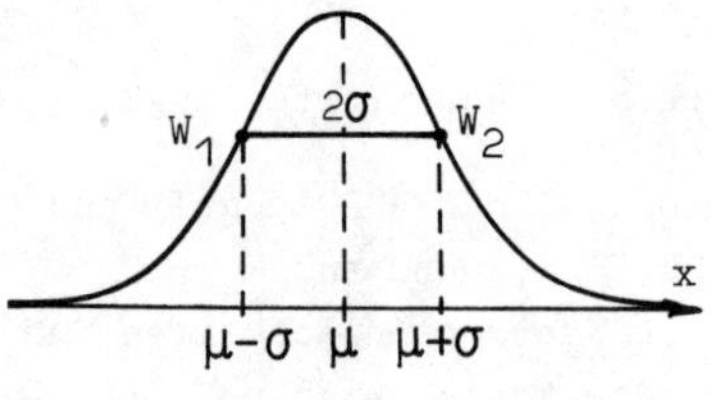

Bild 31 Dichtefunktion einer Normalverteilung

b) Verteilungsfunktion

$$F(x/\mu;\sigma^2) = P(X \leqq x) = \int_{-\infty}^{x} f(t/\mu;\sigma^2)\,dt \qquad (1.84)$$

$F(-\infty) = 0$, $F(\mu) = 0{,}5$ (Symmetrie!) und $F(\infty) = 1$.

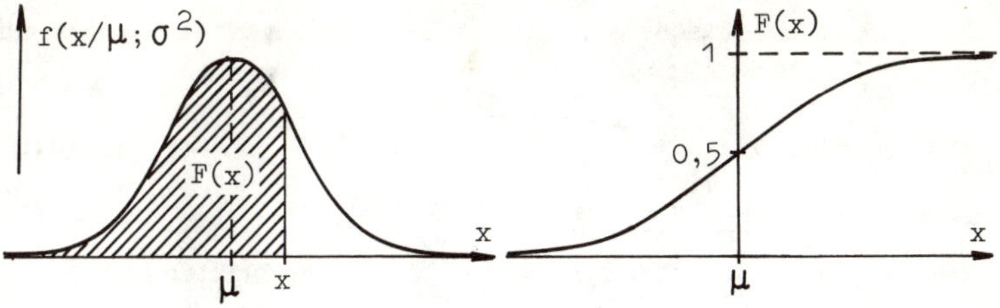

Bild 32 Wahrscheinlichkeitsdichte- und Verteilungsfunktion einer Normalverteilung

Mit der Verteilungsfunktion erhält man die Wahrscheinlichkeit dafür, daß die Zufallsgröße X Werte zwischen $x_1 = a$ und $x_2 = b$ annimmt, (Abschn. 1.4.3) zu:

$$P(a < X \leqq b) = \int_a^b f(x/\mu;\, \sigma^2)\, dx = F(b) - F(a) \qquad (1.85)$$

c) <u>Charakteristische Funktion</u>

$$\varphi_X(t) = E(e^{jtX}) = \int_{-\infty}^{\infty} e^{jtx} \frac{1}{\sigma\sqrt{2\pi}}\, e^{-\frac{(x-\mu)^2}{2\sigma^2}}\, dx$$

Mit der Substitution $z = \frac{x-\mu}{\sigma}$, $x = z\cdot\sigma + \mu$ folgt:

$$\varphi_X(t) = \frac{1}{\sqrt{2\pi}} \int_{-\infty}^{\infty} e^{j(z\sigma+\mu)t - \frac{z^2}{2}}\, dz$$

Unter Verwendung der Identität

$$j(z\sigma + \mu)t - \frac{z^2}{2} = j\mu t - \frac{t^2\sigma^2}{2} - \frac{1}{2}(z - jt\sigma)^2$$

erhält man

$$\varphi_X(t) = e^{j\mu t - \frac{t^2\sigma^2}{2}} \cdot \frac{1}{\sqrt{2\pi}} \int_{-\infty}^{\infty} e^{-\frac{u^2}{2}}\, du \quad (u = z - jt\sigma)$$

Aus Gl.(1.83) folgt für $\mu = 0$ und $\sigma = 1$: $\frac{1}{\sqrt{2\pi}} \int_{-\infty}^{\infty} e^{-\frac{u^2}{2}}\, du = 1.$

Die charakteristische Funktion einer Normalverteilung ist damit

$$\varphi_X(t) = e^{j\mu t - \frac{t^2\sigma^2}{2}} \qquad (1.86)$$

d) Mittelwert und Varianz

Aus den Ableitungen der charakteristischen Funktion

$$\varphi'_X(t) = (j\mu + t\sigma^2)\cdot\varphi_X(t)$$

und $$\varphi''_X(t) = \left[(j\mu + t\sigma^2)^2 - \sigma^2\right]\cdot\varphi_X(t)$$

folgt:

$$E(X) = \frac{1}{j}\varphi'_X(0) = \mu \quad \text{und} \quad E(X^2) = \frac{1}{j^2}\varphi''_X(0) = \mu^2 + \sigma^2$$

$$\Longrightarrow \mathrm{Var}(X) = E(X^2) - \mu^2 = \sigma^2$$

Die beiden Parameter der Normalverteilung haben also die durch die Wahl der Buchstaben schon zum Ausdruck gebrachte Bedeutung:

$$\mu = E(X) \quad \text{und} \quad \sigma^2 = \mathrm{Var}(X) \qquad (1.87)$$

e) Additionssatz für normalverteilte Zufallsgrößen

Sind die stochastisch unabhängigen Zufallsgrößen X_1 und X_2 normalverteilt mit den Parametern μ_1 und σ_1^2 bzw. μ_2 und σ_2^2, so ist die Zufallsgröße $X = X_1 + X_2$ normalverteilt mit den Parametern $\mu = \mu_1 + \mu_2$ und $\sigma^2 = \sigma_1^2 + \sigma_2^2$.

Beweis: Die charakteristische Funktion einer Summe stochastisch unabhängiger Zufallsgrößen ist gleich dem Produkt der charakteristischen Funktionen der einzelnen Zufallsgrößen:

$$\varphi_X(t) = \varphi_{X_1}(t)\cdot\varphi_{X_2}(t) = e^{j\mu_1 t - \frac{t^2}{2}\sigma_1^2}\cdot e^{j\mu_2 t - \frac{t^2}{2}\sigma_2^2}$$

$$= e^{j(\mu_1 + \mu_2)t - \frac{t^2}{2}(\sigma_1^2 + \sigma_2^2)}$$

Dies ist aber die charakteristische Funktion einer normalverteilten Zufallsgröße mit $\mu = \mu_1 + \mu_2$ und $\sigma^2 = \sigma_1^2 + \sigma_2^2$.

Eine analog beweisbare Verallgemeinerung lautet:

Sind die stochastisch unabhängigen Zufallsgrößen X_i normalverteilt mit den Parametern μ_i und σ_i^2 $(i = 1,2,\ldots,n)$, dann ist die Linearkombination

$$X = \sum_{i=1}^{n} k_i X_i$$

normalverteilt mit $\mu = \sum_{i=1}^{n} k_i \mu_i$ und $\sigma^2 = \sum_{i=1}^{n} k_i^2 \sigma_i^2$.

f) Standardnormalverteilung

Definition 1.34:

Eine normalverteilte Zufallsgröße U mit $E(U) = 0$ und $Var(U) = 1$ heißt standardnormalverteilt.

Eine (μ, σ^2) - normalverteilte Zufallsgröße X wird durch die Transformation

$$U = \frac{X - \mu}{\sigma} \qquad (Gl.(1.51))$$

in eine standardnormalverteilte Zufallsgröße U übergeführt.

Dichtefunktion der Standardnormalverteilung

$$f(u/0;1) = \varphi(u) = \frac{1}{\sqrt{2\pi}} e^{-u^2/2} \qquad (1.88)$$

Verteilungsfunktion der Standardnormalverteilung

$$F(u/0;1) = \Phi(u) = \frac{1}{\sqrt{2\pi}} \int_{-\infty}^{u} e^{-t^2/2} \, dt \qquad (1.89)$$

Die Verteilungsfunktion $\Phi(u)$ der Standardnormalverteilung läßt sich nicht durch elementare Funktionen ausdrücken. Das Integral von Gl.(1.89) kann aber durch numerische Integrationsverfahren berechnet werden. Manche Taschenrechner besitzen ein Programm zur Berechnung von $\Phi(u)$. Eine Tabelle mit Zahlenwerten der Verteilungsfunktion der Standardnormalverteilung befindet sich im Anhang. Dabei genügt es, eine Tabelle der Verteilungsfunktion für $u \geqq 0$ anzugeben. Für negative u-Werte gilt wegen der Symmetrie der Standardnormalverteilung zur Geraden $u = 0$ (Bild 33):

$$\Phi(-u) = 1 - \Phi(u) \tag{1.90}$$

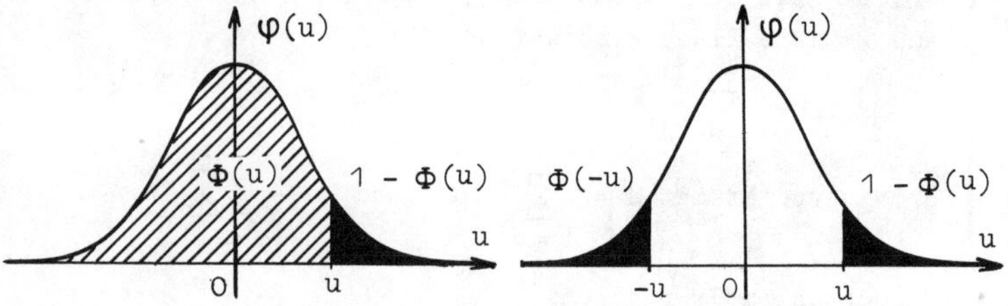

Bild 33 Dichte- und Verteilungsfunktion der Standardnormalverteilung

Mit Hilfe der Zahlenwerte der Verteilungsfunktion $\Phi(u)$ der Standardnormalverteilung kann die Wahrscheinlichkeit dafür, daß die (μ ; σ^2)-normalverteilte Zufallsgröße X Werte zwischen x_1 und x_2 annimmt, wie folgt berechnet werden :

$$P(x_1 < X \leqq x_2) = P(u_1 < U \leqq u_2) = \Phi(u_2) - \Phi(u_1) \tag{1.91}$$

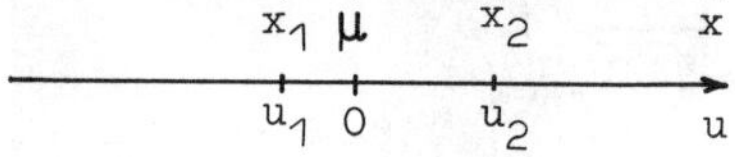

Bild 34 Wahrscheinlichkeit $P(x_1 < X \leqq x_2)$

Die Wahrscheinlichkeit dafür, daß die (μ ; σ^2)-normalverteilete Zufallsgröße X Werte zwischen x_1 und x_2 annimmt, entspricht der Wahrscheinlichkeit, daß die standardnormalverteilte Zufallsgröße U im Intervall von $u_1 = (x_1 - \mu)/\sigma$ bis $u_2 = (x_2 - \mu)/\sigma$ liegt. Die Umrechnung von der (μ ; σ^2)-normalverteilten Zufallsgröße X zur standardnormalverteilten Zufallsgröße U bedeutet eine Verschiebung und eine Anderung des Maßstabes auf der Abszissenachse. Dabei enspricht $u_1 = 1$ einem Merkmalswert x_1, der um eine Standardabweichung oberhalb des Mittelwertes liegt, $u_2 = -2$ einem Merkmalswert x_2, der um zwei Standardabweichungen unterhalb des Mittelwertes liegt.

Quantile der Standardnormalverteilung

Definition 1.35:

> Die Zahlenwerte u_α, für die gilt:
>
> $$P(U \leqq u_\alpha) = \Phi(u_\alpha) = \alpha, \qquad (1.92)$$
>
> heißen Quantile der Standardnormalverteilung.

Für eine Reihe von Fragestellungen ist es notwendig, diese Quantile zu kennen.

Wegen der Symmetrie der Standardnormalverteilung zur Geraden u = 0 ist

$$u_{1-\alpha} = -u_\alpha \qquad (1.93)$$

Eine Tabelle mit Quantilen der Standardnormalverteilung befindet sich im Anhang.

So ist zum Beispiel das Quantil $u_{0,95} = 1{,}645$, d.h. mit einer Wahrscheinlichkeit von 95 % nimmt eine standardnormalverteilte Zufallsgröße U Werte an, die höchstens gleich 1,645 sind $\left[P(U \leqq 1{,}645) = 0{,}95\right]$.

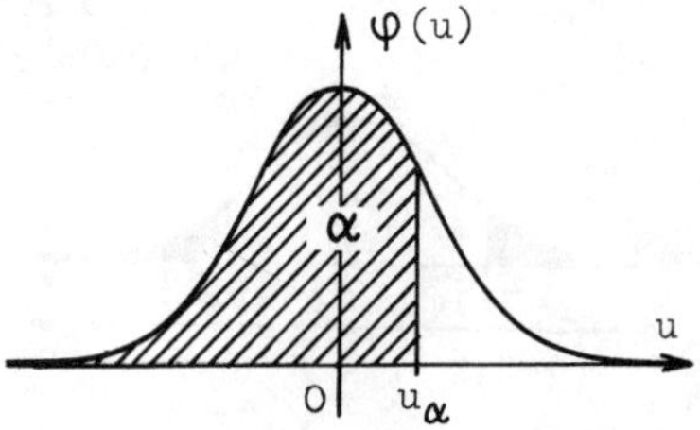

Bild 35 Quantile der Standardnormalverteilung

Beispiel 69: Eine Zufallsgröße X sei $(\mu;\sigma^2)$-normalverteilt. Mit welcher Wahrscheinlichkeit nimmt X Werte an, die im Intervall von $x_1 = \mu - k\sigma$ bis $x_2 = \mu + k\sigma$ liegen?

$$P(\mu - k\sigma < X \leqq \mu + k\sigma) = P(-k < U \leqq k) = \Phi(k) - \Phi(-k) =$$
$$= \Phi(k) - [1 - \Phi(k)] = \underline{2\cdot\Phi(k) - 1}$$

k = 1: $P(\mu - \sigma < X \leqq \mu + \sigma) = 0{,}6826$

k = 2: $P(\mu - 2\sigma < X \leqq \mu + 2\sigma) = 0{,}9544$

k = 3: $P(\mu - 3\sigma < X \leqq \mu + 3\sigma) = 0{,}9973$

Bei jeder normalverteilten Zufallsgröße liegen fast alle Werte (genau 99,73 % aller Werte) in einem Intervall, welches vom Mittelwert aus um 3 Standardabweichungen nach unten und oben reicht.

Beispiel 70: Bei der Herstellung von Kondensatoren sei die Kapazität eine normalverteilte Zufallsgröße mit den Parametern $\mu = 5\,\mu F$ und $\sigma = 0{,}02\,\mu F$.
Welcher Ausschußanteil ist zu erwarten, wenn die Kapazität
a) mindestens $4{,}98\,\mu F$ b) höchstens $5{,}05\,\mu F$ betragen soll,
c) um maximal $0{,}03\,\mu F$ vom Sollwert $5\,\mu F$ abweichen darf?

a) $P(X < 4{,}98) = P(U < -1) = \Phi(-1) = 0{,}1587 = \underline{15{,}87\,\%}$

b) $P(X > 5{,}05) = 1 - P(X \leqq 5{,}05) = 1 - P(U \leqq 2{,}5) =$
$= 1 - 0{,}9938 = 0{,}0062 = \underline{0{,}62\,\%}$

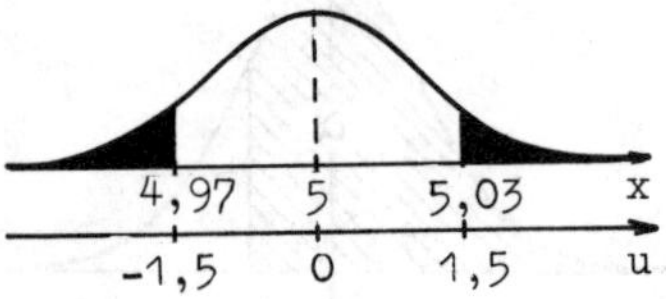

Bild 36 Skizze zu Beispiel 70c

c) $P(X < 4{,}97 \text{ oder } X > 5{,}03) =$
$= P(|U| > 1{,}5) = 2\,\Phi(-1{,}5) =$
$= 0{,}1336 = 13{,}36\,\%$.

Oder: Ein Kondensator ist kein Ausschuß, wenn seine Kapazität zwischen $4{,}97\,\mu F$ und $5{,}03\,\mu F$ liegt.

$P(4{,}97 < X \leqq 5{,}03) = P(-1{,}5 < U \leqq 1{,}5) = 2\,\Phi(1{,}5) - 1 = 0{,}8664$.
Daraus ergibt sich ein Ausschußprozentsatz von 13,36 %.

Beispiel 71: Eine Abfüllmaschine füllt ein bestimmtes Erzeugnis in Dosen. Das Nettogewicht einer Dose ist eine normalverteilte Zufallsgröße. Die Standardabweichung, als Maß für die Präzision mit der die Maschine arbeitet, sei 8 g. Auf welchen Mittelwert ist die Maschine einzustellen, wenn höchstens 5 % aller Dosen weniger als 250 g enthalten sollen?

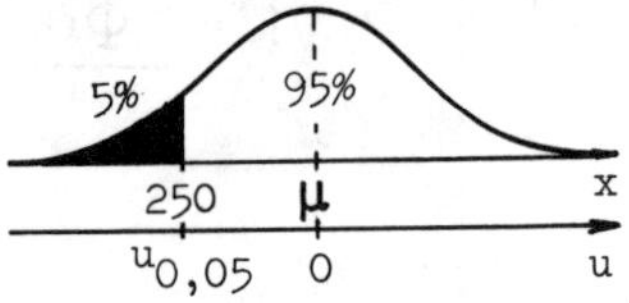

Bild 37 Skizze zu Beispiel 71

Dem Quantil $u_{0,05} = -1{,}645$ entspricht der Merkmalswert $x = 250$ g (Bild 37).
Aus
$$u_{0,05} = -1{,}645 = (x - \mu)/\sigma$$
folgt
$$\mu = 250\,g + 1{,}645 \cdot 8\,g =$$
$$= \underline{263{,}2\,g}$$

1.5.6 Logarithmische Normalverteilung

Definition 1.36:

> Die Zufallsgröße X heißt logarithmisch normalverteilt, wenn die Zufallsgröße $Y = \ln X$ normalverteilt ist.

Da $Y = \ln X$ einer Normalverteilung genügt mit $E(\ln X) = \mu$ und $Var(\ln X) = \sigma^2$, ist die Zufallsgröße $U = (\ln X - \mu)/\sigma$ standardnormalverteilt. Damit erhält man für $x > 0$ die Verteilungsfunktion der logarithmischen Normalverteilung

$$F(x) = P(X \leqq x) = P(\ln X \leqq \ln x) = \Phi\left(\frac{\ln x - \mu}{\sigma}\right)$$

$$= \frac{1}{\sigma\sqrt{2\pi}} \int_0^x e^{-\frac{(\ln t - \mu)^2}{2\sigma^2}} \frac{1}{t}\,dt \qquad (1.94)$$

und als Ableitung der Verteilungsfunktion die Dichtefunktion

$$f(x) = \begin{cases} \frac{1}{\sigma\sqrt{2\pi}} \cdot \frac{e^{-\frac{(\ln x - \mu)^2}{2\sigma^2}}}{x} & \text{für } x > 0 \\ 0 & \text{sonst} \end{cases} \qquad (1.95)$$

Für eine logarithmisch normalverteilte Zufallsgröße X gilt:

$$E(X) = e^{\mu + \sigma^2/2} \quad \text{und} \quad Var(X) = e^{2\mu + \sigma^2}\left(e^{\sigma^2} - 1\right)$$

Die Dichtefunktion einer Lognormalverteilung hat eine positive Schiefe (Gl.(1.54)). Derartig rechtsschief verteilte Datenmengen (z.B. Meßwerte) treten in der Praxis auf. Häufig sind die Logarithmen der Daten näherungsweise normalverteilt.

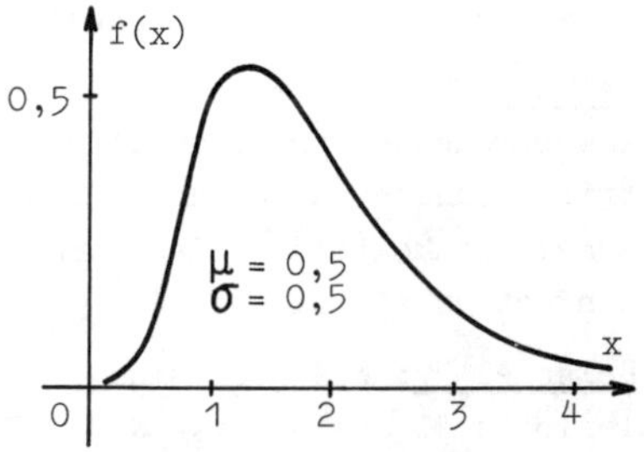

Bild 38 Dichtefunktion einer Lognormalverteilung

Übungsaufgaben zum Abschnitt 1.5 (Lösungen im Anhang)

Beispiel 72: Ein Glücksspieler bietet Ihnen folgendes Spiel an: Eine Münze wird 20 mal geworfen. Sie gewinnen, wenn 9, 10 oder 11 mal Zahl erscheint. Ist das Spiel für Sie günstig?

Beispiel 73: Bei der Herstellung eines Massenartikels beträgt der Ausschußanteil p = 0,5 %. Der Artikel wird in Kartons zu je 100 Stück verpackt.
a) Welcher Anteil der Kartons enthält keine Ausschußstücke?
b) Welcher Anteil enthält 2 oder mehr Ausschußstücke?

Beispiel 74: Aus einer sehr großen Grundgesamtheit werden n = 100 Personen zufällig ausgewählt. Wie groß ist die Wahrscheinlichkeit, daß mindestens eine Person am 24.12. Geburtstag hat, wenn angenommen werden kann, daß die Geburtstage in der Grundgesamtheit gleichmäßig über das Jahr verteilt sind.

Beispiel 75: Rutherford und Geiger beobachteten in n = 2608 Zeitabschnitten zu je 7,5 s Dauer die Anzahlen der emittierten α-Teilchen eines radioaktiven Präperates. Das Ergebnis ihrer Beobachtungen zeigt die Tabelle.

x	0	1	2	3	4	5	6	7	8	9	10
n_x	57	203	383	525	532	408	273	139	45	27	16

Man vergleiche die beobachteten relativen Häufigkeiten mit den aufgrund der Hypothese, die Zufallsgröße X = Anzahl der α-Teilchen pro Zeitintervall genügt einer Poisson-Verteilung, berechneten Wahrscheinlichkeiten.

Beispiel 76: Die Anzahl der Ausfälle eines Gerätes genüge einer Poisson-Verteilung. Das Gerät fällt während 10 000 Betriebsstunden durchschnittlich 5 mal aus. Mit welcher Wahrscheinlichkeit fällt das Gerät während 100 Betriebsstunden mindestens einmal aus?

Beispiel 77: Wie groß sind die Wahrscheinlichkeiten, beim Zahlenlotto "6 aus 49" x = 0,1,2,3,4,5,6 Richtige zu tippen?

<u>Beispiel 78</u>: Von $N = 52$ Ausgaben einer Wochenzeitschrift enthalten $N_1 = 12$ Ausgaben ein bestimmtes Inserat. Ein Leser kauft im Laufe eines Jahres zufällig $n = 15$ Ausgaben dieser Zeitschrift. Wie groß ist die Wahrscheinlichkeit, daß er mindestens eine Zeitschrift mit dieser Anzeige erhalten hat?

<u>Beispiel 79</u>: Ein regelmäßiger Würfel wird 12 mal geworfen. Wie groß ist die Wahrscheinlichkeit, daß die Augenzahlen 1,2 und 3 je einmal und die Augenzahlen 4,5 und 6 je dreimal erscheinen?

<u>Beispiel 80</u>: 20 Stimmen werden zufällig auf 3 Kandidaten verteilt. Wie groß ist die Wahrscheinlichkeit, daß der Kandidat A 10 Stimmen und die Kandidaten B und C je 5 Stimmen erhalten?

<u>Beispiel 81</u>: Bei der Herstellung von Kugellagerkugeln ist der Durchmesser einer Kugel eine normalverteilte Zufallsgröße mit den Parametern $\mu = 5{,}00$ mm und $\sigma = 0{,}04$ mm. Alle Kugeln, deren Durchmesser um mehr als 0,05 mm vom Sollwert 5 mm abweichen werden als Ausschuß aussortiert. Wie groß ist der Ausschußprozentsatz?

<u>Beispiel 82</u>: Der Intelligenzquotient (IQ) ist eine in guter Annäherung normalverteilte Zufallsgröße X und habe in einer bestimmten Population die Parameterwerte $\mu = 100$ und $\sigma = 15$.

a) Mit welcher Wahrscheinlichkeit hat eine zufällig ausgewählte Person einen IQ zwischen 100 und 130?
b) Mit welcher Wahrscheinlichkeit nimmt die Zufallsgröße IQ einen Wert an, der größer als 130 ist?
c) Welchen Mindestintellegenzquotienten haben die 10% der Intellegentesten dieser Bevölkerung?

<u>Beispiel 83</u>: X_1 und X_2 sind unabhängige normalverteilte Zufallsgrößen mit den Parametern

$$\mu_1 = 150 \text{ und } \sigma_1 = 12 \text{ bzw. } \mu_2 = 120 \text{ und } \sigma_2 = 16.$$

Mit welcher Wahrscheinlichkeit nimmt die Zufallsgröße

$$X = X_1 + X_2$$

Werte an, die im Intervall von 260 bis 300 liegen?

1.6 Grenzwertsätze

In diesem Abschnitt sollen Sätze über Grenzverteilungen einiger Folgen von Wahrscheinlichkeitsverteilungen besprochen werden. Man unterscheidet dabei lokale und globale Grenzwertsätze. Ein lokaler Grenzwertsatz macht eine Aussage über die Grenzverteilung einer Folge von Wahrscheinlichkeits- bzw. Dichtefunktionen, ein globaler Grenzwertsatz über die Grenzverteilung einer Folge von Verteilungsfunktionen.

1.6.1 Wiederholung schon behandelter Grenzwertsätze

Wir haben bereits zwei lokale Grenzwertsätze kennengelernt:

1. Poisson-Verteilung als Grenzverteilung einer Binomialverteilung

Es sei $\{f(x/n;p)\}$ eine Folge von Wahrscheinlichkeitsfunktionen einer binomialverteilten Zufallsgröße X.
Im Grenzfall $n \to \infty$ strebt diese Folge bei konstantem Erwartungswert $n.p = \lambda$ gegen die Wahrscheinlichkeitsfunktion einer Poisson-Verteilung (Abschn. 1.5.2).

$$\lim_{n\to\infty} f(x/n;p) = f(x/\lambda)$$

$$\text{bzw.} \quad \lim_{n\to\infty} \binom{n}{x} p^x (1-p)^{n-x} = \frac{\lambda^x}{x!} e^{-\lambda} \tag{1.96}$$

Für $n.p \leqq 10$ und $n \geqq 1500\,p$ liefert die Wahrscheinlichkeitsfunktion der Poisson-Verteilung brauchbare Näherungswerte für die Wahrscheinlichkeitsfunktion der Binomialverteilung.

2. Binomialverteilung als Grenzverteilung einer Hypergeometrischen Verteilung

Es sei $\{f(x/N;N_1;n)\}$ eine Folge von Wahrscheinlichkeitsfunktionen einer hypergeometrisch verteilten Zufallsgröße X. Im Grenzfall $N \to \infty$ strebt diese Folge für $N_1/N = \text{const.} = p$ gegen die Wahrscheinlichkeitsfunktion einer Binomialverteilung (Abschn. 1.5.3).

$$\lim_{N \to \infty} f(x/N;N_1;n) = f(x/n;p)$$

$$\lim_{N \to \infty} \frac{\binom{N_1}{x}\binom{N-N_1}{n-x}}{\binom{N}{n}} = \binom{n}{x} p^x (1-p)^{n-x} \qquad (1.97)$$

Bei einem Auswahlsatz $f = \frac{n}{N} < 0{,}05$ wird in der Praxis oft eine Hypergeometrische Verteilung durch eine Binomialverteilung approximiert.

1.6.2 Zentraler Grenzwertsatz

Die Bezeichnung zentraler Grenzwertsatz findet man für eine Reihe von Sätzen, deren gemeinsamer Inhalt die Aussage ist, daß die Verteilung einer Summe von n stochastisch unabhängigen Zufallsgrößen im Grenzfall $n \to \infty$ gegen eine Normalverteilung konvergiert. Die Voraussetzungen für die Konvergenz gegen eine Normalverteilung sind dabei von Satz zu Satz etwas verschieden.

1. Satz von Lindeberg - Lévy

Haben die stochastisch unabhängigen Zufallsgrößen X_i $(i = 1,2,\ldots,n)$ alle die gleiche Verteilung mit dem endlichen Mittelwert μ und der endlichen Varianz $\sigma^2 > 0$, dann konvergiert die Folge der Verteilungsfunktionen der standardisierten Zufallsgrößen

$$Z = \frac{\sum_{i=1}^{n} X_i - n\mu}{\sigma \cdot \sqrt{n}}$$

im Grenzfall $n \to \infty$ gegen die Verteilungsfunktion der Standardnormalverteilung:

$$\lim_{n \to \infty} F_n(z) = \Phi(z) = \frac{1}{\sqrt{2\pi}} \int_{-\infty}^{z} e^{-\frac{t^2}{2}} dt \qquad (1.98)$$

Beweis:
Es sei $$\varphi(t) = E\left[e^{jt(X_i - \mu)}\right]$$
die charakteristische Funktion einer der Zufallsgrößen $X_i - \mu$, die alle die gleiche Verteilung und damit auch die gleiche charakteristische Funktion $\varphi(t)$ haben. Ferner gilt:

$$E(X_i - \mu) = 0 \text{ und } Var(X_i - \mu) = Var(X_i) = \sigma^2.$$

Eine Reihenentwicklung von $\varphi(t)$ an der Stelle t = 0 liefert

$$\varphi(t) = \varphi(0) + \varphi'(0).t + \varphi''(0)\frac{t^2}{2!} + \varphi'''(0)\frac{t^3}{3!} + \dots$$

Berücksichtigt man
$$\varphi(0) = E(1) = 1,$$
$$\varphi'(0) = j\,E(X_i - \mu) = 0 \text{ und}$$
$$\varphi''(0) = j^2\,E\left[(X_i - \mu)^2\right] = -\sigma^2,$$
so folgt:

$$\varphi(t) = 1 - \sigma^2 \cdot \frac{t^2}{2} + \varphi'''(0) \cdot \frac{t^3}{3!} + \dots$$

Für die standardisierte Zufallsgröße Z ergibt sich mit

$$Z = \frac{1}{\sigma\sqrt{n}} \sum_{i=1}^{n} (X_i - \mu)$$

die charakteristische Funktion

$$\varphi_Z(t) = E\left[e^{j\frac{t}{\sigma\sqrt{n}}\sum(X_i - \mu)}\right] = \left[\varphi\left(\frac{t}{\sigma\sqrt{n}}\right)\right]^n$$

Ersetzt man in der Reihenentwicklung für $\varphi(t)$ die Variable t durch $t/(\sigma.\sqrt{n})$, so folgt:

$$\varphi_Z(t) = \left[1 - \frac{t^2}{2n} + \frac{\varphi'''(0)}{3!\,\sigma^3} \cdot \frac{t^3}{n\sqrt{n}} + \dots\right]^n = \left[1 + s\right]^n$$

und $\ln \varphi_Z(t) = n \ln(1 + s)$.
Mit der Reihendarstellung $\ln(1 + s) = s - \frac{s^2}{2} + \frac{s^3}{3} - + \dots$
erhält man schließlich

$$\ln \varphi_Z(t) = -\frac{t^2}{2} + \frac{\varphi'''(0)}{3!\,\sigma^3}\,\frac{t^3}{\sqrt{n}} + \left\{\begin{array}{l}\text{Glieder mit höheren} \\ \text{Potenzen von n im} \\ \text{Nenner}\end{array}\right\}$$

und im Grenzfall $n \to \infty$: $\lim\limits_{n \to \infty} \ln \varphi_Z(t) = -\frac{t^2}{2}$

bzw. $\lim\limits_{n \to \infty} \varphi_Z(t) = e^{-\frac{t^2}{2}}$

Dies ist aber die charakteristische Funktion einer Standardnormalverteilung (Gl.(1.86)).

Die Verteilung der Zufallsgröße $Z = \frac{1}{\sigma\sqrt{n}} \sum\limits_{i=1}^{n} (X_i - \mu)$

konvergiert also im Grenzfall $n \to \infty$ gegen die Standardnormalverteilung.

Die Zufallsgröße $X = \sum\limits_{i=1}^{n} X_i$ ist bei großen Werten von n

näherungsweise normalverteilt mit $E(X) = n\mu$

und $Var(X) = n\sigma^2$.

2. <u>Satz von Ljapunow</u>

Genügen die stochastisch unahängigen Zufallsgrößen X_i Verteilungen mit den endlichen Erwartungswerten μ_i, den endlichen Varianzen $\sigma_i^2 > 0$ und den absoluten zentralen Momenten 3. Ordnung $b_i = E(|X_i - \mu_i|^3)$ und es sei ferner

$$\sigma_n = \sqrt{\sum_{i=1}^{n} \sigma_i^2} \quad \text{und} \quad B_n = \sqrt[3]{\sum_{i=1}^{n} b_i} ,$$

dann konvergiert die Folge $F_n(z)$ der Verteilungsfunktionen der Zufallsgrößen

$$Z = \frac{1}{\sigma_n} \sum_{i=1}^{n} (X_i - \mu_i)$$

im Grenzfall $n \to \infty$ gegen die Verteilungsfunktion der Standardnormalverteilung, wenn

$$\lim_{n \to \infty} \frac{B_n}{\sigma_n} = 0$$

ist.

Der Satz wurde 1901 von Ljapunow bewiesen. Auf eine Durchführung des Beweises sei hier verzichtet.
Die Voraussetzung des Satzes von Lindeberg - Lévy, daß alle Zufallsgrößen X_i die gleiche Verteilung haben sollen, wird nicht mehr gefordert.
Der Satz macht die bedeutsame Aussage, daß die Summe von unabhängigen Zufallsgrößen unter sehr allgemeinen Bedingungen asymptotisch normalverteilt ist. Hierin liegt der Grund für die zentrale Bedeutung der Normalverteilung in der Wahrscheinlichkeitsrechnung und Statistik.
Der zentrale Grenzwertsatz wurde auch unter allgemeineren Bedingungen als beim Satz von Ljapunow bewiesen. Hierauf kann im Rahmen dieses Buches ebensowenig eingegangen werden, wie auf das Problem der Konvergenzgeschwindigkeit.

3. Grenzwertsatz von Moivre - Laplace

Es soll nun ein Sonderfall des Satzes von Lindeberg - Lévy genauer betrachtet werden.
Einer mit den Parametern n und p binomialverteilten Zufallsgröße X = Anzahl der Elemente mit der Eigenschaft A in einer Stichprobe vom Umfang n liegt das Zufallsexperiment "Ziehen mit Zurücklegen von n Elementen aus einer zweistufigen Grundgesamtheit"zugrunde. Bei diesem Zufallsexperiment handelt es sich um n unabhängige Wiederholungen eines Versuches, bei dem das Ereignis A (Ziehen eines Elementes mit der Eigenschaft A) die konstante Wahrscheinlichkeit $P(A) = p$ hat.
Mit den Zufallsgrößen

X_i = Eintreten des Ereignisses A beim i-ten Versuch

erhält man für die Zufallsgröße X:

$$X = X_1 + X_2 + X_3 + \ldots + X_n .$$

X ist also eine Summe von n stochastisch unabhängigen Zufallsgrößen X_i, die alle die gleiche Verteilung

$$P(X_i = 1) = p \quad \text{und} \quad P(X_i = 0) = 1 - p$$

mit $E(X_i) = p$ und $Var(X_i) = p(1-p)$ haben.

Für $0 < p < 1$ ist $Var(X_i) > 0$ und es sind alle Voraussetzungen des Satzes von Lindeberg - Lévy erfüllt.

Grenzwertsatz von Moivre - Laplace

Ist die Zufallsgröße X binomialverteilt mit den Parametern n und p $(0 < p < 1)$, dann konvergiert die Verteilungsfunktion $F_n(z)$ der Zufallsgröße

$$Z = \frac{X - n.p}{\sqrt{np(1-p)}}$$

im Grenzfall $n \to \infty$ gegen die Verteilungsfunktion der Standardnormalverteilung.

$$\lim_{n \to \infty} P\left(\frac{X - np}{\sqrt{np(1-p)}} \leqq z \right) = \frac{1}{\sqrt{2\pi}} \int_{-\infty}^{z} e^{-\frac{t^2}{2}} dt \qquad (1.99)$$

Der Grenzwertsatz von Moivre - Laplace wurde bereits 1730 von Moivre für $p = \frac{1}{2}$ und 1812 von Laplace für beliebige Werte von p $(0 < p < 1)$ bewiesen. Er ist in der angegebenen Form ein globaler Grenzwertsatz, der, gerade weil er für große Werte von n eine näherungsweise Berechnung der Verteilungsfunktion ermöglicht, große praktische Bedeutung hat, da die exakte Bestimmung der Verteilungsfunktion der Binomialverteilung in diesem Falle umständlich ist.
Da $Z = (X - np)/\sqrt{np(1-p)}$ asymptotisch standardnormalverteilt ist, genügt die Zufallsgröße X im Grenzfall $n \to \infty$ einer Normalverteilung mit den Parametern $\mu = np$ und $\sigma^2 = np(1-p)$.
Die Verteilungsfunktion F(x) der Zufallsgröße X kann daher für hinreichend große n durch

$$F(x) = P(X \leqq x) = \Phi\left(\frac{x - np}{\sqrt{np(1-p)}} \right) \qquad (1.100)$$

approximiert werden. Als Kriterium für die Zuläßigkeit der Näherung gilt:

$$n > \frac{9}{p.(1-p)} \qquad (1.101)$$

Die Approximation der Binomialverteilung durch eine Normalverteilung ist bei umso kleineren Werten von n zuläßig, je symmetrischer die Binomialverteilung ist, d.h. je mehr sich der Anteilswert p dem Wert 0,5 nähert.
Nun ist aber die Normalverteilung die Verteilung einer stetigen Zufallsgröße, während die hier betrachtete binomialverteilte Zufallsgröße X diskret ist und nur die ganzzahligen Werte von 0 bis n annehmen kann. Die näherungsweise Berechnung der Verteilungsfunktion der Binomialverteilung kann dadurch verbessert werden (Stetigkeitskorrektur), daß im Argument der Verteilungsfunktion der Standardnormalverteilung der Wert x durch x + 0,5 ersetzt wird. Gl.(1.100) geht dann über in:

$$F(x) = P(X \leqq x) = \Phi\left(\frac{x + 0{,}5 - np}{\sqrt{np(1-p)}}\right) \qquad (1.102)$$

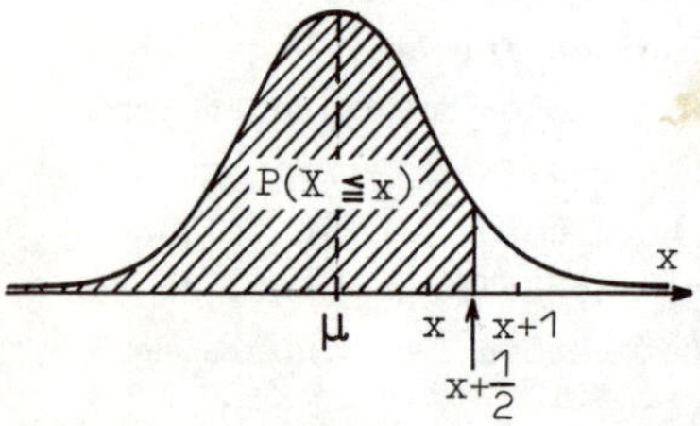

Bild 39 Stetigkeitskorrektur

Aus der Konvergenz einer Folge von Verteilungsfunktionen gegen eine Grenzverteilung (globaler Grenzwertsatz) folgt im allgemeinen nicht, daß ein entsprechender lokaler Grenzwertsatz gilt.
Es sei nur erwähnt, daß auch ein lokaler Grenzwertsatz von Moivre-Laplace existiert. Für große n gilt die Näherung:

$$P(X = x) = f(x/n;p) = \frac{1}{\sqrt{2\pi npq}} \cdot e^{-\frac{(x-np)^2}{2npq}} \qquad (1.103)$$

<u>Beispiel 84</u>: Die Wahrscheinlichkeit für das Auftreten der Ereignisses A bei einem Versuch sei P(A) = 0,2. Wie groß ist die Wahrscheinlichkeit, daß das Ereignis A bei n = 100 unabhängigen Versuchen mindestens 25 mal auftritt?

Die Zufallsgröße X = Anzahl der Versuche, bei denen das Ereignis A auftritt, genügt einer Binomialverteilung mit

$n = 100$ und $p = 0{,}2$. Wegen $n = 100 > 9/(0{,}2.0{,}8)$ kann die Verteilungsfunktion der Binomialverteilung näherungsweise durch die Verteilungsfunktion einer Normalverteilung ersetzt werden und man erhält

$$P(X \geqq 25) = 1 - P(X \leqq 24) \approx 1 - \Phi\left(\frac{24{,}5 - 20}{4}\right) =$$

$$= 1 - \Phi(1{,}125) = 1 - 0{,}8697 = \underline{0{,}1303}$$

Mit der Verteilungsfunktion der Binomialverteilung

$$F(24) = P(X \leqq 24) = \sum_{i=0}^{24} \binom{100}{i} 0{,}2^i \, 0{,}8^{100-i} = 0{,}8686$$

folgt $P(X \geqq 25) = 0{,}1314$. Der wesentlich einfacher zu bestimmende Näherungswert unterscheidet sich vom exakten Wert nur um etwa 0,8 %.

Beispiel 85: Wie viele unabhängige Versuche müssen mindestens durchgeführt werden, um mit einer Wahrscheinlichkeit von 90 % ein Ereignis A, das mit einer Wahrscheinlichkeit $P(A) = 0{,}05$ auftritt, wenigstens 10 mal zu beobachten?

Die Zufallsgröße X = Anzahl der Versuche, bei denen A auftritt, ist binomialverteilt mit $p = 0{,}05$, wobei aber n unbekannt ist.
Aus $P(X \geqq 10) = 1 - P(X \leqq 9) = 0{,}9$ folgt: $P(X \leqq 9) = 0{,}1$.
Der Ansatz zu einer exakten Lösung führt auf die Gleichung

$$\sum_{i=0}^{9} \binom{n}{i} 0{,}05^i \, 0{,}95^{n-i} = 0{,}1$$

deren Lösung ohne Einsatz eines programmierbaren Rechners praktisch nicht möglich ist.
Mit dem Grenzwertsatz von Moivre - Laplace, dessen Anwendbarkeit wegen des zunächst unbekannten n fraglich erscheint, erhält man

$$P(X \leqq 9) = \Phi\left(\frac{9{,}5 - 0{,}05\,n}{\sqrt{0{,}05.0{,}95\,n}}\right) = 0{,}1 .$$

Das Argument der Verteilungsfunktion $\Phi(u)$ der Standardnormalverteilung entspricht also dem Quantil $u_{0,10}$, das nach der im Anhang angegebemem Tabelle den Wert $u_{0,10} = -1{,}282$ hat. Damit ergibt sich die Gleichung

$$\frac{9{,}5 - 0{,}05\,n}{\sqrt{0{,}05 \cdot 0{,}95\,n}} = -1{,}282.$$

Die Substitution $n = y^2$ führt zur quadratischen Gleichung

$$0{,}05\,y^2 - 1{,}282\sqrt{0{,}05 \cdot 0{,}95} \cdot y - 9{,}5 = 0$$

mit den Lösungen $y_1 = 16{,}85843$ und $y_2 < 0$. Aus $y_1 = 16{,}85843$ folgt schließlich: $n = y_1^2 = 284{,}2$.
Bei einer Anzahl von Versuchen $n > 284$ tritt das Ereignis A mit einer Wahrscheinlichkeit $P > 90\%$ mindestens 10 mal ein.

Eine exakte Berechnung liefert

für $n = 281$: $P(X \geqq 10) = 0{,}8989 < 0{,}90$

und für $n = 282$: $P(X \geqq 10) = 0{,}9011 > 0{,}90$.

Ohne Stetigkeitskorrektur erhält man $n = 272$. Man erkennt, daß durch die Stetigkeitskorrektur die Genauigkeit der Näherung wesentlich verbessert wird.

1.6.3 Gesetze der großen Zahlen

Bei den bisher besprochenen Grenzwertsätzen handelt es sich um die Konvergenz einer Folge von Dichte- oder Wahrscheinlichkeitsfunktionen bzw. einer Folge von Verteilungsfunktionen gegen eine bestimmte Grenzverteilung.
Es soll nun eine bestimmte Folge von Zufallsgrößen X_n betrachtet und ihre Konvergenz gegen einen Zahlenwert untersucht werden. Daß hier keine strenge Konvergenz im Sinne der Analysis gegeben sein kann, liegt in der Natur der Zufallsgrößen begründet.
Man unterscheidet zwei Arten stochastischer Konvergenz.

a) Konvergenz in Wahrscheinlichkeit

Definition 1.37:

Eine Folge von Zufallsgrößen X_n $(n = 1,2,3,\ldots)$ konvergiert in Wahrscheinlichkeit gegen den Wert a, wenn

$$\lim_{n \to \infty} P(|X_n - a| < \varepsilon) = 1$$

gilt, wobei ε eine beliebige positive reelle Zahl ist.

Im Grenzfall $n \to \infty$ ist es also "fast sicher", daß sich X_n vom Grenzwert a um beliebig wenig unterscheidet.
Bei den "schwachen Gesetzen der großen Zahlen" liegt eine Konvergenz in Wahrscheinlichkeit vor.

b) Konvergenz mit Wahrscheinlichkeit 1

Definition 1.38:

> Eine Folge von Zufallsgrößen X_n ($n = 1,2,3,\ldots$) konvergiert mit Wahrscheinlichkeit 1 gegen den Wert a, wenn
>
> $$P(\lim_{n \to \infty} X_n = a) = 1$$
>
> gilt.

Die Konvergenz mit Wahrscheinlichkeit 1 drückt ein stärkeres Konvergenzverhalten aus, als die Konvergenz in Wahrscheinlichkeit. Hier wird nicht eine Aussage über die Konvergenz der Wahrscheinlichkeit, sondern eine Aussage über die Wahrscheinlichkeit der Existenz des Grenzwertes gemacht.
Bei den "starken Gesetzen der großen Zahlen" erfolgt die betrachtete Konvergenz mit Wahrscheinlichkeit 1.

1. Ungleichung von Tschebyscheff

> Sei X eine Zufallsgröße mit $E(X) = \mu$ und $Var(X) = \sigma^2 > 0$.
> Dann gilt für beliebige Verteilungen der Zufallsgröße X die Ungleichung
>
> $$P(|X - \mu| \geqq t \cdot \sigma) \leqq \frac{1}{t^2} \quad (t > 0) \qquad (1.104)$$

Beweis:
Zum Beweis sei angenommen, daß X eine stetige Zufallsgröße ist. Für diskrete X verläuft der Beweis analog.
Es sei Z eine Zufallsgröße, die nur nichtnegative Werte annehmen kann. Ihre Dichtefunktion sei f(z) mit $f(z) = 0$ für $z < 0$.

$$E(Z) = \int_0^\infty z\, f(z)\, dz = \int_0^\tau z\, f(z)\, dz + \int_\tau^\infty z\, f(z)\, dz$$

$$\geqq \int_\tau^\infty z\, f(z)\, dz \geqq \tau \int_\tau^\infty f(z)\, dz$$

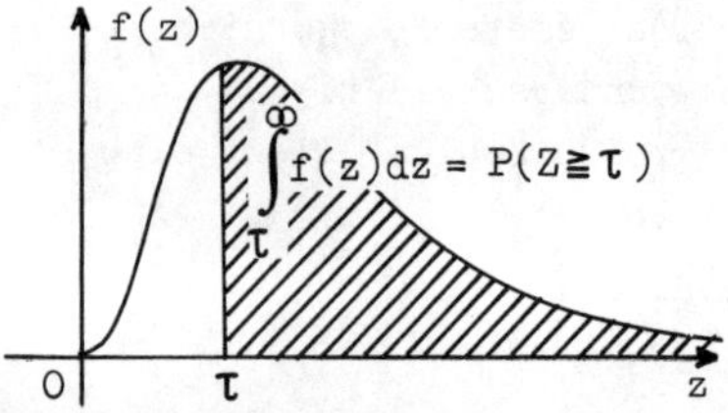

Bild 40 Skizze zum Beweis der Ungleichung von Tschebyscheff

Daraus folgt die Ungleichung:

$E(Z) \geqq \tau \cdot P(Z \geqq \tau)$ bzw.

$$P(Z \geqq \tau) \leqq \frac{E(Z)}{\tau}$$

Wir ersetzen Z durch $(X - \mu)^2$, was möglich ist, da Z als eine Zufallsgröße, die nur nicht-negative Werte annehmen kann vorausgesetzt wurde, und erhalten mit $\tau = \varepsilon^2$:

$$P[(X - \mu)^2 \geqq \varepsilon^2] = P(|X - \mu| \geqq \varepsilon) \leqq \frac{E[(X - \mu)^2]}{\varepsilon^2} = \frac{\sigma^2}{\varepsilon^2}$$

Ersetzt man schließlich $\varepsilon > 0$ durch $t.\sigma$ $(t > 0)$, so folgt die Tschebyscheff'sche Ungleichung

$$P(|X - \mu| \geqq t.\sigma) \leqq \frac{1}{t^2}.$$

Äquivalente Formen der Tschebyscheff'schen Ungleichung sind:

$P(|X - \mu| \leqq t.\sigma) \geqq 1 - \frac{1}{t^2}$ bzw. $P(|X - \mu| \leqq \varepsilon) \geqq 1 - \frac{\sigma^2}{\varepsilon^2}$

Die Ungleichung von Tschebyscheff kann zum Abschätzen von Wahrscheinlichkeiten verwendet werden, wenn die Art der Verteilung der Zufallsgröße unbekannt ist.
Wir werden diese Ungleichung benützen, um ein Gesetz der großen Zahlen, den Satz von Tschebyscheff, herzuleiten.

2. <u>Satz von Tschebyscheff</u>

Es sei $X_1, X_2, \ldots, X_n$ eine Folge von stochastisch unabhängigen Zufallsgrößen, deren Varianzen gleichmäßig beschränkt sind. Dann gilt für alle $\varepsilon > 0$:

$$\lim_{n \to \infty} P\left\{ \left| \frac{1}{n} \sum_{i=1}^{n} X_i - E\left(\frac{1}{n} \sum_{i=1}^{n} X_i\right) \right| < \varepsilon \right\} = 1 \qquad (1.105)$$

Haben alle Zufallsgrößen X_i den gleichen Erwartungswert μ, so läßt sich der Satz von Tschebyscheff auch in der Form

$$\lim_{n\to\infty} P\left\{\left|\overline{X} - \mu\right| < \varepsilon\right\} = 1 \qquad (1.106)$$

angeben, wobei $\overline{X}$ die Zufallsgröße "arithmetisches Mittel" ist. Für $n \to \infty$ ist es fast sicher, daß sich das arithmetische Mittel vom Mittelwert μ um beliebig wenig unterscheidet.

Beweis:

Aus der gleichmäßigen Beschränktheit der Varianzen

$$\sigma_1^2 \leqq M, \; \sigma_2^2 \leqq M, \ldots, \; \sigma_n^2 \leqq M$$

und der stochastischen Unabhängigkeit der Zufallsgrößen folgt

$$\operatorname{Var}\left(\frac{1}{n}\sum_{i=1}^{n} X_i\right) = \frac{1}{n^2}\sum_{i=1}^{n}\operatorname{Var}(X_i) \leqq \frac{1}{n}M$$

Mit der Tschebyscheff'schen Ungleichung erhält man:

$$\lim_{n\to\infty} P\left\{\left|\frac{1}{n}\sum_{i=1}^{n} X_i - E\left(\frac{1}{n}\sum_{i=1}^{n} X_i\right)\right| < \varepsilon\right\} \geqq \lim_{n\to\infty}\left(1 - \frac{M}{n\varepsilon^2}\right) = 1.$$

3. Satz von Bernoulli

Wir betrachten n unabhängige Wiederholungen eines Versuches, bei dem das Ereignis A mit der Wahrscheinlichkeit $P(A) = p$ eintritt. Die Zufallsgrößen X_i = "Eintreten des Ereignisses A beim i-ten Versuch" haben alle die gleiche Verteilung mit $P(X_i = 1) = p$, $P(X_i = 0) = 1 - p$ und $E(X_i) = p$. Die Zufallsgröße X = Anzahl der Versuche, bei denen A eintritt ist durch

$X = \sum_{i=1}^{n} X_i$ gegeben und $H_n(A) = \frac{1}{n}\sum_{i=1}^{n} X_i$ ist die Zufallsgröße "relative Häufigkeit des Ereignisses A bei n Versuchen".

Satz von Bernoulli:

Für alle $\varepsilon > 0$ gilt $\lim_{n\to\infty} P\left\{\left|H_n(A) - P(A)\right| < \varepsilon\right\} = 1$ (1.107)

Der Satz von Bernoulli ist ein Sonderfall des Satzes von Tschebyscheff. Er rechtfertigt die in der Praxis verwendete Methode, eine unbekannte Wahrscheinlichkeit P(A) durch eine aus einer großen Stichprobe erhaltenen relativen Häufigkeit abzuschätzen.

Die Sätze von Tschebyscheff und Bernoulli gehören zu den Gesetzen der großen Zahlen, bei denen Aussagen über die Konvergenz eines arithmetischen Mittels gemacht werden. Es gibt eine Reihe von weiteren Sätzen dieser Art, auf die hier im einzelnen nicht eingegangen werden soll.

Übungsaufgaben zum Abschnitt 1.6 (Lösungen im Anhang)

Beispiel 86: Ein regelmäßiger Würfel wird n = 600 mal geworfen. Mit welcher Wahrscheinlichkeit liegt die Anzahl der Würfe, bei denen die Augenzahl 6 erscheint im Intervall $[95,105]$?

Beispiel 87: Die Sterblichkeitsrate von Ratten, die mit einer bestimmten Seuche infiziert werden, beträgt 0,8. In einer Versuchsreihe werden n = 120 Ratten infiziert. Wie groß ist die Wahrscheinlichkeit, daß weniger als 90 Ratten sterben?

Beispiel 88: Der Ausschußanteil bei der Herstellung von bestimmten Bauteilen beträgt 2 %. Wie viele Bauteile müssen mindestens bestellt werden, um mit einer Wahrscheinlichkeit von wenigstens 99 % mindestens 1000 brauchbare Bauteile zu erhalten?

Beispiel 89: In einem Land mit jährlich 500000 Geburten ist der Anteil der Knaben im langjährigen Mittel p = 0,514. Wie groß ist die Wahrscheinlichkeit, daß in einem Jahr ein Knabenanteil $p \geqq 0{,}516$ auftritt?

Beispiel 90: Ein Drehautomat ist so eingestellt, daß der mittlere Durchmesser des hergestellten Werkstücks bei 25,00 Millimeter liegt. Aus langer Erfahrung ist die Standardabweichung $\sigma = 0{,}02$ mm bekannt. Die Werkstücke sind bei einer Abweichung von 0,06 mm vom Sollwert gerade noch brauchbar.

a) Mit welcher Mindestwahrscheinlichkeit ist ein Werkstück noch brauchbar, wenn die Art der Verteilung der Zufallsgröße X = Durchmesser unbekannt ist?

b) Mit welcher Wahrscheinlichkeit ist ein Werkstück brauchbar, wenn der Durchmesser als normalverteilt angesehen werden kann?

2 Beschreibende Statistik

Jeder statistischen Untersuchung liegt eine bestimmte Grundgesamtheit zugrunde. Soll etwa vor einer Bundestagswahl das Wählerverhalten untersucht werden, so ist die zugehörige Grundgesamtheit die Menge aller Wahlberechtigten der Bundesrepublik Deutschland. Da das Erfassen der ganzen Grundgesamtheit aus vielen Gründen nicht möglich ist, wird aus der Grundgesamtheit zufällig eine Stichprobe ausgewählt und die Elemente der Stichprobe auf ein oder mehrere Merkmale hin untersucht.

Auf die sehr wichtige Methodik der statistischen Erhebung (Planung und Durchführung der Erhebung) sei hier nicht eingegangen.

Aufgabe der Beschreibenden Statistik ist es, das aus statistischen Erhebungen gewonnene, meist sehr umfangreiche Datenmaterial aufzubereiten und übersichtlich darzustellen.

2.1 Meßniveau von Daten

Bei jeder im Zuge einer statistischen Erhebung erfaßten Untersuchungseinheit werden gewisse Merkmale registriert, bzw. bestimmte Merkmalswerte gemessen. Es soll daher zuerst ein kurzer Überblick über das Meßniveau von Daten gegeben werden.

1. Nominalskala

Typische Beispiele hierfür sind der Beruf, das Geschlecht oder die Blutgruppe einer Person, das Herkunftsland einer Ware oder die Gründe für ein bestimmtes Verhalten von Testpersonen.

Die Ausprägungen derartiger Merkmale werden nur nominal verschiedenen Merkmalsklassen zugeordnet. Es ist damit keine Rangordnung verbunden.

2. Ordinalskala

Beispiele hierfür sind Ranglisten in einer Sportart, Güteklassen, Schulnoten oder Besoldungsgruppen.

Die Merkmalsausprägungen werden in eine bestimmte Rangordnung gebracht oder Merkmalsklassen zugeordnet, für die eine be-

stimmte Rangordnung besteht. Dabei sind die Unterschiede der Merkmalswerte zwischen dem 1. und den 2. Platz, bzw. zwischen den 2. und den 3. Platz i. allg. verschieden. Rangplätze machen über die Unterschiede der Merkmalswerte ebensowenig eine Aussage, wie über ihr Verhältnis. Der Sieger in einem Wettbewerb wird nicht dreimal so gut gewesen sein, wie derjenige, der den 3. Platz errungen hat.
Das Meßniveau von Daten einer Ordinalskala ist höher, enthält also mehr Information, als das von Daten einer Nominalskala. Nominalskala und Ordinalskala sind topologische Skalen.

3. Intervallskala

Mehr Informationen als die Daten der topologischen Skalen enthalten die Daten einer Intervallskala. Charakteristisch für sie ist, daß die Frage nach dem Unterschied zwischen zwei Merkmalswerten sinnvoll ist. Bei intervallskalierten Daten werden nur die Abstände (Intervalle) zwischen den Daten betrachtet. Der Nullpunkt der Skala wird durch Übereinkunft willkürlich festgelegt. Eine Bildung des Verhältnisses zweier Merkmalsausprägungen ist dagegen nicht sinnvoll. So bedeutet etwa die Temperaturangabe 20° C nicht die doppelte Temperatur von 10° C.

4. Verhältnisskala

Eine Verhältnisskala ist eine Intervallskala mit einem natürlichen Nullpunkt. Hier sind Verhältnisse von Merkmalswerten durchaus sinnvoll. Eine Masse von 20 kg ist das Doppelte einer Masse von 10 kg. Das Meßniveau von Daten einer Verhältnisskala ist höher, als das von Daten einer Intervallskala. Intervall- und Verhältnisskala sind Kardinalskalen. Die meisten bei naturwissenschaftlich-technischen Untersuchungen anfallenden Daten haben kardinales Meßniveau.

Übersicht:

Topologische Skala	Kardinalskala
1. Nominalskala 2. Ordinalskala	3. Intervallskala 4. Verhältnisskala

2.2 Empirische Verteilung eines Merkmals

Wir betrachten hier den Fall, daß bei einer statistischen Erhebung pro Untersuchungseinheit nur die Ausprägung eines Merkmals erfaßt wird.

2.2.1 Häufigkeitstabelle, Histogramm

Das Ergebnis einer statistischen Untersuchung liegt zunächst in Form einer Urliste vor. Sind die Elemente der Stichprobe Personen, so kann die Urliste eine Namensliste sein, wobei bei jeder untersuchten Person der ermittelte Merkmalswert angegeben ist. Derartige Urlisten sind in der Regel unübersichtlich. Durch Weglassen von Informationen, die für den Zweck der Untersuchung irrelevant sind, kann das Ergebnis der Untersuchung übersichtlicher in einer Häufigkeitstabelle angegeben werden.
Bei einer Häufigkeitstabelle werden zu den möglichen Ausprägungen x_i des Merkmals jeweils die absoluten Häufigkeiten n_i angegeben, mit denen diese Merkmalswerte in der Stichprobe aufgetreten sind.
Kann das betrachtete Merkmal sehr viele mögliche Werte annehmen, so ist eine Häufigkeitstabelle, die alle diese Werte enthält ebenfalls unübersichtlich und es ist zweckmäßig, Merkmalsklassen zu bilden. Es werden dabei immer mehrere Ausprägungen eines diskreten Merkmals oder die Ausprägungen eines bestimmten Intervalls eines stetigen Merkmals in einer Merkmals - klasse zusammengefaßt. Eine Merkmalsklasse kann entweder durch die Angabe der unteren und oberen Klassengrenze oder durch die Klassenmitte $\overline{x}_i$ definiert werden. Selbstvetständlich muß eindeutig festgelegt sein, welcher Merkmalsklasse ein Merkmalswert zuzuordnen ist.
Durch die Bildung von Merkmalsklassen tritt ein Informationsverlust ein. Eine in Merkmalsklassen unterteilte Häufigkeitstabelle enthält weniger Information als die Urliste. Es sind nicht nur irrelevante Informationen verlorengegangen. Es ist nur noch bekannt mit welcher Häufigkeit eine Klasse besetzt ist, nicht mehr jedoch wie sich diese Besetzungshäufigkeit

auf die verschiedenen Merkmalsausprägungen der Klasse verteilt. Dieser Informationsverlust ist umso größer, je geringer die Anzahl k der Klassen ist. Die Wahl der Klassenzahl hängt auch vom Stichprobenumfang n ab. Als Fausregel wird oft $k \approx \sqrt{n}$ angegeben.

Die beobachtete Verteilung eines Merkmals kann graphisch am einfachsten als <u>Histogramm</u> oder <u>Säulendiagramm</u> dargestellt werden, bei dem über den einzelnen Merkmalswerten oder Merkmalsklassen Säulen errichtet werden, die den ermittelten absoluten oder relativen Häufigkeiten proportional sind.

<u>Beispiel 91</u>: Eine Untersuchung von n = 60 Personen hinsichtlich des Merkmals X = Punktezahl bei einem Eignungstest ergab die folgende Verteilung.

x_i	$\bar{x}_i$	n_i
0 - 4	2	6
5 - 9	7	10
10 - 14	12	17
15 - 19	17	14
20 - 24	22	8
25 - 29	27	4
30 - 34	32	1

Häufigkeitstabelle

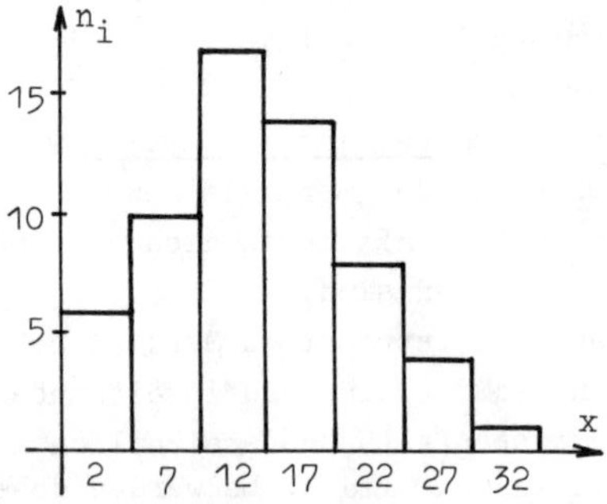

Bild 41 Histogramm

Aus der Urliste wurde eine in k = 7 Merkmalsklassen unterteilte Häufigkeitstabelle mit der Klassenbreite w = 5 Punkte gebildet. Die einzelnen Merkmalsklassen wurden durch Angabe der unteren und oberen Klassengrenze und durch die Klassenmitten $\bar{x}_i$ bestimmt. Das Ergebnis der Untersuchung ist dadurch übersichtlich dargestellt.

Aus der Häufigkeitstabelle ist nur erkennbar, daß z.B. 17 Versuchspersonen Punktezahlen erreicht haben, die zur Merkmalsklasse mit der Klassenmitte $\bar{x}_i$ = 12 gehören. Die Information darüber, welche Punktezahlen diese Personen im einzelnen wirklich erreicht haben,ist verloren gegangen.

2.2.2 Maßzahlen einer monovariablen Verteilung

a) Mittelwerte (Lageparameter)

1. Arithmetisches Mittel $\overline{x}$

Definition 2.1:

> Unter dem arithmetischen Mittel $\overline{x}$ von n Werten $x_1, \ldots, x_n$ versteht man
> $$\overline{x} = \frac{1}{n} \sum_{i=1}^{n} x_i . \tag{2.1}$$

Das arithmetische Mittel erhält man als Summe aller Merkmalswerte dividiert durch die Anzahl der Werte. Liegt eine Häufigkeitstabelle vor, so erhält man für das arithmetische Mittel

$$\overline{x} = \frac{1}{n} \sum_{i=1}^{k} \overline{x}_i \cdot n_i , \tag{2.2}$$

wobei hier über die einzelnen Klassen summiert wird. Im Falle einer in Merkmalsklassen unterteilten Häufigkeitstabelle kann wegen des Informationsverlustes sich mit Gl.(2.2) ein geringfügig anderer Wert ergeben als unter Verwendung der Urliste und Gl.(2.1).

2. Geometrisches Mittel $\overline{x}_G$

Definition 2.2:

> Unter dem geometrischen Mittel $\overline{x}_G$ der n positiven Zahlen $x_1, x_2, \ldots, x_n$ versteht man
> $$\overline{x}_G = \sqrt[n]{x_1 \cdot x_2 \cdots x_n} \tag{2.3}$$
> $$(x_i > 0 \text{ für alle } i)$$

Das geometrische Mittel ist stets kleiner, höchstens gleich dem arithmetischen Mittel. Die Verwendung des geometrischen Mittels ist dann sinnvoll, wenn relative Änderungen gemittelt werden sollen, d.h. Änderungen, bei denen nicht die Differenz, sondern das Verhältnis zweier Merkmalswerte wesentlich ist.

Beispiel 92: Ein Angestellter erhält in drei aufeinanderfolgenden Jahren Gehaltsaufbesserungen von 6 %, 10 % und 2 %, d.h. sein Gehalt steigt jeweils auf das 1,06-, 1,10- bzw. 1,02-fache des Gehaltes des Vorjahres. Welche durchschnittliche Gehaltssteigerung hatte er in den drei Jahren?

Geometrischen Mittel $\bar{x}_G = \sqrt[3]{1{,}06 \cdot 1{,}10 \cdot 1{,}02} = 1{,}0595$

Das Gehalt des Angestellten stieg im Mittel um den Faktor 1,0595, d.h. um 5,95 % jeweils bezogen auf das Vorjahr.

3. Zentralwert oder Median $\tilde{x}$

Definition 2.3:

Unter dem Median oder Zentralwert $\tilde{x}$ einer geordneten Datenreihe $x_1, x_2, \ldots, x_n$ $(x_1 \leqq x_2 \leqq \ldots \leqq x_n)$ versteht man

$$\tilde{x} = \begin{cases} x_{\frac{n+1}{2}} & \text{bei ungeraden Werten von } n \\ \frac{1}{2}\left(x_{\frac{n}{2}} + x_{\frac{n}{2}+1}\right) & \text{bei geraden Werten von } n \end{cases} \qquad (2.4)$$

Der Zentralwert liegt in der Mitte der geordneten Datenreihe. Bei einer ungeraden Anzahl von Merkmalswerten sind ebensoviele Werte kleiner wie größer als der Median. Bei einer geraden Anzahl von Merkmalswerten wird er als Mittel der beiden in der Mitte stehenden Werte bestimmt.

Bemerkung: Unter dem Median einer Zufallsgröße X versteht man das Quantil $x_{0,50}$.

4. Modalwert $\bar{x}_D$

Definition 2.4:

Unter dem Modalwert $\bar{x}_D$ versteht man den häufigsten Wert einer Verteilung.

Der Modalwert einer empirischen Verteilung ist der Merkmalswert, der am häufigsten beobachtet wird. Er ist nur dann ein vernünftiger Lageparameter, wenn die Verteilung eingipfelig (unimodal) ist.

Da bei der Bestimmung des Zentralwertes und des Modalwertes nur ein Teil der in der Stichprobe enthaltenen Informationen verwendet wird, ist ihre Aussagekraft und ihre Verwendbarkeit in der Beurteilenden Statistik gering im Vergleich zum arithmetischen Mittel.

b) Streuungsmaße (Dispersionsmaße)

1. Spannweite R_n

Definition 2.5:

Unter der Spannweite R_n versteht man die Differenz zwischen dem größten und dem kleinsten Merkmalswert:

$$R_n = x_{max.} - x_{min.} \tag{2.5}$$

Die Spannweite ist leicht bestimmbar. Sie ist wenig stabil gegenüber Zufallseinflüße. Durch Hinzunahme neuer Stichprobenelemente kann R_n nicht kleiner werden. Die Spannweite liefert nur unzuverläßige Schätzwerte für die Streuung der Merkmalswerte der Grundgesamtheit.

2. Stichprobenvarianz s^2 und Standardabweichung s

Bei der Festlegung eines Maßes für die Streuung der Merkmalswerte liegt es nahe, vom arithmetischen Mitte $\overline{x}$ auszugehen und die Streuungen um diesen Mittelwert, d.h. die Abweichungen $x_i - \overline{x}$ zu betrachten.

Definition 2.6:

Unter der Stichprobenvarianz s^2 versteht man

$$s^2 = \frac{1}{n-1} \sum_{i=1}^{n} (x_i - \overline{x})^2. \tag{2.6}$$

Die Quadratwurzel aus der Stichprobenvarianz heißt Standardabweichung s.

Liegt das Stichprobenergebnis als Häufigkeitstabelle vor, so erhält man entsprechend

$$s^2 = \frac{1}{n-1} \sum_{i=1}^{k} (\overline{x}_i - \overline{x})^2 . n_i \tag{2.7}$$

Es wird hierbei gleich berücksichtigt, mit welcher Häufigkeit n_i das Abweichungsquadrat $(\overline{x}_i - \overline{x})^2$ auftritt.

Die Varianz s^2 ist als ein " mittleres Abweichungsquadrat " festgelegt. Daß die Summe der Abweichungsquadrate

$$SAQ = \sum_{i=1}^{n} (x_i - \bar{x})^2 \quad \text{bzw.} \quad SAQ = \sum_{i=1}^{k} (\bar{x}_i - \bar{x})^2 \cdot n_i$$

durch n - 1 und nicht, wie erwartet werden könnte, durch n dividiert wird, ist keine willkürliche Definitionssache. Im Abschnitt 3.1 wird gezeigt, daß mit der Stichprobenvarianz s^2 nach Gl.(2.6) bessere Schätzwerte für die Varianz σ^2 der Grundgesamtheit erhalten werden als mit einer Stichprobenvarianz $(s^*)^2 = \frac{1}{n} \cdot SAQ$.

Die Standardabweichung s hat die gleiche Dimension wie das Merkmal X und wird i.allg. auch in der gleichen Einheit wie das Merkmal angegeben.

3. Variationskoeffizient v

Definition 2.7:

Unter dem Variationskoeffizienten v einer Menge von Merkmalswerten versteht man

$$v = \frac{s}{\bar{x}} = \frac{s}{\bar{x}} \cdot 100\,\% \qquad (2.8)$$

Zum Vergleich von Streuungen, die zu verschiedenen Mittelwerten gehören, sind Standardabweichungen wenig geeignet. Man verwendet hierfür besser den Variationskoeffizienten v, der häufig in Prozent angegeben wird. Der Variationskoeffizient ist eine "relative Standardabweichung", bezogen auf den Mittelwert. Seine Verwendung ist nicht angebracht bei Merkmalen,die einen Mittelwert $\bar{x} \approx 0$ besitzen.

Wird eine bestimmte Größe in einer Meßreihe mehrmals gemessen, so ist der Variationskoeffizient ein Maß für die Präzision der Messung. Je kleiner der Variationskoeffizient ist, desto größer ist die Präzision der Meßreihe. So gilt z.B. bei klinisch-chemischen Untersuchungen die Präzision einer Meßreihe, von Ausnahmefällen abgesehen, als ausreichend, wenn der Variationskoeffizient 5% nicht überschreitet.

Beispiel 93: Aus der bei der Messung von n = 200 Nietköpfen erhaltenen Häufigkeitsverteilung

$\overline{x}_i$ mm	13,15	13,25	13,35	13,45	13,55	13,65
n_i	5	24	57	63	42	9

soll für das Merkmal X = Nietkopfdurchmesser der Mittelwert $\overline{x}$, die Standardabweichung s und der Variationskoeffizient v berechnet werden.

Die Durchführung der Berechnung geschieht am übersichtlichsten in Tabellenform.

$\overline{x}_i$	n_i	$\overline{x}_i \cdot n_i$	$\overline{x}_i - \overline{x}$	$(\overline{x}_i - \overline{x})^2 \cdot n_i$
13,15	5	65,75	- 0,27	0,3645
13,25	24	318,00	- 0,17	0,6936
13,35	57	760,95	- 0,07	0,2793
13,45	63	847,35	0,03	0,0567
13,55	42	569,10	0,13	0,7098
13,65	9	122,85	0,23	0,4761
	n = 200	2684,00		SAQ = 2,5800

a) Mittelwert $\overline{x} = \frac{1}{n}\sum \overline{x}_i \cdot n_i = \frac{1}{200} \cdot 2684{,}00 = 13{,}42$ mm

b) Standardabweichung $s = \sqrt{\frac{1}{n-1} \cdot SAQ} = \sqrt{\frac{1}{199} \cdot 2{,}58} = 0{,}114$ mm

c) Variationskoeffizient $v = \frac{s}{\overline{x}} = \frac{0{,}114 \text{ mm}}{13{,}42 \text{ mm}} = 0{,}0085 = 0{,}85\,\%$

2.3 Empirische Häufigkeitsverteilung von zwei Merkmalen

Es wird in diesem Abschnitt der Fall betrachtet, daß pro Untersuchungseinheit die Ausprägungen von zwei Merkmalen X und Y erfaßt werden.
Einige willkürlich ausgewählte Beispiele für mögliche Merkmalspaare X und Y sind in der folgenden Übersicht zusammengefaßt.

Untersuchungseinheiten	Merkmal X	Merkmal Y
Personen	Körpergröße	Körpergewicht
Haushalte	Einkommen	Mietausgaben
Stahlsorten	Kohlenstoffgehalt	Zugfestigkeit
Unternehmen einer bestimmten Branche	Zahl der Beschäftigten	Umsatz
Getreidesorten	Art der Düngung	Ertrag

2.3.1 Darstellung bivariabler Verteilungen

Das Ergebnis einer Untersuchung von zwei Merkmalen liegt zunächst als Urliste vor. Eine derartige Urliste, bei der pro Untersuchungseinheit zwei Merkmalswerte verzeichnet sind, ist sicherlich unübersichtlich. Eine mögliche übersichtlichere Darstellungsform einer empirischen Verteilung von zwei Merkmalen ist eine "zweidimensionale Häufigkeitstabelle", eine sogenannte Mehrfeldertafel oder Kontingenztafel.

In einer Mehrfeldertafel werden den verschiedenen Paaren von Merkmalswerten (x_i, y_k) bzw. Paaren von Klassenmitten $(\bar{x}_i, \bar{y}_k)$ Felder zugeordnet, in denen die Häufigkeiten n_{ik} angegeben sind, mit denen diese Kombinationen von Merkmalswerten beobachtet worden sind.

$\bar{y}_i$

Verteilung des Merkmals X

$\bar{y}_i$ \ $\bar{x}_i$	2	5	8	11	14	
	4	11	19	10	6	50
23	0	0	2	3	3	8
18	0	1	4	5	2	12
13	1	3	8	2	1	15
8	1	5	4	0	0	10
3	2	2	1	0	0	5

Verteilung des Merkmals Y

$\bar{x}_i$

Die angegebene Mehrfeldertafel zeigt eine Verteilung der Merkmale X = Punktezahl bei einem Gedächtnistest und Y = Punktezahl bei einem Intellegenztest an n = 50 Versuchspersonen. Es erreichten z.B. 8 Versuchspersonen beim Gedächtnistest eine Punktezahl der Merkmalsklasse mit der Klassenmitte $\overline{x}_i = 8$ Punkte und beim Intellegenztest eine Punktezahl der Klasse $\overline{y}_k = 13$ Punkte.
Die eigentliche Mehrfeldertafel liegt innerhalb des stark umrandeten Teiles. Die durch Bilden der Spaltensummen bzw. Zeilensummen erhaltenen Randverteilungen geben die Verteilung des Merkmals X bzw. die Verteilung des Merkmals Y an.
Eine andere Darstellungsform bivariabler Verteilungen ist das Streuungsdiagramm. Bei einem Streuungsdiagramm wird jedem Datenpaar (x_i, y_k) umkehrbar eindeutig ein Punkt der x,y - Ebene zugeordnet. Die Verteilung von n Datenpaaren erscheint als eine Punktwolke, bestehend aus n Punkten der x,y - Ebene.

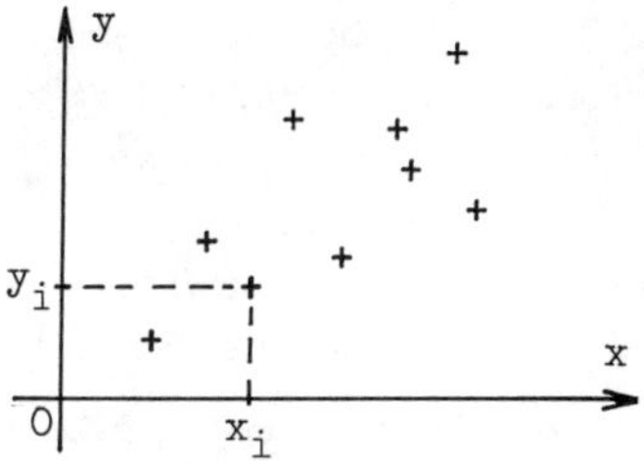

Bild 42 Streuungsdiagramm

2.3.2 Maßzahlen bivariabler Verteilungen

Neben den für die Einzelmerkmale charakteristischen Maßzahlen, wie Mittelwerte $(\overline{x}, \overline{y})$, Standardabweichungen (s_x, s_y) und Variationskoeffizienten (v_x, v_y) interessieren hier auch Maßzahlen, welche die zwischen den Merkmalen vorhandenen Wechselwirkungen oder Abhängigkeiten ausdrücken (Maßzahlen der Verbundenheit).

1. Lineare Regression, Regressionskoeffizient

Gegeben ist eine empirische Verteilung zweier Merkmale, die wir uns in Form eines Streuungsdiagramms dargestellt vorstellen.Die Art der Punktwolke sei so, daß die Annahme eines linearen Zusammenhanges zwischen den beiden Merkmalen gerechtfertigt erscheint.

Gesucht wird nun diejenige Gerade (Regressionsgerade), die sich der gegebenen Punktwolke am besten anpaßt.

In der Mathematik heißt eine derartige Gerade Ausgleichsgerade. Den Begriff Regression führte 1889 Galton im Zusammenhang mit seinen Studien zur Vererbung ein. Das Galton'sche Vererbungsgesetz besagt, daß Eltern, die hinsichtlich eines Merkmals vom Durchschnitt abweichen, Kinder haben, die bezüglich dieses Merkmals zwar in der gleichen Richtung vom Mittel abweichen, jedoch in geringerem Maße als ihre Eltern.
K. Pearson, ein Freund Galtons, untersuchte 1903 an 1078 Vater - Sohn - Paaren den Zusammenhang zwischen den Merkmalen X = Körpergröße des Vaters und Y = Körpergröße des Sohnes und erhielt als Gerade, die sich dem von ihm erhaltenen Streuungsdiagramm am besten anpaßte

$$y = 85{,}674 + 0{,}516\,x \quad [\mathrm{cm}],$$

die er Regressionsgerade nannte. Dieses spezielle Beispiel bestimmte die Namensgebung für ein Teilgebiet der Statistik.

Bei der linearen Regression wird zwischen den beiden Merkmalen ein linearer Zusammenhang

$$Y = \alpha + \beta \cdot X$$

angenommen. Bei dem hier behandelten Regressionsmodell I wird zu einer Folge von festen Werten x_i nur Y als Zufallsgröße betrachtet, während beim Regressionsmodell II auch das Merkmal X als Zufallsgröße angesehen wird.
Entsprechend der Wahrscheinlichkeitsverteilung der Zufallsgröße Y streuen die beobachteten Werte y_i mehr oder weniger um eine Gerade. Zur Bestimmung der empirischen Regressionsgerade

$$y = a + b.x$$

im Rahmen der beschreibenden Statistik, betrachtet man bei festen x_i die Abweichungen

$$d_i = y_i - y_{io},$$

wobei y_i der zu x_i gehörende beobachtete und $y_{io} = a + b.x_i$

der entsprechende berechnte, auf der Regressionsgeraden liegende Wert der Zufallsgröße Y ist.

Als Kriterium für die Güte der Anpassung der empirischen Regressionsgeraden an die Punktwolke wird die Summe der Abweichungsquadrate

$$\sum_{i=1}^{n} d_i^2 = \sum_{i=1}^{n} (y_i - a - b\,x_i)^2$$

verwendet, die im Falle optimaler Anpassung zu einem Minimum wird (Gauß'sches Prinzip der kleinsten Quadrate).

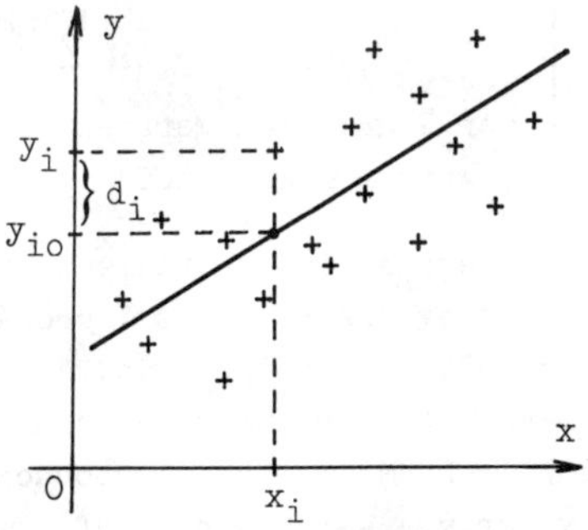

Bild 43 Empirische Regressionsgerade

Bei dem vorliegenden Extremwertsproblem sind die Parameter a und b die Variablen, die n gemessenen Wertepaare (x_i, y_i) vorgegebene Zahlenwerte.

Die notwendigen Extremwertsbedingungen einer Funktion von zwei Veränderlichen ergeben die Gleichungen:

$$(1) \quad \frac{\partial \sum d_i^2}{\partial a} = -2 \sum (y_i - a - bx_i) = 0$$

$$(2) \quad \frac{\partial \sum d_i^2}{\partial b} = -2 \sum x_i (y_i - a - bx_i) = 0$$

Durch Umformen erhält man hieraus

$$(1) \quad n.a + b \sum x_i = \sum y_i$$

$$(2) \quad a \sum x_i + b \sum x_i^2 = \sum x_i y_i$$

mit den Lösungen

$$a = \frac{\sum y_i \sum x_i^2 - \sum x_i \sum x_i y_i}{n \sum x_i^2 - \left[\sum x_i\right]^2} \quad \text{und} \quad b = \frac{n \sum x_i y_i - \sum x_i \sum y_i}{n \sum x_i^2 - \left[\sum x_i\right]^2}$$

Definition 2.8:

Die Steigung $b = \dfrac{n\sum x_i y_i - \sum x_i \sum y_i}{n\sum x_i^2 - \left[\sum x_i\right]^2}$ (2.9)

der Regressionsgeraden $y = a + bx$, heißt empirischer Regressionskoeffizient.

Der Regressionskoeffizient gibt also die durchschnittliche Änderung des Merkmals Y pro Änderung des Merkmals X an.
Es läßt sich zeigen, daß der Schwerpunkt $S(\bar{x}\ ;\ \bar{y})$ der Punktmenge des Streuungsdiagramms, dessen Koordinaten das arithmetische Mittel $\bar{x}$ der beobachteten x_i-Werte und das Mittel $\bar{y}$ der y_i- Werte sind, auf der Regressionsgeraden liegt, da stets die Gleichung $\bar{y} = a + b\bar{x}$ gilt.
Die Regressionsgerade verläuft mit einer Steigung b nach Gl.(2.9) durch den Schwerpunkt $S(\bar{x}\ ;\ \bar{y})$ der Punktwolke des Streuungsdiagramms.
Nun ist

$$n\sum(x_i - \bar{x})(y_i - \bar{y}) = n\sum x_i y_i - n\sum x_i\bar{y} - n\sum \bar{x}y_i + n\sum \bar{x}\,\bar{y}$$

$$= n\sum x_i y_i - n^2\bar{x}\,\bar{y} - n^2\bar{x}\,\bar{y} + n^2\bar{x}\,\bar{y}$$

$$= n\sum x_i y_i - \sum x_i \sum y_i \qquad (2.10)$$

Ersetzt man in Gl.(2.10) x_i durch y_i, so erhält man

$$n\sum(x_i - \bar{x})^2 = n\sum x_i^2 - \left[\sum x_i\right]^2 \qquad (2.11)$$

Unter Verwendung der Gleichungen (2.10) und (2.11) geht Gl. (2.9) über in

$$b = \frac{\sum(x_i - \bar{x})(y_i - \bar{y})}{\sum(x_i - \bar{x})^2} \quad \text{bzw.} \quad b = \frac{\frac{1}{n-1}\sum(x_i - \bar{x})(y_i - \bar{y})}{\frac{1}{n-1}\sum(x_i - \bar{x})^2}$$

Der Nenner des letzten Ausdrucks ist die empirische Varianz s_x^2 der beobachteten x_i- Werte.

Der Zähler ist die empirische Kovarianz zwischen den Merkmalen X und Y.

Definition 2.9:

Unter der empirischen Kovarianz zwischen den Merkmalen X und Y versteht man

$$s_{xy} = \frac{1}{n-1} \sum_{i=1}^{n} (x_i - \bar{x})(y_i - \bar{y}). \tag{2.12}$$

Der empirische Regressionskoeffizient b kann damit in der Form

$$b = \frac{s_{xy}}{s_x^2} \tag{2.13}$$

angegeben werden. Die empirische Kovarianz der beiden Merkmale kann positive und negative Werte annehmen und bestimmt wegen $s_x^2 > 0$ das Vorzeichen des Regressionskoeffizienten b.

Da die Varianz s_x^2 und die Kovarianz s_{xy} nicht von der Wahl des Koordinatenursprungs abhängen, ist der Regressionskoeffizient b invariant gegenüber Koordinatenverschiebungen.

Stochastische Zusammenhänge sind natürlich nicht immer lineare Zusammenhänge. Regressionslinien können Kurven höherer Ordnung sein. Kann vorausgesetzt werden, daß das Merkmal Y exponentiell mit X ansteigt oder abfällt, so besteht zwischen X und ln Y eine lineare Regression.

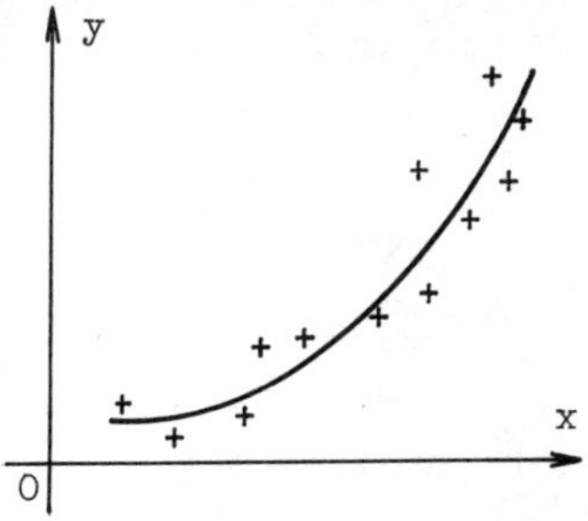

Bild 44 Nichtlineare Regression

2. Empirischer Korrelationskoeffizient

Gegeben sei wieder eine beobachtete Verteilung von zwei Merkmalen X und Y, dargestellt als Punktwolke in einem Streuungsdiagramm. Die Form der Punktwolke sei so, daß ein linearer Zusammenhang zwischen den Merkmalen angenommen werden kann. Es sollen Maßzahlen angegeben werden, die den Grad des Zusammenhanges zwischen den Merkmalen beschreiben.

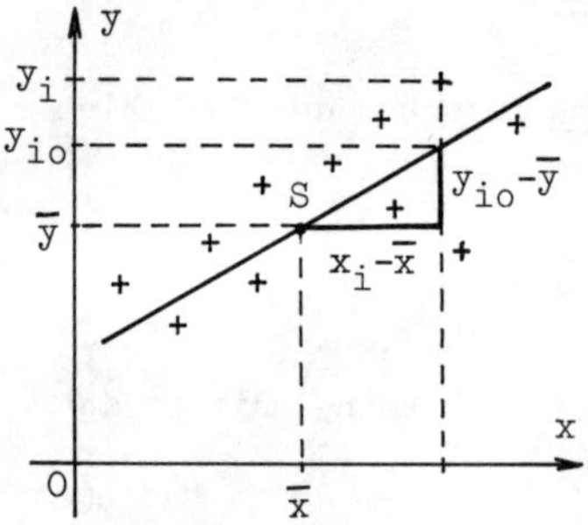

Bild 45 Streuungsdiagramm

Definition 2.10:

Unter dem Bestimmtheitsmaß versteht man

$$B = \frac{\sum_{i=1}^{n} (y_{io} - \bar{y})^2}{\sum_{i=1}^{n} (y_i - \bar{y})^2} \; . \qquad (2.14)$$

Liegen alle Punkte des Streuungsdiagramms genau auf der Regressionsgeraden, so hat das Bestimmtheitsmaß den Wert B = 1, da alle beobachteten Werte y_i mit den entsprechenden, auf der Regressionsgeraden liegenden y_{io} übereinstimmen. In allen anderen Fällen gilt $B < 1$.

Mit dem Regressionskoeffizienten $b = s_{xy} / s_x^2$ (= Steigung der Regressionsgeraden) folgt wegen

$$y_{io} - \bar{y} = b\,(x_i - \bar{x}) \qquad \text{(Bild 45)}$$

für das Bestimmtheitsmaß

$$B = \frac{b^2 \sum (x_i - \bar{x})^2}{\sum (y_i - \bar{y})^2} = \frac{(s_{xy})^2}{(s_x^2)^2} \cdot \frac{s_x^2}{s_y^2} = \frac{(s_{xy})^2}{s_x^2 \cdot s_y^2} \qquad (2.15)$$

Die Ungleichung $B \leqq 1$, bzw. $(s_{xy})^2 \leqq s_x^2 \cdot s_y^2$ läßt sich mit Hilfe der Cauchy - Schwarz'schen Ungleichung beweisen, auf die hier nicht näher eingegangen werden soll.

Als Maß für die Abhängigkeit der Merkmale X und Y wird öfter als das Bestimmtheitsmaß B der Korrelationskoeffizient r verwendet. Zwischen den beiden Maßzahlen besteht der Zusammenhang

$$r^2 = B$$

$$\Rightarrow \quad r = \frac{s_{xy}}{s_x \cdot s_y} = \frac{\sum (x_i - x)(y_i - \bar{y})}{\sqrt{\sum (x_i - \bar{x})^2 \sum (y_i - \bar{y})^2}} \qquad (2.16)$$

Unter Verwendung von Gl.(2.11) geht Gl. (2.16) über in die manchmal günstigere Form

$$r = \frac{n\sum x_i y_i - \sum x_i \sum y_i}{\sqrt{\left[n\sum x_i^2 - (\sum x_i)^2\right]\cdot\left[n\sum y_i^2 - (\sum y_i)^2\right]}} \qquad (2.17)$$

Das Vorzeichen des Korrelationskoeffizienten r kann entsprechend dem Vorzeichen der Kovarianz s_{xy} positiv oder negativ sein. Aus $B \leqq 1$ folgt $|r| \leqq 1$. Es gilt daher für den Korrelationskoeffizienten

$$-1 \leqq r \leqq 1 \qquad (2.18)$$

$r = -1$: Alle Punkte des Streuungsdiagramms liegen genau auf einer Geraden mit negativer Steigung.

$r = +1$: Alle Punkte des Streuungsdiagramms liegen genau auf einer Geraden mit positiver Steigung.

$r = 0$: Es besteht keine Korrelation zwischen den Merkmalen.

$r < 0$: Negative oder gegensinnige Korrelation, d.h. größeren x-Werten entsprechen im Mittel kleinere y-Werte.

$r > 0$: Positive oder gleichsinnige Korrelation, d.h. größeren x-Werten entsprechen im Mittel auch größere y-Werte.

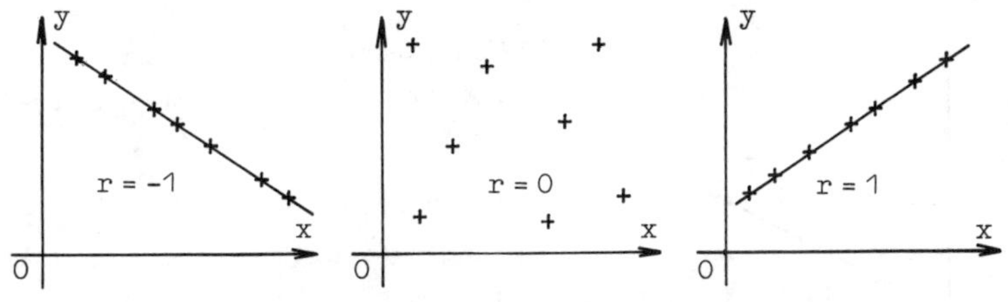

Bild 46 Streuungsdiagramme für verschiedene Werte des Korrelationskoeffizienten r

Der (empirische) Korrelationskoeffizient r ist eine dimensionslose Größe. Er ist invariant gegenüber Verschiebungen des Koordinatensystems und invariant gegenüber Maßstabsänderungen.

Eine Berechnung des empirischen Korrelationskoeffizienten r ist nur dann sinnvoll, wenn zwischen den beiden Merkmalen ein sachlich gegebener innerer Zusammenhang besteht.
Ein bekanntes Beispiel einer Scheinkorrelation ist der bei einem Korrelationskoeffizienten r = + 0,92 in Südschweden beobachtete "Zusammenhang" zwischen den Merkmalen X = Anzahl der Storchennester und Y = Anzahl der Geburten. Es ist offensichtlich unsinnig, etwa von einem statistisch nachgewiesenen Zusammenhang zwischen diesen beiden Merkmalen zu sprechen.
Von welcher Größe des Korrelationskoeffizienten ab ein Zusammenhang zwischen den Merkmalen X und Y als statistisch nachgewiesen angesehen werden kann, hängt auch vom Stichprobenumfang n ab. Eine Antwort auf diese Frage kann erst die Beurteilende Statistik (Abschn. 3.4.2) geben.

Beispiel 94: Eine Untersuchung der Merkmale X = Siliziumgehalt [%] einer Stahlsorte und Y = Druckfestigkeit $[10^9 \text{ Pa}]$ ergab folgende n = 10 Wertepaare.

x_i [%]	0,20	0,22	0,22	0,25	0,28	0,30	0,32	0,32	0,34	0,35
$y_i[10^9\text{Pa}]$	0,54	0,58	0,54	0,62	0,56	0,60	0,66	0,58	0,60	0,62

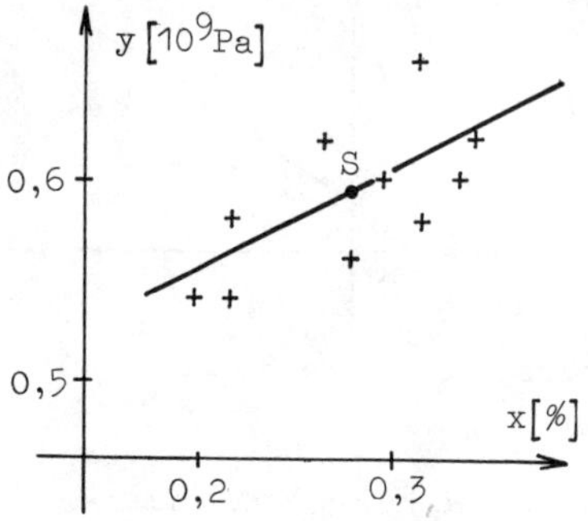

Bild 47 Streuungsdiagramm von Beispiel 94

Man berechne den Regressionskoeffizienten b und den Korrelationskoeffizienten r.

Die Bestimmung der notwendigen Summen erfolgt am übersichtlichsten in Tabellenform.

x_i	y_i	x_i^2	y_i^2	$x_i y_i$
0,20	0,54	0,0400	0,2916	0,1080
0,22	0,58	0,0484	0,3364	0,1276
0,22	0,54	0,0484	0,2916	0,1188
0,25	0,62	0,0625	0,3864	0,1550
0,28	0,56	0,0784	0,3136	0,1568
0,30	0,60	0,0900	0,3600	0,1800
0,32	0,66	0,1024	0,4356	0,2112
0,32	0,58	0,1024	0,3364	0,1856
0,34	0,60	0,1156	0,3600	0,2040
0,35	0,62	0,1225	0,3844	0,2170
$\sum x_i =$ 2,80	$\sum y_i =$ 5,90	$\sum x_i^2 =$ 0,8106	$\sum y_i^2 =$ 3,4940	$\sum x_i y_i =$ 1,6640

Regressionskoeffizient $b = \dfrac{n \sum x_i y_i - \sum x_i \sum y_i}{n \sum x_i^2 - (\sum x_i)^2}$

$$= \frac{10.1,664 - 2,8.5,9}{10.0,8106 - 2,8^2} = 0,45 \left[\frac{10^9 \text{Pa}}{\%}\right]$$

Innerhalb des durch die Untersuchung erfaßten Bereiches ändert sich also das Merkmal Y im Mittel um $0,45.10^9$ Pa pro Änderung des Merkmals X um 1 %.

Mit dem Schwerpunkt der Punktmenge $S(\bar{x}\,;\bar{y}) = S(0,28\,;0,59)$ und der durch den Regressionskoeffizienten b gegebenen Steigung kann die Regressionsgerade in das Streuungsdiagramm eingezeichnet werden.

Korrelationskoeffizient $r = \dfrac{n \sum x_i y_i - \sum x_i \sum y_i}{\sqrt{\left[n \sum x_i^2 - (\sum x_i)^2\right]\left[n \sum y_i^2 - (\sum y_i)^2\right]}}$

$$= \frac{10.1,664 - 2,8.5,9}{\sqrt{(10.0,8106 - 2,8^2)(10.3,494 - 5,9^2}}$$

$= 0,645$

Übungsaufgaben zum Abschnitt 2 (Lösungen im Anhang)

Beispiel 95: Eine Messung des Merkmals X = Körpergröße an n = 648 jungen Männern ergab folgende in Merkmalsklassen unterteilte Häufigkeitsverteilung:

$\bar{x}_i$ [cm]	158	162	166	170	174	178	182	186
n_i	22	71	136	169	139	71	32	8

Man berechne das arithmetische Mittel $\bar{x}$, die Standardabweichung s und den Variationskoeffizienten v.

Beispiel 96: Wolle wird eine bestimmte Menge Synthetikfaser zugesetzt (Merkmal X) und zu einem Garn versponnen. In Abhängigkeit davon wird die Reißkraft des Garns (Merkmal Y) gemessen. Das Ergebnis ist in der folgenden Tabelle dargestellt.

x_i [g/kg]	y_i [N]		
10	1,0	1,3	1,4
20	1,3	1,5	1,7
30	1,4	1,7	2,2
40	2,1	2,5	2,6

Man berechne den Regressionskoeffizienten b und den Korrelationskoeffizienten r.

Beispiel 97: Zwei Gutachter A und B haben n = 64 Prüflinge hinsichtlich ihrer Fähigkeit für eine bestimmte Tätigkeit beurteilt. Als Urteile waren "gut geeignet" (1), "geeignet" (2), "bedingt geeignet" (3) und "ungeeignet" (4) zugelassen. Das Ergebnis ist in der Tabelle zusammengestellt, wobei das Merkmal X = Urteil des Gutachters A und Y = Urteil des Gutachters B ist.

y_i \ x_i	1	2	3	4
4	0	3	2	4
3	2	7	8	2
2	4	16	3	1
1	10	2	0	0

Man berechne den Korrelationskoeffizienten r als Maß für die Abhängigkeit der beiden Urteile.

Hinweis: Man beachte, daß jede Merkmalskombination mit der Häufigkeit n_{ij} auftritt.

3. Schließende Statistik

Aufgabe der Schließenden Statistik ist es, aus den Informationen einer Stichprobe Schlüsse zu ziehen auf die Grundgesamtheit, aus der die Stichprobe entnommen wurde.
Dabei können zwei Hauptaufgaben der Schließenden oder Beurteilenden Statistik unterschieden werden:

1. das Schätzen von Parametern (Abschn. 3.2) und
2. das Prüfen von Hypothesen (Abschn. 3.3).

Für beide Aufgabengebiete verwendet man Schätz- bzw. Prüffunktionen, die aus den Stichprobenwerten gebildet werden. Wir werden uns daher zunächst mit derartigen Stichprobenfunktionen beschäftigen.

3.1 Stichprobenfunktionen

3.1.1 Grundlagen

Wir betrachten im folgenden einfache Zufallsstichproben, bei denen für alle Elemente der Grundgesamtheit die Wahrscheinlichkeit, in die Stichprobe zu gelangen, gleich und unabhängig davon ist, welche Elemente bereits ausgewählt wurden.
Andere in der Praxis der Stichprobenerhebung verwendete Auswahlverfahren führen zu geschichteten Stichproben oder zu Klumpenstichproben.
Bei den geschichteten Stichproben wird die Grundgesamtheit in Teilgesamtheiten (Schichten) zerlegt und innerhalb der Schichten eine Zufallsauswahl durchgeführt. Insbesondere bei heterogenen Grundgesamtheiten führt eine geschichtete Stichprobe mit bezüglich des untersuchten Merkmals homogenen Schichten zu genaueren Aussagen über die Grundgesamtheit als eine einfache Zufallsstichprobe.
Bei der Klumpenauswahl werden aus einer in Teilgesamtheiten (Klumpen) zerlegten Grundgesamtheit einige Klumpen zufällig ausgewählt und diese dann vollständig in die Stichprobe übernommen.
Bei unseren weiteren Überlegungen wird vorausgesetzt, daß die auftretenden Stichproben einfache Zufallsstichproben sind.

Das Zufallsexperiment "Ziehen einer einfachen Zufallsstichprobe vom Umfang n aus einer Grundgesamtheit von N Elementen" hat

$\binom{N}{n}$ mögliche Ausgänge beim Entnahmemodell ohne Zurücklegen und

$\binom{N+n-1}{n}$ mögliche Ausgänge beim Entnahmemodell mit Zurücklegen, ohne Beachtung der Reihenfolge der Entnahme der Stichprobenelemente.

Bei einer Grundgesamtheit von beispielsweise $N = 100$ Elementen und einem Stichprobenumfang von $n = 5$ Elementen gibt es $\binom{100}{5} = 75\,287\,520$ verschiedene Stichproben ohne Wiederholungen und $\binom{104}{5} = 91\,962\,520$ verschiedene Stichproben mit Wiederholungen.

Beabsichtigt man, aus einer Grundgesamtheit eine Stichprobe vom Umfang n zu entnehmen und hinsichtlich eines bestimmten Merkmals X zu untersuchen, so sind die n Merkmalswerte, die man erhalten wird, Zufallsgrößen $X_1, X_2, \ldots, X_n$, die einen Stichprobenvektor

$$\vec{X} = (X_1, X_2, \ldots, X_n)$$

bilden. Der Stichprobenvektor $\vec{X}$ ist ein zufälliger Vektor, seine Komponenten X_i sind Zufallsgrößen.

Nach Abschluß der Stichprobenuntersuchung liegt eine der möglichen Realisationen

$$\vec{x} = (x_1, x_2, \ldots, x_n)$$

des Stichprobenvektors vor.

Definition 3.1:

Eine Funktion des Stichprobenvektors $\vec{X}$ heißt Stichprobenfunktion.

Als Funktion von n Zufallsgrößen X_i ist auch die Stichprobenfunktion eine Zufallsgröße mit einer Wahrscheinlichkeitsverteilung, die von der Verteilung des Merkmals X in der Grundgesamtheit und vom Stichprobenumfang n abhängt.

3.1.2 Arithmetisches Mittel $\overline{X}$

Die Stichprobenfunktion $\overline{X}$ = arithmetisches Mittel ist gegeben durch

$$\overline{X} = \frac{1}{n} \sum_{i=1}^{n} X_i . \tag{3.1}$$

a) Erwartungswert des arithmetischen Mittels

Hat das Merkmal X in der Grundgesamtheit eine Wahrscheinlichleitsverteilung mit $E(X) = \mu$, so gilt für die Zufallsgrößen X_i:

$$E(X_i) = \mu \quad \text{für alle } i$$

und man erhält

$$E(\overline{X}) = E(\frac{1}{n} \sum_{i=1}^{n} X_i) = \frac{1}{n} \sum_{i=1}^{n} E(X_i) = \frac{1}{n} \cdot n \cdot \mu$$

$$E(\overline{X}) = \mu \tag{3.2}$$

Der Erwartungswert des arithmetischen Mittels $\overline{X}$ ist gleich dem Erwartungswert des Merkmals X.

b) Varianz des arithmetischen Mittels

Ist σ^2 die Varianz des Merkmals X , so gilt für alle i auch $Var(X_i) = \sigma^2$. Zur Bestimmung der Varianz des arithmetischen Mittels müssen zwei Fälle unterschieden werden.

1. Die Zufallsgrößen X_i sind stochastisch unabhängig

Dies ist der Fall bei unendlich großen Grundgesamtheiten oder bei endlichen Grundgesamtheiten und dem Entnahmemodell mit Zurücklegen.

Aus

$$Var(\overline{X}) = Var(\frac{1}{n} \sum_{i=1}^{n} X_i) = \frac{1}{n^2} Var(\sum_{i=1}^{n} X_i)$$

folgt mit der stochastischen Unabhängigkeit der Zufallsgrößen X_i

$$Var(\overline{X}) = \frac{1}{n^2} \sum_{i=1}^{n} Var(X_i) = \frac{\sigma^2}{n} \tag{3.3}$$

Die Varianz des arithmetischen Mittels $\overline{X}$ nimmt mit zunehmenden Stichprobenumfang n proportional $\frac{1}{n}$ ab. Die erhaltenen Werte $\overline{x}$ des arithmetischen Mittels streuen daher umso weniger, je größer der Stichprobenumfang n ist. Ein Ergebnis, welches mit der anschaulichen Vorstellung übereinstimmt.

2. Die Zufallsgrößen X_i sind stochastisch abhängig

Dies ist der Fall bei endlichen Grundgesamtheiten und dem Entnahmemodell ohne Zurücklegen. Für die Varianz des arithmetischen Mittels gilt dann

$$\operatorname{Var}(\overline{X}) = \frac{\sigma^2}{n} \cdot \frac{N-n}{N-1} \qquad (3.4)$$

Der Faktor $\frac{N-n}{N-1}$ heißt Korrekturfaktor für endliche Grundgesamtheiten.
Wählt man als Stichprobenumfang $n = N$, so wird die gesamte Grundgesamtheit untersucht und man erhält stets $\overline{x} = \mu$.
In diesem Fall ist daher $\operatorname{Var}(\overline{X}) = 0$.

Über die Art der Wahrscheinlichkeitsverteilung der Stichprobenfunktion $\overline{X}$ können die folgenden Sätze angegeben werden:

1. Sind die unabhängigen Zufallsgrößen X_i $(\mu;\sigma^2)$-normalverteilt, so ist das arithmetische Mittel $\overline{X}$ $(\mu;\frac{\sigma^2}{n})$-normalverteilt.

   Die Richtigkeit dieses Satzes folgt aus den Gleichungen (3.2) und (3.3) unter Verwendung des Additionssatzes für normalverteilte Zufallsgrößen (Abschn. 1.5.5).

2. Sind die unabhängigen Zufallsgrößen X_i beliebig verteilt mit $E(X_i) = \mu$ und $\operatorname{Var}(X_i) = \sigma^2$, so ist bei großen Stichproben das arithmetische Mittel $\overline{X}$ näherungsweise $(\mu;\frac{\sigma^2}{n})$-normalverteilt.

   Die Gültigkeit dieser Aussage folgt aus dem zentralen Grenzwertsatz (Satz von Lindeberg - Lévy).

Die Bedeutung des 2. Satzes liegt darin, daß für beliebige, oft nicht bekannten Verteilungen des Merkmals X, das arithmetische Mittel $\overline{X}$ bei großen Stichproben näherungsweise als normalverteilt angesehen werden kann.

3.1.3 Stichprobenvarianz S^2

Die Stichprobenfunktion S^2 = Stichprobenvarianz ist gegeben durch

$$S^2 = \frac{1}{n-1} \sum_{i=1}^{n} (X_i - \bar{X})^2 \qquad (3.5)$$

Die Stichprobenvarianz nach Gl.(3.5) kann umgeformt werden in

$$S^2 = \frac{1}{n-1} \sum_{i=1}^{n} (X_i - \mu)^2 - \frac{n}{n-1}(\bar{X} - \mu)^2. \qquad (3.6)$$

Beweis:

$$S^2 = \frac{1}{n-1}\sum\left[(X_i - \mu) - (\bar{X} - \mu)\right]^2 =$$

$$= \frac{1}{n-1}\left[\sum(X_i - \mu)^2 + \sum(\bar{X} - \mu)^2 - 2\sum(X_i - \mu)(\bar{X} - \mu)\right]$$

$$= \frac{1}{n-1}\left[\sum(X_i - \mu)^2 + n(\bar{X} - \mu)^2 - 2(\bar{X} - \mu)\left[\sum X_i - \sum\mu\right]\right]$$

Mit $\sum X_i = n\bar{X}$ und $\sum\mu = n.\mu$ lassen sich die beiden letzten Glieder zusammenfassen und man erhält Gl.(3.6).

Erwartungswert der Stichprobenvarianz

$$E(S^2) = E\left[\frac{1}{n-1}\sum(X_i - \mu)^2 - \frac{n}{n-1}(\bar{X} - \mu)^2\right] =$$

$$= \frac{1}{n-1}\left[n\,E(X_i - \mu)^2 - n\,E(\bar{X} - \mu)^2\right] =$$

$$= \frac{n}{n-1}\left[\mathrm{Var}(X_i) - \mathrm{Var}(\bar{X})\right] = \frac{n}{n-1}\left[\sigma^2 - \frac{\sigma^2}{n}\right]$$

$$E(S^2) = \sigma^2 \qquad (3.7)$$

Der Erwartungsert der Stichprobenvarianz S^2 stimmt mit der Varianz des Merkmals X überein.

Über die Art der Wahrscheinlichkeitsverteilung der Stichprobenvarianz S^2 werden am Ende des nächsten Abschnittes (Abschn. 3.1.4) Aussagen gemacht.

3.1.4 χ^2 - Verteilung

Definition 3.2:

> Es seien $U_1, U_2, \dots, U_m$ stochastisch unabhängige, standardnormalverteilte Zufallsgrößen.
> Die Wahrscheinlichkeitsverteilung der Zufallsgröße
>
> $$X = U_1^2 + U_2^2 + \dots + U_m^2$$
>
> heißt χ^2 - Verteilung mit m Freiheitsgraden.

Als Summe von m Quadraten standardnormalverteilter Zufallsgrößen ist die chiquadratverteilte Zufallsgröße X eine stetige Zufallsgröße, die nur Werte $x \geqq 0$ annehmen kann.

a) Dichtefunktion, charakteristische Funktion

Sonderfall m = 1: $X = U^2$

Die Zufallsgröße X ist verteilt wie ein Chiquadrat mit einem Freiheitsgrad.

Für die Verteilungsfunktion erhält man:

$$F_1(x) = P(X \leqq x) = P(-\sqrt{x} \leqq U \leqq \sqrt{x}) =$$

$$= \frac{1}{\sqrt{2\pi}} \int_{-\sqrt{x}}^{\sqrt{x}} e^{-u^2/2} \, du ,$$

da U als standardnormalverteilt vorausgesetzt ist. Mit der Substitution $u^2 = v$ und $du = \frac{1}{2} v^{-1/2} dv$ folgt

$$F_1(x) = \frac{2}{\sqrt{2\pi}} \int_0^{\sqrt{x}} e^{-u^2/2} du = \frac{1}{\sqrt{2\pi}} \int_0^{x} e^{-v/2} v^{-1/2} dv$$

und hieraus die Dichtefunktion

$$f_1(x) = \frac{dF_1(x)}{dx} = \frac{1}{\sqrt{2\pi}} e^{-x/2} x^{-1/2} \qquad (3.9)$$

$$(x \geqq 0)$$

Ohne Herleitung sei die Dichtefunktion für den allgemeinen Fall von m Freiheitsgraden angegeben:

$$f_m(x) = \begin{cases} \dfrac{1}{2^{m/2}\,\Gamma(\frac{m}{2})}\, x^{(m-2)/2}\, e^{-x/2} & \text{für } x \geqq 0 \\ 0 & \text{für } x < 0 \end{cases} \qquad (3.10)$$

Die Richtigkeit von Gl.(3.10) kann ausgehend von Gl.(3.9) durch vollständige Induktion bewiesen werden.
In Gl. (3.10) wurde die durch

$$\Gamma(y) = \int_0^\infty e^{-t} \cdot t^{y-1}\, dt \qquad (3.11)$$

definierte Gammafunktion verwendet. Für sie gilt die durch partielle Integration leicht beweisbare Rekursionsformel

$$\Gamma(y+1) = y\,\Gamma(y) \qquad (3.12)$$

Mit den Anfangswerten $\Gamma(1) = 1$ und $\Gamma(\frac{1}{2}) = \sqrt{\pi}$ erhält man rekursiv die in Gl.(3.10) auftretenden Werte der Gammafunktion. Wegen

$$\Gamma(n) = (n-1)! \quad \text{für } n = 1,2,3,\ldots \qquad (3.13)$$

wird die Gammafunktion auch "verallgemeinerte Fakultätsfunktion" genannt.
Berechnet man mit der Dichtefunktion $f_1(x)$ der χ^2-Verteilung für m = 1 Freiheitsgrade die zugehörige charakteristische Funktion

$$\varphi_1(t) = E(e^{jtX}) = \int_0^\infty e^{jtx} f_1(x)\, dx = (1-2jt)^{-1/2},$$

so erhält man hieraus die charakteristische Funktion einer χ^2-verteilten Zufallsgröße mit m Freiheitsgraden

$$\varphi_m(t) = \left[\varphi_1(t)\right]^m = (1-2jt)^{-m/2} \qquad (3.14)$$

Mit Hilfe der charakteristischen Funktion lassen sich in bekannter Weise Mittelwert und Varianz berechnen. Man erhält:

$$E(X) = m \qquad (3.15)$$

$$\mathrm{Var}(X) = 2m \qquad (3.16)$$

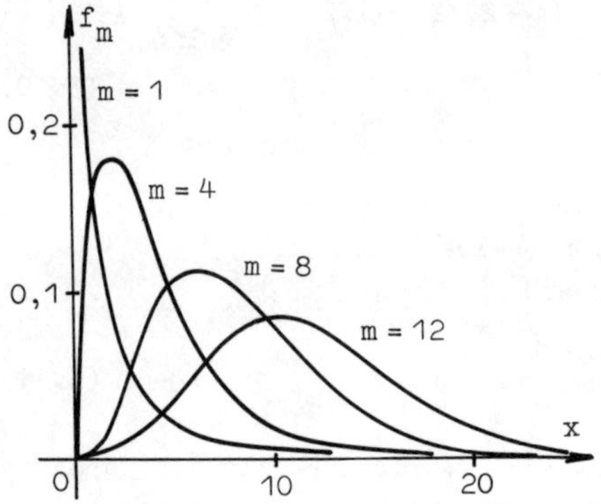

Bild 48
Dichtefunktionen $f_m(x)$ der χ^2 - Verteilung für verschiedene Freiheitsgrade m

Da die Zufallsgröße X als eine Summe von m identisch verteilten, unabhängigen Zufallsgrößen U_i^2 mit $\sigma_i^2 > 0$ definiert ist, gilt mit dem Satz von Lindeberg - Lévy (Abschn. 1.6.2):

Die chiquadratverteilte Zufallsgröße X ist asymptotisch normalverteilt mit $\mu = m$ und $\sigma^2 = 2m$.

b) Additionssatz für χ^2 - verteilte Zufallsgrößen

Sind X_1 und X_2 unabhängige Zufallsgrößen, die χ^2 - Verteilungen mit m_1 bzw. m_2 Freiheitsgraden genügen, so ist die Zufallsgröße $X = X_1 + X_2$ ebenfalls χ^2 - verteilt und zwar mit $m = m_1 + m_2$ Freiheitsgraden.

Beweis: Nach Voraussetzung gilt $X_1 = \sum_{i=1}^{m_1} U_i^2$ und $X_2 = \sum_{i=1}^{m_2} U_i^2$.

Für $X = X_1 + X_2$ folgt damit: $X = \sum_{i=1}^{m_1+m_2} U_i^2$.

X genügt also einer χ^2 - Verteilung mit $m = m_1 + m_2$ Freiheitsgraden.

c) Quantile der χ^2 - Verteilung

Für viele Anwendungen in der Statistik sind die Quantile $\chi^2_{m;1-\alpha}$ wichtig, d.h. die Realisationen der Zufallsgröße, für welche gilt:

$$P(X \leq \chi^2_{m;1-\alpha}) = 1 - \alpha \qquad (3.17)$$

$$0 < \alpha < 1$$

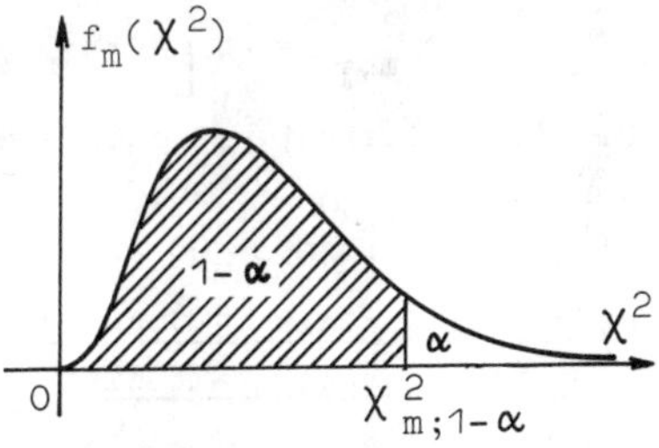

Bild 49 Quantil $\chi^2_{m;1-\alpha}$

Eine Tabelle von Quantilen für verschiedene Werte von α und m befindet sich im Anhang. Aus dieser Tabelle erhält man z.B. für m = 8 und α = 0,10:

$$\chi^2_{8;\,0,90} = 13,36.$$

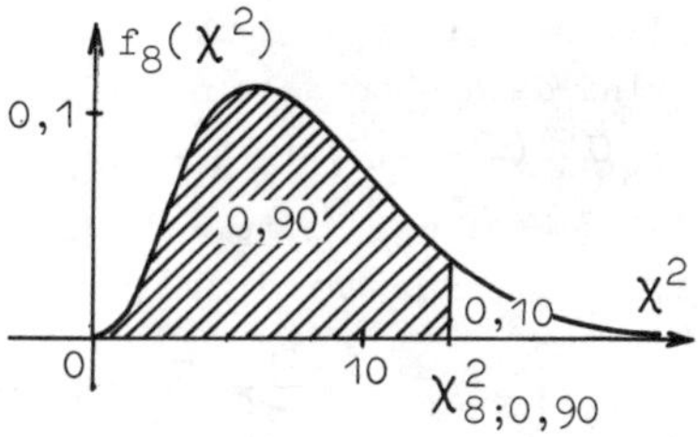

Bild 50 Quantil $\chi^2_{8;\,0,90}$

Mit einer Wahrscheinlichkeit von 90% nimmt eine chiquadratverteilte Zufallsgröße mit m = 8 Freiheitsgraden Werte an, die höchstens gleich 13,36 sind. Mit einer Wahrscheinlichkeit von 10% werden Werte angenommen, die größer als 13,36 sind.

Da die Zufallsgröße X bei großen Freiheitsgraden näherungsweise normalverteilt ist mit μ = m und σ^2 = 2m, folgt mit dem Quantil u_γ der Standardnormalverteilung

$$P\left(\frac{X - m}{\sqrt{2m}} \leq u_\gamma\right) = \gamma$$

und daraus für große Freiheitsgrade m die Näherungsformel

$$\chi^2_{m;\gamma} = m + u_\gamma \sqrt{2m} \qquad (3.18)$$

Für γ = 0,90, $u_{0,90}$ = 1,282 und m = 100 erhält man:

$$\chi^2_{100;0,90} = 100 + 1,282 \cdot \sqrt{200} = 118,1.$$

Aus der Tabelle 3 des Anhanges erhält man als Tabellenwert des Quantils 118,5. Eine bessere Approximation als Gl.(3,18) liefert die Näherungsformel von Wilson und Wilferty:

$$\chi^2_{m;\gamma} = m\left[1 - \frac{2}{9m} + u_\gamma\sqrt{\frac{2}{9m}}\right]^3 \qquad (3.19)$$

Gl.(3.19) liefert, mit dem Tabellenwert übereinstimmend, den Wert $\chi^2_{100;0,90} = 118{,}5$. Die Tabelle 3 des Anhangs kann mit Gl.(3.19) für $m > 100$ ergänzt werden.

d) Verteilung der Stichprobenvarianz S^2 aus einer normalverteilten Grundgesamtheit

Das Merkmal X sei in der Grundgesamtheit normalverteilt mit $E(X) = \mu$ und $Var(X) = \sigma^2$. Aus dieser Grundgesamtheit wird eine Stichprobe vom Umfang n entnommen. Die unabhängigen Zufallsgrößen X_i = Merkmalswert des i-ten Stichprobenelements, sind dann ebenfalls normalverteilt mit $E(X_i) = \mu$ und $Var(X_i) = \sigma^2$ $(i = 1,2,\ldots,n)$.

1. Es sei der Mittelwert μ bekannt und wir bilden die Stichprobenvarianz

$$S_o^2 = \frac{1}{n-1}\sum_{i=1}^{n}(X_i - \mu)^2 \qquad (3.20)$$

$$\Longrightarrow \quad \frac{(n-1)\,S_o^2}{\sigma^2} = \sum_{i=1}^{n}\left(\frac{X_i - \mu}{\sigma}\right)^2 = \sum_{i=1}^{n} U_i^2 \qquad (3.21)$$

Aus Gl.(3.21) erkennt man:

Die Zufallsgröße $\frac{(n-1)\,S_o^2}{\sigma^2}$ genügt einer χ^2-Verteilung mit n Freiheitsgraden.

2. Da der Mittelwert μ der Grundgesamtheit i.allg. unbekannt ist, wird die Stichprobenvarianz S^2 durch Definition 2.6 festgelegt zu

$$S^2 = \frac{1}{n-1}\sum_{i=1}^{n}(X_i - \overline{X})^2$$

$$\Longrightarrow \quad \frac{(n-1)\,S^2}{\sigma^2} = \sum_{i=1}^{n}\left(\frac{X_i - \overline{X}}{\sigma}\right)^2 \qquad (3.22)$$

In Gl.(3.22) sind nicht alle Glieder der Summe unabhängig. Da zwischen den Zufallsgrößen X_i und ihrem arithmetischen Mittel $\overline{X}$ ein Zusammenhang besteht, sind nur $n-1$ unabhängige Zufallsgrößen vorhanden.
Ohne Beweis sei der folgende Satz angegeben:

Die Zufallsgröße $\frac{(n-1)\,S^2}{\sigma^2}$ genügt einer χ^2 - Verteilung mit $m = n-1$ Freiheitsgraden.

Aus $E(X) = m$ folgt $E\left(\frac{(n-1)\,S^2}{\sigma^2}\right) = n-1$ und daraus

$$E(S^2) = \sigma^2 \quad \text{(Gl.(3.7))}.$$

Aus $\mathrm{Var}(X) = 2m$ erhält man $\mathrm{Var}(S^2) = \frac{2\sigma^4}{n-1}$.

3.1.5 t - Verteilung

Definition 3.3:

Es sei U eine standardnormalverteilte Zufallsgröße und X eine davon unabhängige χ^2 - verteilte Zufallsgröße mit m Freiheitsgraden. Die Verteilung der Zufallsgröße

$$T = \frac{U}{\sqrt{\frac{X}{m}}} \tag{3.23}$$

heißt t - Verteilung mit m Freiheitsgraden.

Die Wahrscheinlichkeitsverteilung der Zufallsgröße T wurde 1908 von Gosset unter dem Pseudonym "Student" veröffentlicht und heißt daher auch Student - Verteilung.
Die Bedeutung der Zufallsgröße T in der Statistik besteht darin, daß mit ihr Stichprobenfunktionen gebildet werden können, deren Verteilungen nicht von der meist unbekannten Varianz σ^2 des Merkmals X abhängen.

a) Dichtefunktion

Die Wahrscheinlichkeitsdichte der stetigen Zufallsgröße T, ihr Erwartungswert und ihre Varianz sollen ohne Beweis angegeben werden.

$$f(t) = \frac{\Gamma(\frac{m+1}{2})}{\sqrt{m\pi}\,\Gamma(\frac{m}{2})} \cdot \frac{1}{(1 + \frac{t^2}{m})^{(m+1)/2}} \qquad (3.24)$$

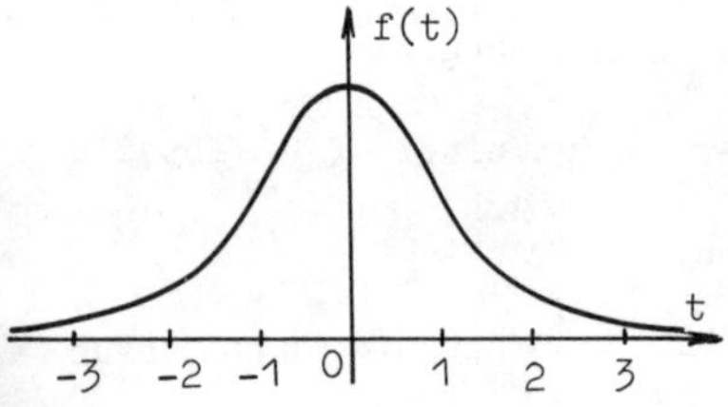

Bild 51 Dichtefunktion einer Zufallsgröße T

$$-\infty < t < \infty$$

$$E(T) = 0 \qquad (3.25)$$

$$Var(T) = \frac{m}{m-2} \qquad (3.26)$$

$$(m > 2)$$

Die Zufallsgröße T ist asymptotisch standardnormalverteilt.

b) Quantile der t - Verteilung

Für Anwendungen der T - Verteilung in der Statistik sind die Quantile der T - Verteilung wichtig, d.h. die Werte $t_{m;1-\alpha}$, für welche gilt:

$$P(T \leqq t_{m;1-\alpha}) = 1 - \alpha \qquad (3.27)$$

$$0 < \alpha < 1$$

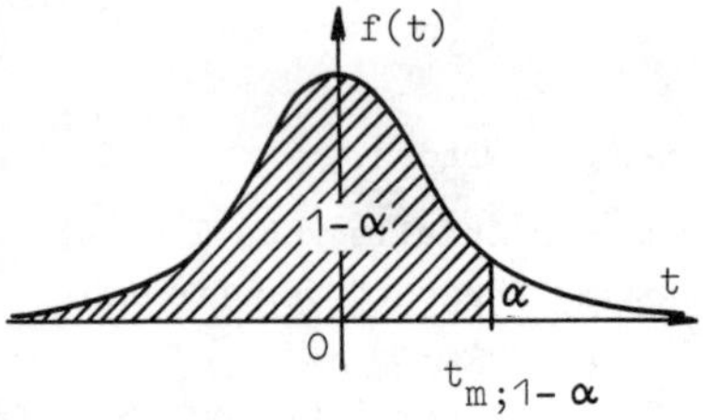

Bild 52 Quantil $t_{m;1-\alpha}$

Eine Tabelle von Quantilen der t - Verteilung für verschiedene α und m befindet sich im Anhang.
Da die t - Verteilung für $m \rightarrow \infty$ gegen die Standardnormalverteilung konvergiert, konvergieren auch die Quantile der t - Verteilung gegen die der Standardnormalverteilung. In der letzten Zeile der Tabelle 4 des Anhangs findet man daher auch die entsprechenden Quantile der Standardnormalverteilung.

c) Anwendung der t - Verteilung

Vorausgesetzt sei ein normalverteiltes Merkmal mit $E(X) = \mu$ und $Var(X) = \sigma^2$.

Das Stichprobenmittel $\overline{X}$ ist dann ebenfalls normalverteilt mit $E(\overline{X}) = \mu$ und $Var(\overline{X}) = \sigma^2/n$ (Abschn. 3.1.2).

1. Die Zufallsgröße $U = \frac{\overline{X} - \mu}{\sigma}\sqrt{n}$ ist daher standardnormalverteilt.
2. Die Zufallsgröße $Y = \frac{(n-1)S^2}{\sigma^2}$ genügt einer χ^2-Verteilung mit $m = n - 1$ Freiheitsgraden (Abschn. 3.1.4.d).

Für unabhängige Zufallsgrößen U und Y folgt daraus:

Die Zufallsgröße

$$T = \frac{U}{\sqrt{\frac{Y}{m}}} = \frac{\frac{\overline{X} - \mu}{\sigma}\sqrt{n}}{\sqrt{\frac{(n-1)S^2}{(n-1)\sigma^2}}} = \frac{\overline{X} - \mu}{S}\sqrt{n} \tag{3.28}$$

genügt einer t-Verteilung mit $m = n - 1$ Freiheitsgraden.

Wichtig für spätere Anwendungen ist die Tatsache, daß diese Zufallsgröße, deren Verteilung bekannt ist, die meist unbekannte Varianz σ^2 der Grundgesamtheit nicht mehr enthält.

3.1.6 F-Verteilung

Definition 3.4:

Es seien X_1 und X_2 stochastisch unabhängige Zufallsgrößen, die χ^2-Verteilungen mit m_1 bzw. m_2 Freiheitsgraden genügen. Die Verteilung der Zufallsgröße

$$X = \frac{X_1/m_1}{X_2/m_2} \tag{3.29}$$

heißt F-Verteilung mit m_1 und m_2 Freiheitsgraden.

Aus dieser Definition folgt:

Genügt X einer F-Verteilung mit m_1 und m_2 Freiheitsgraden, so genügt die Zufallsgröße

$$X^* = \frac{1}{X}$$

einer F-Verteilung mit m_2 und m_1 Freiheitsgraden.

a) Dichtefunktion der F - Verteilung

Für die Dichtefunktion f_{m_1,m_2} der stetigen Zufallsgröße X gilt:

$$f_{m_1,m_2}(x) = \begin{cases} C_{m_1,m_2} \cdot \dfrac{x^{m_1/2-1}}{\left(\frac{m_1}{2}x + \frac{m_2}{2}\right)^{(m_1+m_2)/2}} & \text{für } x \geqq 0 \\ 0 & \text{für } x < 0 \end{cases} \tag{3.30}$$

$$\text{mit } C_{m_1,m_2} = \left(\frac{m_1}{2}\right)^{m_1/2} \cdot \left(\frac{m_2}{2}\right)^{m_2/2} \cdot \frac{\Gamma\left(\frac{m_1+m_2}{2}\right)}{\Gamma\left(\frac{m_1}{2}\right)\Gamma\left(\frac{m_2}{2}\right)}$$

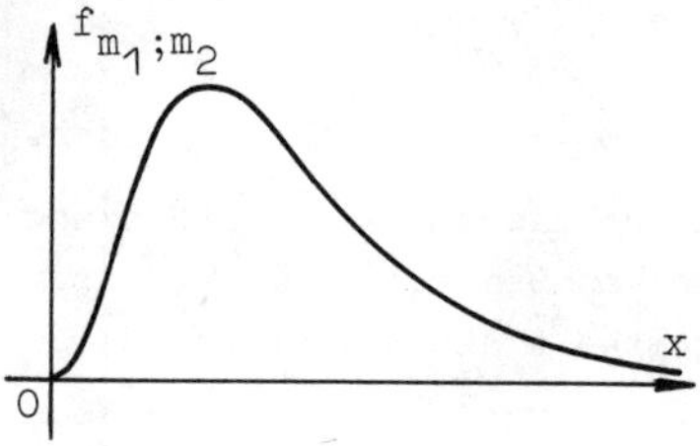

Entsprechend ihrer Definition nach Gl.(3.29) kann die Zufallsgröße X nur nichtnegative Realisationen x annehmen. An Gl.(3.30) erkennt man, daß die Parameter m_1 und m_2 nicht vertauschbar sind.

Bild 53 Dichtefunktion einer F - verteilten Zufallsgröße

b) Quantile der F - Verteilung

Für die Anwendungen der F - Verteilung sind die Quantile von Bedeutung, d.h. diejenigen Werte $F_{m_1;m_2;1-\alpha}$, für welche gilt:

$$P(X \leqq F_{m_1;m_2;1-\alpha}) = 1 - \alpha \tag{3.31}$$

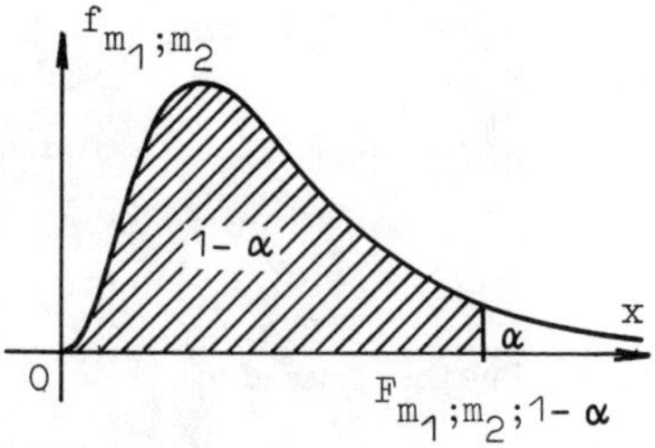

Im Anhang sind Tabellen mit Quantilen für $1-\alpha = 0{,}95$ und $1-\alpha = 0{,}99$ für verschiedene Parameterwerte m_1 und m_2 angegeben.

Bild 54 Quantil der F - Verteilung

3.2 Statistische Schätzverfahren

Mit Hilfe statistischer Schätzverfahren sollen aus den Stichprobenwerten möglichst gute Schätzwerte für einen oder mehrere Parameter der Verteilung eines Merkmals X berechnet werden.

3.2.1 Schätzfunktionen, Punktschätzungen

Definition 3.5:

> Stichprobenfunktionen, deren Realisationen Schätzwerte für Parameter einer Verteilung liefern, heißen Schätzfunktionen.

Ist $\hat{\Psi}_n = g(X_1, X_2, \ldots, X_n)$ eine Schätzfunktion für den Parameter ψ einer Verteilung, so erhält man durch Einsetzen der Stichprobenwerte x_i als Realisation der Zufallsgröße $\hat{\Psi}_n$ einen genau bestimmten Zahlenwert (Punkt) $\hat{\psi}_n$, der ein Schätzwert für den Parameter ψ ist.
Damit ist eine Punktschätzung durchgeführt.
Oft gibt es für einen Parameter mehrere Schätzfunktionen. So kann beispielsweise der Mittelwert μ durch das arithmetische Mittel $\bar{x}$, den Modalwert $\bar{x}_D$ oder den Median $\tilde{x}$ geschätzt werden. Welcher Schätzwert im konkreten Einzelfall der bessere ist, läßt sich nicht sagen. Man wird von verschiedenen Schätzfunktionen für den gleichen Parameter die auswählen, die mit einer größeren Wahrscheinlichkeit zu besseren Schätzwerten führt. Die folgenden Eigenschaften von Schätzfunktionen spielen für ihre Wahl eine Rolle.

Definition 3.6:

> Eine Schätzfunktion $\hat{\Psi}_n$ für den Parameter ψ einer Verteilung heißt erwartungstreu, wenn sie den Erwartungswert
>
> $$E(\hat{\Psi}_n) = \psi$$
>
> besitzt. Eine Folge $\{\hat{\Psi}_n\}$ von Schätzfunktionen heißt asymptotisch erwartungstreu, wenn gilt:
>
> $$\lim_{n \to \infty} E(\hat{\Psi}_n) = \psi$$

Wegen $E(\overline{X}) = \mu$ und $E(S^2) = \sigma^2$ ist das arithmetische Mittel $\overline{X}$ eine erwartungstreue Schätzfunktion für den Mittelwert μ und die Stichprobenvarianz S^2 eine erwartungstreue Schätzfunktion für die Varianz σ^2 und zwar für alle Verteilungen, deren Momente erster, bzw. zweiter Ordnung existieren.
Das Schätzen mit einer erwartungstreuen Schätzfunktion ist vergleichbar mit der Verwendung eines Meßgerätes, welches nur zufällige, aber keine systematische Meßfehler liefert. Eine Meßanordnung ohne systematische Fehler liefert erwartungstreue Schätzwerte (Meßwerte) für den wahren Wert der zu messenden Größe.
Ist $\hat{\psi}_n$ eine erwartungstreue Schätzfunktion für den Parameter ψ, so ist $g(\hat{\psi}_n)$ nicht notwendigerweise eine erwartungstreue Schätzfunktion für $g(\psi)$.
So ist z.B. S^2 eine erwartungstreue Schätzfunktion für σ^2, die Stichprobenstandardabweichung S aber <u>keine</u> erwartungstreue Schätzfunktion für die Standardabweichung σ.

Mit Gl.(1.48): $Var(X) = E(X^2) - [E(X)]^2$, folgt für die Zufallsgröße S : $Var(S) = E(S^2) - [E(S)]^2 > 0$.
Daraus folgt : $[E(S)]^2 < E(S^2) = \sigma^2$,
bzw. $E(S) < \sigma$

Die Zufallsgröße S liefert im Mittel zu kleine Schätzwerte für σ.

<u>Definition 3.7</u>:

> Eine Schätzfunktion $\hat{\psi}_n$ für den Parameter ψ heißt <u>konsistent</u>, wenn für alle $\varepsilon > 0$ gilt:
>
> $$\lim_{n\to\infty} P(|\hat{\psi}_n - \psi| < \varepsilon) = 1$$

Bei konsistenten Schätzfunktionen wird die Wahrscheinlichkeit, daß der Betrag des Schätzfehlers einen kleinen Wert ε nicht überschreitet, mit zunehmenden Stichprobenumfang n größer.
Das arithmetische Mittel ist eine konsistente Schätzfunktion für den Parameter μ, da für alle $\varepsilon > 0$

$$\lim_{n \to \infty} P(|\overline{X} - \mu| < \varepsilon) = 1$$

gilt (Satz von Tschebyscheff, Abschn. 1.6.3).

Definition 3.8:

Eine erwartungstreue Schätzfunktion $\hat{\psi}_n$ für den Parameter ψ heißt effizient, wenn es keine andere erwartungstreue Schätzfunktion mit einer kleineren Varianz gibt.

Bei einer effizienten Schätzfunktion streuen also die bei einer Serie von Stichproben des Umfangs n erhaltenen Schätzwerte am wenigsten um den zu schätzenden Parameterwert.
Ohne Beweis sei angegeben, daß das arithmetische Mittel $\overline{X}$ eine effiziente Schätzfunktion für den Parameter μ ist.

3.2.2 Maximum - Likelihood - Verfahren

Das Maximum - Likelihood - Verfahren, das Verfahren der größten Mutmaßlichkeit, wurde von R.A.Fischer zur Bestimmung von Schätzfunktionen eingeführt. Es ist ein sehr allgemeines Verfahren zum Schätzen von Parametern. Es kann gezeigt werden, daß Maximum - Likelihood - Schätzfunktionen unter fast immer erfüllten Bedingungen, konsistent und (wenigstens) asymptotisch erwartungstreu sind. Die Verteilung einer Maximum - Likelihood - Schätzfunktion strebt für $n \to \infty$ gegen eine Normalverteilung.
Das Verfahren kann jedoch nur angewandt werden, wenn der Verteilungstyp des Merkmals X bekannt ist.

Der Grundgedanke des Verfahrens kann an dem "Fische - See - Beispiel" gezeigt werden.
Es soll die Anzahl N der Fische in einem See geschätzt werden. Dazu wird folgendermaßen vorgegangen:

1. Man fängt N_1 Fische. Jeder gefangene Fisch wird mit einer Marke versehen und wieder ausgesetzt.
2. Nach einiger Zeit werden aus dem See, in dem sich nun N_1 markierte und $N - N_1$ nichtmarkierte Fische befinden, n Fische gefangen, unter denen sich x markierte Fische befinden.

Die Zufallsgröße X = Anzahl der gefangenen markierten Fische genügt einer Hypergeometrischen Verteilung.
Angenommen, es sei $N_1 = 1000$, $n = 500$ und $x = 50$, dann gilt

$$P(X = 50) = \frac{\binom{1000}{50}\binom{N-1000}{450}}{\binom{N}{500}}$$

Diese Wahrscheinlichkeit ist eine Funktion des zu schätzenden Parameters N. Es wird derjenige Wert N bestimmt, für den es am wahrscheinlichsten ist, daß in der zufälligen Stichprobe vom Umfang $n = 500$ genau $x = 50$ markierte und $n - x = 450$ nichtmarkierte Fische enthalten sind.
Der so bestimmte Wert für N ist ein Schätzwert (Maximum - Likelihood - Schätzwert) für die Anzahl der Fische im See.

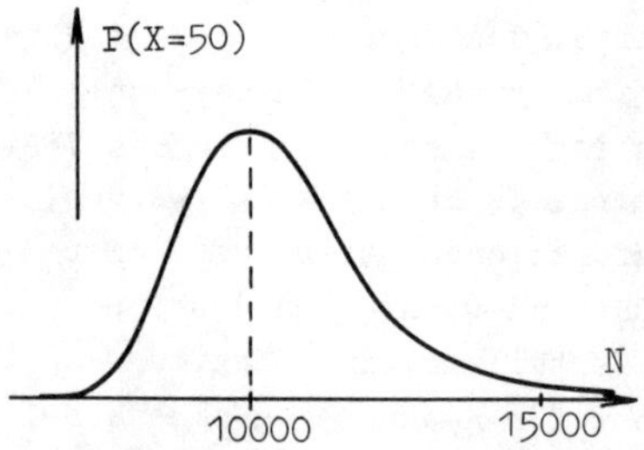

Bild 55 "Fische - im - See" - Beispiel

In Bild 55 ist die Wahrscheinlichkeit $P(X = 50)$ als Funktion von N dargestellt. Das Maximum liegt bei $N = 10\,000$. Mit dem Schätzwert $\hat{N} = 10\,000$ ist es also am wahrscheinlichsten, daß die Stichprobe genau $x = 50$ markierte Fische enthält.

<u>Definition 3.9:</u>

Es sei $f(x/\psi)$ die Wahrscheinlichkeitsfunktion, bzw. Dichtefunktion der vom Parameter ψ abhängenden Verteilung des Merkmals X in einer Grundgesamtheit, aus der eine Stichprobe vom Umfang n mit den Stichprobenwerten x_i entnommen wurde.
Die Funktion des Parameters ψ

$$L(\psi) = f(x_1/\psi).f(x_2/\psi)\ldots f(x_n/\psi) \qquad (3.32)$$

heißt <u>Likelihoodfunktion</u>.

Im Falle eines diskreten Merkmals gibt die Likelihoodfunktion $L(\psi)$ die Wahrscheinlichkeit dafür an, daß genau die beobachtete Stichprobe auftritt. Bei einem stetigen Merkmal X ist die Likelihoodfunktion ein Produkt von Wahrscheinlichkeitsdichten.

Maximum - Likelihood - Verfahren:
Als Schätzwert $\hat{\psi}$ für den Parameter ψ wird der Wert berechnet, für den die Likelihoodfunktion $L(\psi)$ am größten ist.

Zur Bestimmung des Schätzwertes $\hat{\psi}$ ist es zweckmäßig, den Logarithmus der Likelihoodfunktion zu verwenden. Da der Logarithmus eine streng monoton wachsende Funktion ist, liegen die Maxima von $L(\psi)$ und $\ln L(\psi)$ an derselben Stelle $\hat{\psi}$.

Aus

$$\ln L(\psi) = \sum_{i=1}^{n} \ln(f(x_i/\psi)) \tag{3.33}$$

erhält man die notwendige Extremwertsbedingung

$$\frac{d \ln L(\psi)}{d\psi} = \sum_{i=1}^{n} \frac{d \ln(f(x_i/\psi)}{d\psi} = 0 \tag{3.34}$$

Sollen k Parameter der Verteilung des Merkmals X geschätzt werden, so sind ihre Maximum - Likelihood - Schätzwerte $\hat{\psi}_1$, $\hat{\psi}_2, \ldots, \hat{\psi}_k$ Lösungen des Gleichungssystems

$$\frac{\partial}{\partial \psi_i} \ln L(\psi_1, \psi_2, \ldots, \psi_k) = 0 \tag{3.35}$$

$$i = 1,2,\ldots,k$$

Die Aufgabe, Maximum - Likelihood - Schätzwerte zu bestimmen, führt nicht in allen Fällen zu Lösungen.

Bemerkung: Ein anderes Verfahren, Schätzwerte zu erhalten, ist die Momentenmethode, bei der ein Parameter, der sich durch theoretische Momente ausdrücken läßt, durch den entsprechenden Ausdruck der empirischen Momente geschätzt wird.
Da der Parameter λ einer Poisson - Verteilung das 1. Moment

$$\lambda = E(X) = \mu$$

ist, haben wir im Abschn. 1.5.2 den Parameter einer Poisson-verteilung durch $\hat{\lambda} = \bar{x}$ geschätzt.

Beispiel 98: Es soll der Maximum-Likelihood-Schätzwert für den Parameter λ einer Poisson-Verteilung bestimmt werden.

Mit der Wahrscheinlichkeitsfunktion der Poisson-Verteilung

$$f(x/\lambda) = \frac{\lambda^x}{x!} \cdot e^{-\lambda}$$

erhält man als Likelihoodfunktion

$$L(\lambda) = \prod_{i=1}^{n} \frac{\lambda^{x_i}}{x_i!} \cdot e^{-\lambda}$$

und

$$\ln L(\lambda) = \sum_{i=1}^{n} \left[x_i \ln \lambda - \ln(x_i!) - \lambda \right]$$

Der Schätzwert $\hat{\lambda}$ ergibt sich als Lösung der Gleichung

$$\frac{d \ln L(\lambda)}{d\lambda} = \sum_{i=1}^{n} \left[\frac{x_i}{\hat{\lambda}} - 1 \right] = 0$$

$$\Rightarrow \quad \frac{1}{\hat{\lambda}} \sum_{i=1}^{n} x_i - n = 0 \Rightarrow \hat{\lambda} = \frac{1}{n} \sum_{i=1}^{n} x_i = \bar{x}$$

Das Maximum-Likelihood-Verfahren führt hier zum gleichen Ergebnis wie die Momentenmethode.

Beispiel 99: Das Merkmal X = Lebensdauer eines bestimmten Bauteils genüge einer Exponentialverteilung mit der Dichtefunktion

$$f(x/\alpha) = \begin{cases} 0 & \text{für } x < 0 \\ \alpha e^{-\alpha x} & \text{für } x \geqq 0 \end{cases}$$

Eine Stichprobe von n = 10 Bauteilen ergab die folgenden Merkmalswerte in Betriebsstunden:

276 / 552 / 1058 / 1518 / 1702 / 2116 / 2300 / 2806 / 3680 / 4692 .

Man berechne einen Maximum-Likelihood-Schätzwert für den Parameter α der Exponentialverteilung.

a) Likelihoodfunktion $L(\alpha) = \alpha^n \prod_{i=1}^{n} e^{-\alpha x_i}$

$$\ln L(\alpha) = n \ln \alpha - \alpha \sum_{i=1}^{n} x_i$$

$$\frac{d \ln L(\alpha)}{d\alpha} = \frac{n}{\alpha} - \sum_{i=1}^{n} x_i = 0 \Longrightarrow \hat{\alpha} = \frac{n}{\sum_{i=1}^{n} x_i} = \frac{1}{\bar{x}}$$

b) Mit den beobachteten Zahlenwerten erhält man als Maximum-Likelihood-Schätzwert

$$\underline{\hat{\alpha} = 0{,}000483 \ h^{-1}}$$

3.2.3 Intervallschätzungen, Konfidenzintervalle

Bei einer Intervallschätzung wird ein zufälliges Intervall bestimmt, welches mit einer wählbaren Wahrscheinlichkeit $1 - \alpha$ den zu schätzenden Parameter enthält.

Definition 3.10:

Es seien $\hat{\psi}_n^{(1)}$ und $\hat{\psi}_n^{(2)}$ zwei Schätzfunktionen des Parameters ψ einer Verteilung, für deren Realisationen stets gilt:

$$\hat{\psi}_n^{(1)} < \hat{\psi}_n^{(2)}.$$

Ein zufälliges Intervall $\left[\hat{\psi}_n^{(1)}, \hat{\psi}_n^{(2)} \right]$ heißt Konfidenzintervallschätzer (Konfidenzschätzer) für den Parameter ψ zum Konfidenzniveau $1 - \alpha$, wenn für alle ψ gilt:

$$P(\hat{\psi}_n^{(1)} \leqq \psi \leqq \hat{\psi}_n^{(2)}) = 1 - \alpha \qquad (3.35)$$

Die Realisation der Zufallsgröße Konfidenzschätzer heißt Konfidenzintervall.

Man beachte, daß in Gl.(3.35) ψ ein fester Zahlenwert ist und die Intervallgrenzen Zufallsgrößen sind.

Vor dem Ziehen der Stichprobe besteht die Wahrscheinlichkeit $1-\alpha$ ein Intervall zu erhalten, welches den unbekannten Parameter ψ enthält.
Liegt nach der Stichprobenuntersuchung eine Realisation der Zufallsgröße Konfidenzschätzer vor, so ist eine derartige Wahrscheinlichkeitsaussage nicht möglich. Genauso, wie es unsinnig wäre, nach dem Würfeln zu sagen, mit einer Wahrscheinlichkeit $\frac{1}{6}$ sei die gewürfelte Augenzahl eine Sechs.
Für die Realisationen der Zufallsgröße Konfidenzschätzer läßt sich nur sagen, daß in einer langen Serie von Stichproben des Umfangs n die Häufigkeit der Fälle, in denen diese Realisationen den Parameter ψ enthalten, näherungsweise den Wert $1-\alpha$ annehmen wird.
Das Vertrauen (Konfidenz), nicht die Wahrscheinlichkeit, ein Intervall erhalten zu haben, welches den Wert des Parameters ψ enthält, ist durch $1-\alpha$ gegeben.

$$\text{Konf.}(\hat{\psi}_n^{(1)} \leqq \psi \leqq \hat{\psi}_n^{(2)}) = 1 - \alpha \qquad (3.36)$$

a) <u>Konfidenzintervalle für den Mittelwert einer Verteilung</u>

Bei der Bestimmung von Konfidenzintervallen für den Mittelwert μ einer Verteilung sollen die folgenden vier Fälle unterschieden werden:

Fall I: Grundgesamtheit normalverteilt, Varianz σ^2 bekannt	Fall II: Grundgesamtheit beliebig verteilt, Varianz σ^2 bekannt
Fall III: Grundgesamtheit normalverteilt, Varianz σ^2 unbekannt	Fall IV: Grundgesamtheit beliebig verteilt, Varianz σ^2 unbekannt

<u>Fall I</u>: Die Zufallsgröße X ist normalverteilt mit dem unbekannten Mittelwert μ und der bekannten Varianz σ^2.

Da die Schätzfunktion $\overline{X} = \frac{1}{n}\sum_{i=1}^{n} X_i$ $(\mu, \frac{\sigma^2}{n})$ - normalverteilt ist, genügt die Zufallgröße $U = \frac{\overline{X} - \mu}{\sigma}\sqrt{n}$ einer Standardnormalverteilung. Es gilt daher:

$$P(-u_{1-\frac{\alpha}{2}} \leqq \frac{\overline{X}-\mu}{\sigma}\sqrt{n} \leqq u_{1-\frac{\alpha}{2}}) = 1 - \alpha \qquad (3.37)$$

Durch Umformen der mit der Wahrscheinlichkeit $1 - \alpha$ geltenden Ungleichung

$$-u_{1-\frac{\alpha}{2}} \leqq \frac{\overline{X} - \mu}{\sigma}\sqrt{n} \leqq u_{1-\frac{\alpha}{2}}$$

in

$$\overline{X} - u_{1-\frac{\alpha}{2}}\frac{\sigma}{\sqrt{n}} \leqq \mu \leqq \overline{X} + u_{1-\frac{\alpha}{2}}\frac{\sigma}{\sqrt{n}}$$

nach den Regeln der Algebra folgt:

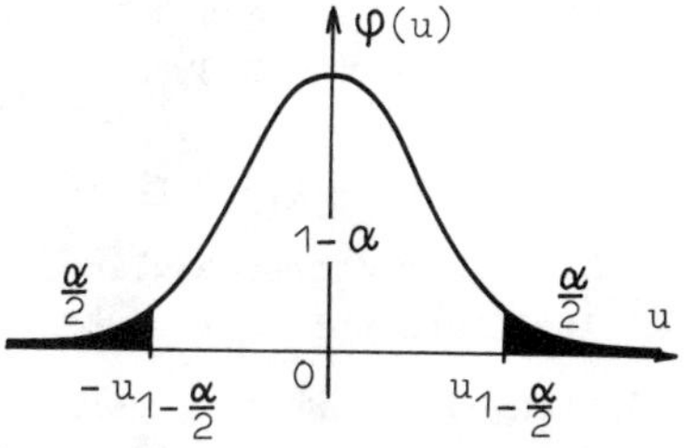

Bild 56 Zentrales Konfidenzintervall

$$P(\overline{X} - u_{1-\frac{\alpha}{2}}\frac{\sigma}{\sqrt{n}} \leqq \mu \leqq \overline{X} + u_{1-\frac{\alpha}{2}}\frac{\sigma}{\sqrt{n}}) = 1 - \alpha \qquad (3.38)$$

Daraus ergibt sich:

Das Intervall $\left[\overline{X} - u_{1-\frac{\alpha}{2}}\frac{\sigma}{\sqrt{n}}, \overline{X} + u_{1-\frac{\alpha}{2}}\frac{\sigma}{\sqrt{n}}\right]$ ist ein Konfidenzintervallschätzer zum Konfidenzniveau $1 - \alpha$ für den Parameter μ eines normalverteilten Merkmals X. Für eine Realisation dieses zufälligen Intervalls gilt:

$$\text{Konf.}(\overline{x} - u_{1-\frac{\alpha}{2}}\frac{\sigma}{\sqrt{n}} \leqq \mu \leqq \overline{x} + u_{1-\frac{\alpha}{2}}\frac{\sigma}{\sqrt{n}}) = 1 - \alpha, \qquad (3.39)$$

d.h. das Vertrauen, ein Intervall erhalten zu haben, das μ enthält, wird durch $1 - \alpha$ quantitativ ausgedrückt.

Da das Intervall symmetrisch zum Mittelwert angesetzt wurde (Bild 56), handelt es sich um ein zentrales Konfidenzintervall.

Bei festem Stichprobenumfang n hat das Konfidenzintervall die konstante Breite $2\,u_{1-\frac{\alpha}{2}} \frac{\sigma}{\sqrt{n}}$, die Mitte des Intervalls wird durch die Zufallsgröße $\overline{X}$ bestimmt.

Beispiel 100: Ein Merkmal X sei normalverteilt mit der Varianz $\sigma^2 = 144$ und einem unbekannten Mittelwert μ.

a) Es ist beabsichtigt, aus dieser Grundgesamtheit eine Stichprobe vom Umfang n = 100 zu entnehmen. Bei einem Konfidenzniveau $1 - \alpha = 0{,}95$ und $u_{0,975} = 1{,}960$ erhält man mit Gl. (3.38):

$$P(\overline{X} - 2{,}352 \leqq \mu \leqq \overline{X} + 2{,}352) = 0{,}95$$

Mit einer Wahrscheinlichkeit von 95% überdeckt das zufällige Intervall $[\overline{X} - 2{,}352\,, \overline{X} + 2{,}352]$ den Mittelwert μ.

b) Nach der Auswertung der Stichprobe liege der Zahlenwert $\overline{x} = 30$ vor. Gl.(3.39) ergibt:

$$\text{Konf.}(27{,}648 \leqq \mu \leqq 32{,}352) = 0{,}95$$

Mit einem Vertrauen von 95% enthält das Intervall $[27{,}648\,;\,32{,}352]$ den Mittelwert μ.

Fall II: Die Zufallsgröße X genügt einer beliebigen Verteilung mit dem unbekannten Mittelwert μ und der bekannten Varianz σ^2.
Die Schätzfunktion $\overline{X}$ ist asymptotisch $(\mu; \frac{\sigma^2}{n})$ - normalverteilt (zentraler Grenzwertsatz!). Die Zufallsgröße

$$U = \frac{\overline{X} - \mu}{\sigma} \sqrt{n}$$

ist daher asymptotisch standardnormalverteilt. Bei großen Stichproben ($n > 30$) kann daher dieser Fall näherungsweise wie Fall I behandelt werden.

Fall III: Die Zufallsgröße X ist normalverteilt mit dem unbekannten Mittelwert μ und der unbekannten Varianz σ^2.
Anstelle der standardnormalverteilten Zufallsgröße U verwenden wir, da die Standardabweichung σ nicht bekannt ist, die Zufallsgröße

$$T = \frac{\overline{X} - \mu}{S}\sqrt{n},$$

die einer t - Verteilung mit m = n - 1 Freiheitsgraden genügt (Gl.(3.28), Abschn. 3.1.5).

Bei der Konstruktion eines zentralen Konfidenzintervalls verfahren wir wie im Fall I und erhalten:

$$P\left(\overline{X} - t_{n-1;1-\frac{\alpha}{2}}\frac{S}{\sqrt{n}} \leq \mu \leq \overline{X} + t_{n-1;1-\frac{\alpha}{2}}\frac{S}{\sqrt{n}}\right) = 1 - \alpha \tag{3.40}$$

Gl.(3.40) entsteht aus Gl.(3.38), indem man in Gl.(3.38) σ durch S und die Quantile der Standardnormalverteilung durch die entsprechenden Quantile der t - Verteilung ersetzt.

> Das Intervall $\left[\overline{x} - t_{n-1;1-\frac{\alpha}{2}}\frac{s}{\sqrt{n}},\ \overline{x} + t_{n-1;1-\frac{\alpha}{2}}\frac{s}{\sqrt{n}}\right]$
>
> ist ein Konfidenzintervall zum Konfidenzniveau $1 - \alpha$ für den Parameter μ einer Normalverteilung.

Die Breite des Konfidenzintervalls ist bei festem n von der Zufallsgröße S abhängig, die Mitte des Intervalls ist durch die Zufallsgröße $\overline{X}$ bestimmt.

$t_{n-1;1-\frac{\alpha}{2}} > u_{1-\frac{\alpha}{2}}$ berücksichtigt auch die Tatsache, daß S im Mittel zu kleine Schätzwerte für σ liefert (Abschn. 3.2.1).

Beispiel 101: Aus n = 20 Messungen der Dichte von Aluminium ergab sich ein Mittelwert $\overline{x} = 2{,}705\ {}^{g}/_{cm^3}$ bei einer Standardabweichung $s = 0{,}03\ {}^{g}/_{cm^3}$. Man bestimme ein Intervall, welches mit einem Vertrauen $1 - \alpha = 0{,}99$ den wahren Wert der Dichte von Aluminium enthält.

Die vorliegenden n = 20 Messungen können als Zufallsstichprobe aus der Grundgesamtheit aller denkbaren Messungen angenommen werden. Liegen nur zufällige, keine systematischen Fehler vor, so ist der Mittelwert μ dieser Grundgesamtheit der wahre Wert der gesuchten Dichte.

Aus der Tabelle 4 des Anhangs erhält man $t_{19;0{,}995} = 2{,}861$ und damit

$$\text{Konf.}(2{,}686 \leq \mu \leq 2{,}724) = 0{,}99.$$

Mit einem Vertrauen von 99 % liegt die Dichte von Aluminium im Intervall [2,686 ; 2,742].

In der Fehlerrechnung nach DIN 1319 heißen $\overline{x} \pm t_{n-1;1-\frac{\alpha}{2}} \frac{s}{\sqrt{n}}$ obere, bzw. untere Vertrauensgrenze zur statistischen Sicherheit $P = 1 - \alpha$.

Fall IV: Die Zufallsgröße X genügt einer beliebigen Verteilung mit dem unbekannten Mittelwert μ und der unbekannten Varianz σ^2.

Bei großen Stichproben kann dieser Fall näherungsweise wie Fall II behandelt werden. Man kann erwarten, daß die Zufallsgröße S hinreichend genaue Schätzwerte für σ liefert. In diesem Zusammenhang gilt eine Stichprobe als "groß", wenn der Stichprobenumfang $n > 30$ ist.

b) Konfidenzintervall für die Varianz σ^2 einer normalverteilten Zufallsgröße

Ist die Zufallsgröße X (μ, σ^2) - normalverteilt, so genügt die Zufallsgröße

$$Y = \frac{(n-1)\,S^2}{\sigma^2}$$

einer χ^2 - Verteilung mit $m = n - 1$ Freiheitsgraden (Abschn. 3.1.4.d). Es gilt daher

$$P\left(\chi^2_{m;\frac{\alpha}{2}} \leqq \frac{(n-1)S^2}{\sigma^2} \leqq \chi^2_{m;1-\frac{\alpha}{2}}\right) = 1 - \alpha \qquad (3.41)$$

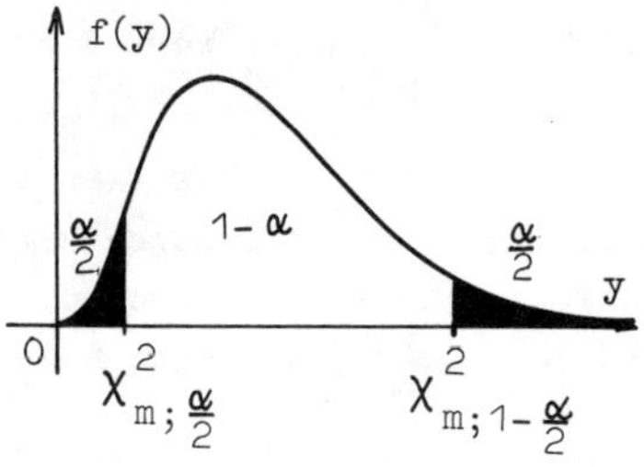

Bild 57 χ^2 - Verteilung

Durch Umformen der mit der Wahrscheinlichkeit $1 - \alpha$ geltenden Ungleichung in Gl.(3.41) auf

$$\frac{(n-1)S^2}{\chi^2_{m;1-\frac{\alpha}{2}}} \leqq \sigma^2 \leqq \frac{(n-1)S^2}{\chi^2_{m;\frac{\alpha}{2}}}$$

erhält man:

$$P\left(\frac{(n-1)S^2}{\chi^2_{m;1-\frac{\alpha}{2}}} \leqq \sigma^2 \leqq \frac{(n-1)S^2}{\chi^2_{m;\frac{\alpha}{2}}}\right) = 1-\alpha \qquad (3.42)$$

Das Intervall $\left[\frac{(n-1)s^2}{\chi^2_{m;1-\frac{\alpha}{2}}}, \frac{(n-1)s^2}{\chi^2_{m;\frac{\alpha}{2}}}\right]$ ist ein Konfidenzintervall zum Kofidenzniveau $1-\alpha$ für die Varianz σ^2 einer Normalverteilung.

Beispiel 102: Eine Stichprobe vom Umfang $n = 100$ aus einer normalverteilten Grundgesamtheit ergab eine empirische Varianz $s^2 = 20{,}6$. Man bestimme ein Intervall, welches mit einem Vertrauen $1-\alpha = 0{,}90$ die Varianz σ^2 der Grundgesamtheit enthält.

Durch lineares Interpolieren in der Tabelle der Quantile der χ^2-Verteilung erhält man:

$$\chi^2_{99;0,95} = 123{,}2 \quad \text{und} \quad \chi^2_{99;0,05} = 77{,}05.$$

Das Intervall $[16{,}6\,;\,26{,}5]$ ist die hier vorliegende Realisation des Konfidenzschätzers, d.h. es gilt

$$\text{Konf.}(16{,}6 \leqq \sigma^2 \leqq 26{,}5) = 0{,}90.$$

c) Konfidenzintervall für den Anteilswert p einer zweistufigen Grundgesamtheit

Wir betrachten eine Grundgesamtheit aus Elementen mit einer bestimmten Eigenschaft A und Elementen, welche diese Eigenschaft A nicht haben ($\bar{A}$). Der Anteilswert p der Elemente mit der Eigenschaft A ist unbekannt und soll durch ein Konfidenzintervall geschätzt werden.
Aus dieser Grundgesamtheit wird mit Zurücklegen eine Stichprobe vom Umfang n entnommen. Es sei die Zufallsgröße

$X_i :=$ Anzahl der Elemente mit der Eigenschaft A beim i-ten Stichprobenelement.

Offensichtlich kann jede dieser Zufallsgrößen X_i $(i = 1,\ldots,n)$

nur die Werte $x_i = 0$ oder $x_i = 1$ annehmen und zwar mit den Wahrscheinlichkeiten $P(X_i = 0) = 1 - p$ und $P(X_i = 1) = p$. Damit erhält man

$$E(X_i) = p \text{ und } Var(X_i) = p.(1-p) \quad \text{(Beispiel 51).}$$

$\hat{P} = \frac{1}{n}\sum X_i$ ist die Maximum-Likelihood-Schätzfunktion für den Anteilswert p mit der Realisation $\hat{p} = \frac{1}{n}\sum x_i = \frac{k}{n}$, wenn k Elemente mit der Eigenschaft A in der Stichprobe enthalten sind.

Die Schätzfunktion $\hat{P} = \frac{1}{n}\sum X_i$ (arithmetisches Mittel der Zufallsgrößen X_i) hat dann

$$E(\hat{P}) = p \text{ und } Var(\hat{P}) = \frac{p.(1-p)}{n}.$$

Die durch Standardtransformation erhaltene Zufallsgröße

$$Z = \frac{\hat{P} - p}{\sqrt{p(1-p)}}\sqrt{n}$$

ist binomialverteilt mit $E(Z) = 0$ und $Var(Z) = 1$.
Bei großen Stichproben ($n > 9/[p(1-p)]$) ist Z näherungsweise standardnormalverteilt (Grenzwertsatz von Moivre-Laplace).

Für große Stichproben gilt daher näherungsweise analog zu Gl.(3.38):

$$P\left(\hat{P} - u_{1-\frac{\alpha}{2}}\sqrt{\frac{p(1-p)}{n}} \leqq p \leqq \hat{P} + u_{1-\frac{\alpha}{2}}\sqrt{\frac{p(1-p)}{n}}\right) = 1 - \alpha \quad (3.43)$$

Bei dem aus Gl.(3.43) ableitbaren Konfidenzintervall enthalten die Intervallgrenzen den unbekannten Parameter p. Der unbekannte Ausdruck $p(1-p)$ kann

1. durch den größten Wert, $\max[p(1-p)] = 0{,}25$, ersetzt werden. Man erhält damit ein Konfidenzintervall, welches im allgemeinen zu groß ist (Verschenken von Genauigkeit).
2. Der Schätzwert $\hat{p}(1-\hat{p})$ kann als hinreichend genau angenommen werden (große Stichprobe).

Wir wollen von der 2. Möglichkeit Gebrauch machen und erhalten, nachdem ein Schätzwert $\hat{p}$ vorliegt

$$\text{Konf.}\left(\hat{p} - u_{1-\frac{\alpha}{2}}\sqrt{\frac{\hat{p}(1-\hat{p})}{n}} \leqq p \leqq \hat{p} + u_{1-\frac{\alpha}{2}}\sqrt{\frac{\hat{p}(1-\hat{p})}{n}}\right) = 1 - \alpha \qquad (3.44)$$

Beispiel 103: Eine Stichprobe vom Umfang n = 200 aus einer Lieferung eines Massenartikels zeigt einen Ausschußanteil $\hat{p} = 0{,}06$. Gesucht ist ein Vertrauensintervall zur statistischen Sicherheit $1 - \alpha = 0{,}95$ für den Anteilswert p der zugehörigen Grundgesamtheit.

Mit Gl.(3.44) und $u_{0,975} = 1{,}960$ folgt:

$$\text{Konf.}(0{,}027 \leqq p \leqq 0{,}093) = 0{,}95.$$

Mit einem Vertrauen von 95% liegt der Anteil der Ausschuß-stücke der Grundgesamtheit zwischen 4,3% und 7,7%. Um eine genauere Schätzung zu erhalten, müßte der Stichprobenumfang erhöht werden. An Gl.(3.44) erkennt man, daß eine Vervierfachung des Stichprobenumfangs die Breite des Konfidenzintervalls halbiert.

Beispiel 104: Der Anteilswert p einer zweistufigen Grundgesamtheit soll mit einer einfachen Zufallsstichprobe so geschätzt werden, daß mit einem Vertrauen von 95% sich Schätzwert und Anteilswert betragsmäßig um höchstens 0,01 unterscheiden. Welcher Mindeststichprobenumfang muß gewählt werden?

Damit die Bedingung, $\text{Konf.}(|\hat{p} - p| \leqq 0{,}01) = 0{,}95$, erfüllt ist, darf die halbe Breite des Konfidenzintervalls höchstens gleich 0,01 sein.

Aus $u_{1-\frac{\alpha}{2}}\sqrt{\frac{p(1-p)}{n}} \leqq 0{,}01$ folgt mit $u_{0,975} = 1{,}960$

$$\sqrt{\frac{n}{p(1-p)}} \geqq \frac{1{,}96}{0{,}01} \quad \text{und} \quad \underline{n \geqq 38\,416\, p(1-p)}$$

Der Mindeststichprobenumfang hängt stark vom unbekannten Anteilswert p ab. Im ungünstigsten Fall (p = 0,5) erhält man

$$n \geqq 9\,604 \approx 10\,000.$$

3.2.4 Prognoseintervalle

Bei den bisher behandelten Schätzungen handelte es sich um den Schluß von einer Stichprobe auf die zugehörige Grundgesamtheit. Dieser Schluß heißt indirekter Schluß oder Repräsentationsschluß. Die Stichprobe wird als repräsentativ für die Grundgesamtheit angesehen.
Beim direkten Schluß schließt man von einer bekannten Grundgesamtheit auf eine beabsichtigte Stichprobe.

Definition 3.11:

> Schätzintervalle für zu erwartende Stichprobenparameter bei bekannter Grundgesamtheit heißen Prognoseintervalle.

a) Prognoseintervalle für das arithmetische Mittel $\overline{X}$

Ist das Merkmal X normalverteilt mit $E(X) = \mu$ und $Var(X) = \sigma^2$, so ist die Zufallsgröße $\overline{X}$ normalverteilt mit $E(\overline{X}) = \mu$ und $Var(\overline{X}) = \sigma^2/n$ und man erhält

$$P(\mu - u_{1-\frac{\alpha}{2}} \frac{\sigma}{\sqrt{n}} \leqq \overline{X} \leqq \mu + u_{1-\frac{\alpha}{2}} \frac{\sigma}{\sqrt{n}}) = 1 - \alpha \qquad (3.45)$$

Ist das Merkmal X nicht normalverteilt bei $E(X) = \mu$ und $Var(X) = \sigma^2$, so ist bei großen Stichproben das arithmetische Mittel $\overline{X}$ näherungsweise $(\mu ; \sigma^2/n)$- normalverteilt. Im Falle großer Stichproben ist durch Gl.(3.45) auch für beliebig verteilte Zufallsgrößen ein Intervall bestimmt, welches mit einer Wahrscheinlichkeit $1 - \alpha$ das zu erwartende arithmetische Mittel enthält.

Beispiel 105: Das Merkmal X = Intellegenzquotient ist normalverteilt mit den Parametern $\mu = 100$ und $\sigma = 15$. In welchem Intervall liegt mit einer Wahrscheinlichkeit $1 - \alpha = 0{,}90$ der durchschnittliche Intellegenzquotient von n = 100 zufällig ausgewählten Personen?
Gl. (3.45) ergibt:

$$P(97{,}53 \leqq \overline{X} \leqq 102{,}47) = 0{,}90$$

Mit einer Wahrscheinlichkeit von 90 % wird der durchschnittliche Intellegenzquotient der 100 zufällig ausgewählten Personen im Intervall [97,53 ; 102,47] liegen.

b) Prognoseintervall für den Anteilswert $\hat{P}$

Für große Stichproben ist die Zufallsgröße $\hat{P}$ näherungsweise normalverteilt mit $E(\hat{P}) = p$ und $Var(\hat{P}) = \frac{p(1-p)}{n}$.
Man erhält damit analog zu Gl.(3.45)

$$P\left(p - u_{1-\frac{\alpha}{2}} \sqrt{\frac{p(1-p)}{n}} \leqq \hat{P} \leqq p + u_{1-\frac{\alpha}{2}} \sqrt{\frac{p(1-p)}{n}}\right) = 1 - \alpha \qquad (3.46)$$

Beispiel 106: Ein regelmäßiger Würfel wir n = 600 mal geworfen. Gesucht ist ein Intervall, welches mit einer Wahrscheinlichkeit von 95% den Anteil der Sechsen dieser Stichprobe enthält.

Nach Gl.(3.46) gilt: $P(0,1368 \leqq \hat{P} \leqq 0,1965) = 0,95$

Mit einer Wahrscheinlichkeit von 95 % liegt der Anteil der Sechsen bei n = 600 maligen Würfeln im Intervall von 0,1368 bis 0,1965. Die Anzahl der gewürfelten Sechsen liegt mit einer Wahrscheinlichkeit von mehr als 95 % im Intervall [82, 118].

Übungsaufgaben zum Abschnitt 3.2 (Lösungen im Anhang)

Beispiel 107: Man berechne den Maximum - Likelihood - Schätzwert für den Parameter λ einer Pareto - Verteilung mit der Dichtefunktion

$$f(x/\lambda) = \begin{cases} 0 & \text{für } x < 1 \\ \lambda \cdot x^{-(\lambda+1)} & \text{für } x \geqq 1 \end{cases},$$

wenn die folgenden n = 20 Stichprobenwerte vorliegen:

1,03 / 1,05 / 1,09 / 1,12 / 1,16 / 1,19 / 1,24 / 1,27 / 1,32 / 1,41 /

1,46 / 1,52 / 1,63 / 1,84 / 1,92 / 2,08 / 2,49 / 2,87 / 4,07/ 4,97.

Beispiel 108: Man bestimme die Maximum - Likelihood - Schätzfunktion für den Parameter α einer Pascal - Verteilung mit der Wahrscheinlichkeitsfunktion

$$f(x/\alpha) = \frac{\alpha}{(1+\alpha)^{x+1}}$$

$$\alpha > 0,\ x = 0,1,2,3,\ldots$$

Beispiel 109: Ein Gerät zur Messung der Meerestiefe verursache keine systematischen Meßfehler. Aus längerer Erfahrung sei bekannt, daß die zufälligen Fehler normalverteilt sind mit dem Erwartungswert Null und der Standardabweichung σ = 10 m. Wieviele unabhängige Messungen müssen mindestens durchgeführt werden, damit mit einem Vertrauen von 90% der Mittelwert dieser n Messungen einen Fehler von höchstens 5 m hat?

Beispiel 110: Eine Stichprobe vom Umfang n = 200 ergab für das Merkmal X = Nietkopfdurchmesser die Stichprobenparameter $\overline{x}$ = 13,42 mm und s = 0,114 mm (Beispiel 93).
Man berechne Konfidenzintervalle zum Konfidenzniveau $1-\alpha$ = 0,95 für den Mittelwert μ und die Varianz σ^2.

Beispiel 111: Es soll der Anteil der Ausschußstücke bei der Produktion eines Massenartikels geschätzt werden.

a) Eine zufällige Stichprobe vom Umfang n = 100 enthielt 9 Ausschußteile. Man berechne ein Intervall, welches mit einem Vertrauen von 95% den Anteilswert p enthält.
b) Welcher Stichprobenumfang muß mindestens gewählt werden, wenn der Schätzwert $\hat{p}$ mit einem Vertrauen von 95 % höchstens um $\pm$ 0,02 vom wahren Wert abweichen darf und für p der ungünstigste Wert des unter a) berechneten Vertrauensintervalls angesetzt wird?

Beispiel 112: Ein Versuch mit der Erfolgswahrscheinlichkeit p = 0,5 wird n = 100 mal unabhängig wiederholt.
In welchem Intervall liegt mit einer Wahrscheinlichkeit von 95% der Anteil der gelungenen Versuche?

3.3 Statistische Prüfverfahren

3.3.1 Grundbegriffe

Im Abschnitt 3.2 haben wir gesehen, daß Stichprobenuntersuchungen dazu dienen können, unbekannte Parameter einer Grundgesamtheit zu schätzen. Ein anderes, sehr wichtiges Ziel von Stichprobenuntersuchungen ist, Hypothesen über die Größe eines Parameters oder über die Art der Verteilung eines Merkmals zu überprüfen.

Bei derartigen Hypothesenprüfungen oder statistischen Tests existiert stets eine bestimmte Prüfhypothese oder Nullhypothese H_0, zu der eine entsprechende Alternativhypothese H_1 aufgestellt wird.

Ein statistischer Test ist also ein Verfahren, um zwischen einer Nullhypothese H_0 und einer Alternative H_1 zu entscheiden. Wie bei allen Fragen, die aufgrund von Wahrscheinlichkeisüberlegungen entschieden werden, ist auch hier die Entscheidung darüber, welche der beiden Hypothesen die richtige ist, nicht mit absoluter Sicherheit zu fällen. Bei jeder Entscheidung,für oder gegen die Nullhypothese H_0, besteht eine bestimmte Wahrscheinlichkeit dafür, daß die getroffene Entscheidung falsch war.

Bei statistischen Hypothesenprüfungen können grundsätzlich zwei Arten von Fehlern auftreten:

Fehler 1. Art: Die Nullhypothese H_0 wird abgelehnt, obwohl sie richtig ist.

Fehler 2. Art: Die Nullhypothese H_0 wird angenommen, obwohl sie falsch ist.

Da die Testentscheidung an Hand von Stichprobenergebnissen durchgeführt werden soll, wird man als Prüffunktion (Teststatistik)

$$T = T(X_1, X_2, X_3, \ldots, X_n)$$

eine Stichprobenfunktion verwenden, deren Wahrscheinlichkeitsverteilung bekannt ist.

Bei der Festlegung der Prüffunktion T geht man davon aus, daß die Nullhypothese richtig ist. Je nach der Realisation der Prüffunktion wird für oder gegen die Nullhypothese entschieden.

Definition 3.12:

> Der Bereich, in dem bei richtiger Nullhypothese mit einer Wahrscheinlichkeit von höchstens α die Realisationen der Prüffunktion liegen, heißt kritischer Bereich K.
>
> Die für einen bestimmten Test gewählte Wahrscheinlichkeit α heißt vereinbartes Signifikanzniveau.

Nimmt die Prüffunktion T einen Wert an, der im kritischen Bereich K liegt, so wird die Nullhypothese verworfen. Die Wahrscheinlichkeit, eine richtige Nullhypothese abzulehnen, d.h. einen Fehler 1. Art zu begehen ist dabei höchstens gleich α.

$$P(T \in K / H_0) \leqq \alpha$$

Man wird nun die Testentscheidung so durchführen, daß die Wahrscheinlichkeit, einen Fehler 1. zu begehen, möglichst gering ist. Die Wahl des entsprechenden Signifikanzniveaus erfolgt bereits bei der Testplanung. Je nach Art und Bedeutung der zu prüfenden Hypothese werden meist die Werte α = 0,01 , α = 0,05 oder α = 0,10 verwendet.

Bei der praktischen Anwendung wird man die Arbeitshypothese, deren Richtigkeit statistisch nachgewiesen werden soll, nicht als Nullhypothese, sondern als Alternative aufstellen. Soll eine bestimmte Wirkung nachgewiesen werden, so besagt die Nullhypothese, daß keine Wirkung (Wirkung = Null) vorliegt. Wählt man α sehr klein, so wird man die nachzuweisende Alternative erst dann annehmen, wenn aufgrund der Stichprobenergebnisse die Nullhypothese äußerst unwahrscheinlich ist.Bei sehr kleinem α nimmt man dabei in Kauf, daß möglicherweise eine viel größere Wahrscheinlichkeit besteht, die Nullhypothese beizubehalten, obwohl sie falsch ist, d.h. einen Fehler 2. Art zu machen.

Da die Angabe des Signifikanzniveaus nur eine Aussage über die Wahrscheinlichkeit eines Fehlers 1. Art macht, reicht sie zur vollständigen Charakterisierung eines Tests nicht aus. Betrachten wir im folgenden Parametertests, d.h. das Prüfen von Hypothesen über den Parameter ϑ einer Verteilung mit der Nullhypothese $H_o: \vartheta \in \Theta_o$ und der Alternativhypothese $H_1: \vartheta \in \Theta_1$.

In einem konkreten Fall kann dies etwa

$$H_o: \mu \leqq 500\,g \quad \text{und} \quad H_1: \mu > 500\,g$$

bedeuten.

Wir wollen nun zur besseren Charakterisierung eines Parametertests die Gütefunktion des Tests einführen.

Definition 3.13:

Die Wahrscheinlichkeit, die Nullhypothese eines Parametertests abzulehnen, heißt Gütefunktion $g(\vartheta)$.

Ist

$$\beta = P(T \in \overline{K} / H_1)$$

die Wahrscheinlichkeit, einen Fehler 2. Art zu machen, d.h. bei richtiger Alternative H_1 die Nullhypothese H_o beizubehalten, so ist

$$1 - \beta = P(T \in K / H_1)$$

die Wahrscheinlichkeit, bei richtiger Alternative H_1 die Nullhypothese abzulehnen, also einen Fehler 2. Art zu vermeiden.

Für die Gütefunktion des Tests folgt damit:

1. $g(\vartheta) \leqq \alpha$ für $\vartheta \in \Theta_o$
2. $g(\vartheta) = 1 - \beta(\vartheta)$ für $\vartheta \in \Theta_1$

Für Werte des wahren Parameters ϑ, die der Nullhypothese entsprechen, gibt die Gütefunktion die Wahrscheinlichkeit an, einen Fehler 1. Art zu machen und ist höchstens gleich dem Signifikanzniveau α.

Für Parameterwerte, die der Alternative entsprechen, gibt

die Gütefunktion die Wahrscheinlichkeit $1 - \beta$ an, einen Fehler 2. Art zu vermeiden. Man beachte, daß die Funktionswerte der Gütefunktion für Parameterwerte $\vartheta \in \Theta_0$, die zur Nullhypothese gehören, eine andere Bedeutung haben, als für Parameterwerte $\vartheta \in \Theta_1$ der Alternative.

Definition 3.14:

Die Funktion $1 - \beta(\vartheta)$ heißt Machtfunktion. Der Funktionswert in einer bestimmten Testsituation, heißt Macht des Testes.

Die Machtfunktion, die manchmal auch Schärfefunktion heißt, ist ein Teil der Gütefunktion.

Definition 3.15:

Die Funktion $1 - g(\vartheta)$, die Wahrscheinlichkeit, die Nullhypothese nicht zu verwerfen, heißt Operationscharakteristik (OC - Kurve).

In der praktischen Anwendung wird oft nur der Teil der Operationscharakteristik verwendet, für den $\vartheta \in \Theta_1$ gilt und ebenfalls Operationscharakteristik genannt.
Gütefunktion oder Operationscharakteristik dienen dazu, einen Test zu charakterisieren.
Bei einem idealen Test wäre

$$g(\vartheta) = \begin{cases} 0 & \text{für } \vartheta \in \Theta_0 \\ 1 & \text{für } \vartheta \in \Theta_1 \end{cases} .$$

Ein derartiger Test würde mit Wahrscheinlichkeit 1 zur richtigen Testentscheidung führen. Dieser Idealfall ist bei endlichen Stichprobenumfängen nicht erreichbar.

Definition 3.16:

Ein Test heißt konsistent, wenn für alle $\vartheta \in \Theta_1$ gilt:

$$\lim_{n \to \infty} g(\vartheta) = 1.$$

Ein konsistenter Test nähert sich dem oben erwähnten Ideal-

fall für Stichprobenumfänge n, die gegen unendlich streben. Bei einem konsistenten Test nimmt mit wachsenden Stichprobenumfang die Wahrscheinlichkeit, einen Fehler 2. Art zu vermeiden, zu.
Stehen für eine bestimmte Hypothesenprüfung verschiedene Tests zur Auswahl, so wird man den Test wählen, der für alle möglichen alternativen Werte des unbekannten Parameters ϑ die größte Macht hat, d.h. mit der größten Wahrscheinlichkeit eine falsche Nullhypothese aufdeckt.

Definition 3.17:

Ein Test mit der Gütefunktion $g(\vartheta)$ zum Signifikanzniveau α, heißt gleichmäßig bester Test, wenn für alle $\vartheta \in \Theta_1$ gilt:

$$g(\vartheta) \geqq g^*(\vartheta),$$

wobei $g^*(\vartheta)$ die Gütefunktion eines beliebigen anderen Tests zum gleichen Signifikanzniveau ist.

Auf das Problem der Bestimmung gleichmäßig bester (mächtigster) Tests kann hier nicht eingegangen werden. Es sei nur erwähnt, daß nicht immer ein gleichmäßig bester Test existiert.
Wir werden für die wichtigsten Hypothesenprüfungen bei vorgegebener Nullhypothese H_0, Alternative H_1 und Signifikanzniveau α, die Prüffunktion T und den kritischen Bereich K angeben.
Sind in einer bestimmten Testsituation die Voraussetzungen der Hypothesenprüfung, z.B. Normalverteilung des betrachteten Merkmals X erfüllt, so ist die Testdurchführung einfach. Aus den Stichprobenergebnissen wird die Realisation der Prüffunktion berechnet. Liegt diese im kritischen Bereich K, so wird die Nullhypothese zugunsten der Alternative verworfen.
Eine derartige Entscheidung ist aber nicht als endgültiges Urteil zu verstehen. Umfangreichere Stichprobenuntersuchungen können zu einem anderen Ergebnis führen.

3.3.2 <u>Prüfen einer Hypothese über den Mittelwert einer Normalverteilung</u>

Es soll eine Hypothese über den Parameter μ eines normalverteilten Merkmals X geprüft werden. Dabei sind folgende Fälle möglich:

1. $H_0: \mu = \mu_0$ gegen $H_1: \mu \neq \mu_0$

   Da die Alternative H_1 Mittelwerte $\mu > \mu_0$ und $\mu < \mu_0$ zuläßt, liegt ein <u>zweiseitiger Test</u> vor.

2. $H_0: \mu \geqq \mu_0$ gegen $H_1: \mu < \mu_0$ oder

   $H_0: \mu \leqq \mu_0$ gegen $H_1: \mu > \mu_0$

   In diesen Fällen läßt die Alternative entweder nur Mittelwerte $\mu < \mu_0$ oder $\mu > \mu_0$ zu. Wir haben es mit einem <u>einseitigem Test</u> zu tun.

a) <u>Die Varianz σ^2 der Grundgesamtheit sei bekannt</u>

Da die Varianz σ^2 des normalverteilten Merkmals X als bekannt vorausgesetzt wird, kann die standardnormalverteilte Zufallsgröße

$$U = \frac{\overline{X} - \mu}{\sigma} \sqrt{n}$$

als Prüffunktion zur Testentscheidung herangezogen werden. Bild 58 a zeigt für den einseitigen Test $H_0: \mu \geqq \mu_0$ gegen die Alternative $H_1: \mu < \mu_0$ die Lage des kritischen Bereichs

$$K: \quad \frac{\overline{x} - \mu_0}{\sigma} \sqrt{n} < u_\alpha$$

Die dargestellte Wahrscheinlichkeitsverteilung der Prüffunktion U entspricht $\mu = \mu_0$. Für $\mu = \mu_0$ ist daher die Wahrscheinlichkeit, eine richtige Nullhypothese abzulehnen, d.h. einen Fehler 1. Art zu begehen, gleich dem Signifikanzniveau α. Ist der wahre Mittelwert ein anderer mit der Nullhypothese verträglicher Wert $\mu > \mu_0$, so ist die Wahrscheinlichkeit eines Fehlers 1. Art kleiner als das vereinbarte Signifikanzniveau α.

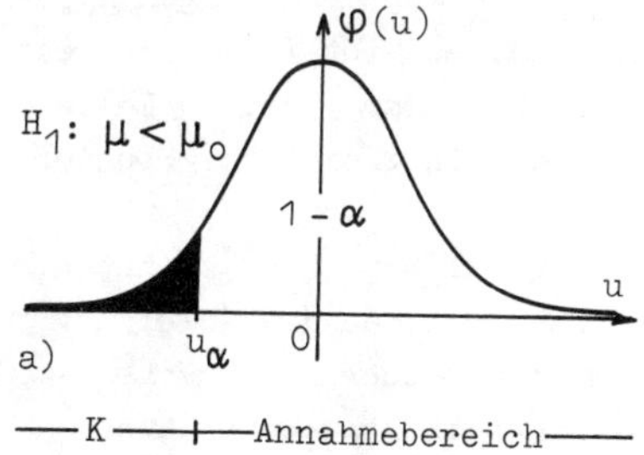

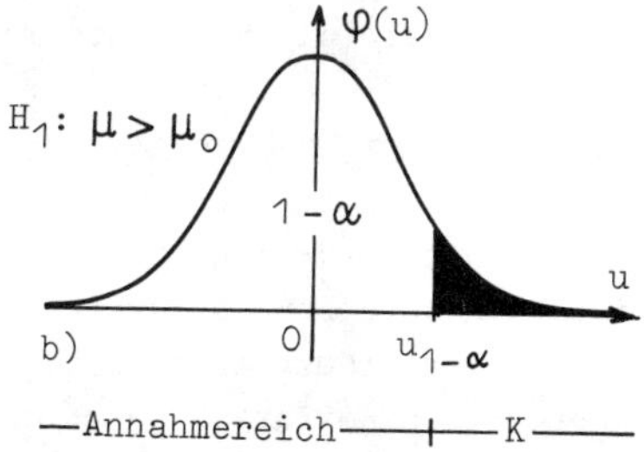

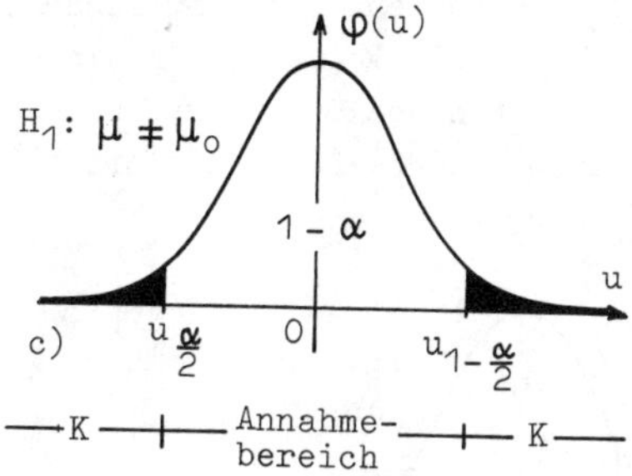

Bild 58 a,b,c
Annahmebereiche und kritische Bereiche K für verschiedene Testsituationen

Berücksichtigt man die Zusammenhänge

$$u_{\alpha} = - u_{1-\alpha} \quad \text{und} \quad u_{\frac{\alpha}{2}} = - u_{1-\frac{\alpha}{2}} ,$$

so erhält man in übersichtlicher Tabellenform:

H_o	H_1	Kritischer Bereich bei einem Signifikanzniveau α
$\mu = \mu_o$	$\mu \neq \mu_o$	$\frac{\lvert \bar{x} - \mu_o \rvert}{\sigma} \sqrt{n} > u_{1-\frac{\alpha}{2}}$
$\mu \geqq \mu_o$ $\mu \leqq \mu_o$	$\mu < \mu_o$ $\mu > \mu_o$	$\frac{\lvert \bar{x} - \mu_o \rvert}{\sigma} \sqrt{n} > u_{1-\alpha}$

Der dadurch bestimmte Test ist im Falle der einseitigen Hypothese der gleichmäßig beste Test, d.h. es gibt in dieser Testsituation keinen anderen Test, der mächtiger wäre. Im Falle der zweiseitigen Hypothese existiert kein gleichmäßig bester Test.

Keinen Grund für die Ablehnung einer Nullhypothese zu haben, ist noch kein Beweis für ihre Richtigkeit, da die Ablehnung der Nullhypothese erst erfolgt, wenn sie sehr unwahrscheinlich ist. Eine Verkleinerung des Signifikanzniveaus α verringert die Wahrscheinlichkeit, einen Fehler 1. Art zu machen, vergrößert aber gleichzeitig die Wahrscheinlichkeit für einen Fehler 2. Art. Den Zusammenhang zwischen dem Signifikanzniveau α und der Wahrscheinlichkeit β ,einen Fehler 2. Art zu begehen, zeigt anschaulich Bild 59.

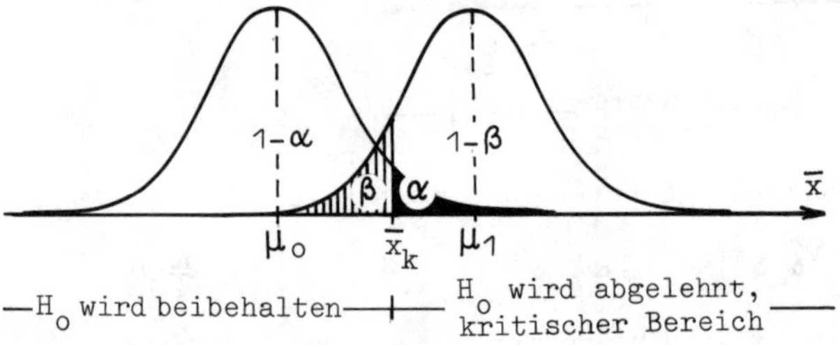

Bild 59 Signifikanzniveau α und Wahrscheinlichkeit β eines Fehlers 2. Art

Die Nullhypothese wird abgelehnt, wenn ein Stichprobenmittel $\bar{x}$ auftritt, welches größer ist als das kritische Stichprobenmittel $\bar{x}_k$. Man erkennt, daß eine Verringerung des Signifikanzniveaus das kritische Stichprobenmittel $\bar{x}_k$ und damit auch die Wahrscheinlichkeit β vergrößert.

Ist die Alternative nicht auf einen festen Wert μ_1 beschränkt, so ist β eine Funktion von μ_1.

Wir wollen nun die Machtfunktion $1 - \beta(\mu_1)$ dieses Tests betrachten und unterscheiden dabei die beiden Fälle:

1. <u>Einseitiger Test</u>: H_o: $\mu \leq \mu_o$ gegen H_1: $\mu = \mu_1 > \mu_o$

Die Nullhypothese wird bei einem Signifikanzniveau α abgelehnt, wenn

$$\frac{\bar{x} - \mu_o}{\sigma}\sqrt{n} > u_{1-\alpha}\text{, d.h. } \bar{x} > \mu_o + u_{1-\alpha}\frac{\sigma}{\sqrt{n}} = \bar{x}_k$$

ist. An der Nullhypothese wird also festgehalten, solange die Realisation $\bar{x}$ des Stichprobenmittels einen bestimmten kritischen Mittelwert $\bar{x}_k$ nicht überschreitet.

Bei der Berechnung der Wahrscheinlichkeit β, einen Fehler 2. Art zu begehen, müssen wir die Wahrscheinlichkeitsdichte zugrundelegen, die sich ergibt, wenn die Alternative H_1: $\mu = \mu_1$ als richtig angesehen wird und erhalten

$$\beta = P(\bar{X} < \bar{x}_k / \mu = \mu_1) = \Phi\left(\frac{\bar{x}_k - \mu_1}{\sigma}\sqrt{n}\right) =$$

$$= \Phi\left(\frac{\bar{x}_k - \mu_o - (\mu_1 - \mu_o)}{\sigma}\sqrt{n}\right) = \Phi\left(u_{1-\alpha} - \frac{\mu_1 - \mu_o}{\sigma}\sqrt{n}\right)$$

Für die letzte Umformung wurde $\frac{\bar{x}_k - \mu_o}{\sigma}\sqrt{n} = u_{1-\alpha}$ verwendet. Damit erhält man für die <u>Machtfunktion</u> des einseitigen Tests:

$$1 - \beta(\mu_1) = 1 - \Phi\left(u_{1-\alpha} - \frac{\mu_1 - \mu_o}{\sigma}\sqrt{n}\right) \tag{3.47}$$

In Bild 60 ist der Verlauf der Machtfunktion (Schärfefunktion) in Abhängigkeit von der Größe $(\mu_1 - \mu_o)/\sigma$ bei einem Signifikanzniveau $\alpha = 0{,}05$ für die Stichprobenumfänge $n_1 = 10$ und $n_2 = 20$ dargestellt.

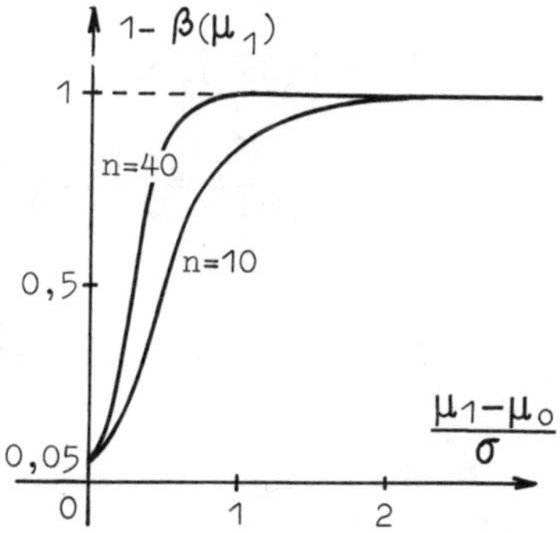

Bild 60 Machtfunktion $1 - \beta(\mu_1)$

$\frac{\mu_1 - \mu_o}{\sigma}$	$1-\beta$ $n_1 = 10$	$1-\beta$ $n_2 = 40$
0	0,05	0,05
0,25	0,1964	0,4745
0,50	0,4745	0,9354
0,75	0,7663	0,9995
1,00	0,9354	≈ 1
2,00	≈ 1	≈ 1

Ist $(\mu_1 - \mu_o)/\sigma = 0{,}5$, d.h. unterscheidet sich μ_1 von μ_o um eine halbe Standardabweichung σ, so wird bei einem Stichprobenumfang $n_1 = 10$ die Nullhypothese mit einer Wahrscheinlichkeit von 47,45 %, bei einem Stichprobenumfang $n_2 = 40$ bereits mit einer Wahrscheinlichkeit von 93,54 % als falsch erkannt.

2. Zweiseitiger Test: H_o: $\mu = \mu_o$ gegen H_1: $\mu \neq \mu_o$

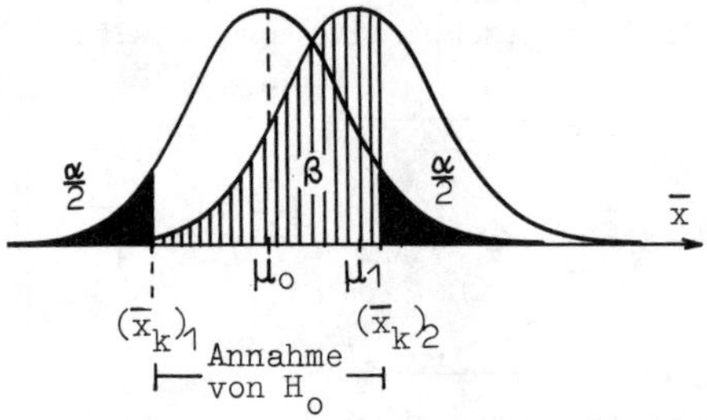

Bild 61 Annahmebereich der Nullhypothese H_o

H_o wird beibehalten, wenn das arithmetische Mittel $\bar{X}$ Werte annimmt, die im Intervall $\left[(\bar{x}_k)_1, (\bar{x}_k)_2\right]$ liegen (Bild 61).

Dabei gilt:

$$\frac{(\bar{x}_k)_1 - \mu_o}{\sigma}\sqrt{n} = u_{\frac{\alpha}{2}}$$

und

$$\frac{(\bar{x}_k)_2 - \mu_o}{\sigma}\sqrt{n} = u_{1-\frac{\alpha}{2}}$$

Unter der Voraussetzung, daß die Alternative H_1 richtig ist, erhält man:

$$\beta = P((\bar{x}_k)_1 \leqq \bar{X} \leqq (\bar{x}_k)_2 / \mu = \mu_1) =$$

$$= \Phi\left(\frac{(\bar{x}_k)_2 - \mu_1}{\sigma}\sqrt{n}\right) - \Phi\left(\frac{(\bar{x}_k)_1 - \mu_1}{\sigma}\sqrt{n}\right)$$

und

$$1 - \beta(\mu_1) = 1 - \Phi\left(u_{1-\frac{\alpha}{2}} - \frac{\mu_1 - \mu_o}{\sigma}\sqrt{n}\right) + \Phi\left(u_{\frac{\alpha}{2}} - \frac{\mu_1 - \mu_o}{\sigma}\sqrt{n}\right) \tag{3.48}$$

Die Machtfunktion des zweiseitigen Tests verläuft symmetrisch zu $\mu_1 = \mu_o$.

Den Verlauf der Machtfunktion für den zweiseitigen Test mit dem Signifikanzniveau $\alpha = 0{,}05$ und den Stichprobenumfängen $n_1 = 10$ bzw. $n_2 = 40$ zeigt Bild 62.

$\frac{\mu_1 - \mu_0}{\sigma}$	$1-\beta$ $n_1=10$	$1-\beta$ $n_2=40$
0	0,05	0,05
0,25	0,1241	0,3526
0,50	0,3526	0,8854
0,75	0,6597	0,9973
1,00	0,8854	≈ 1
2,00	≈ 1	≈ 1

An den Funktionswerten erkennt man, daß bei sonst gleichen Verhältnissen die Macht des zweiseitigen Tests geringer ist als die Macht (Trennschärfe) des einseitigen Tests.

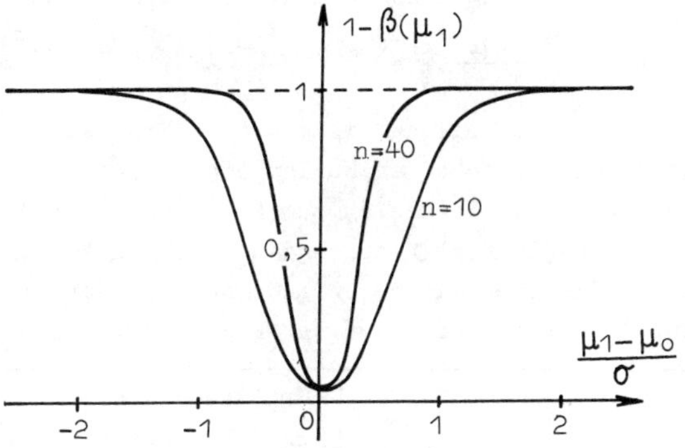

Bild 62 Machtfunktion des zweiseitigen Tests

Beispiel 113: In der Automatendreherei eines Betriebes werden Werkstücke mit einem Solldurchmesser von 10,000 mm hergestellt. Eine zufällige Stichprobe vom Umfang $n = 50$ ergab einen durchschnittlichen Durchmesser $\bar{x} = 10{,}085$ mm. Das Merkmal X = Durchmesser eines Werkstücks kann als normalverteilt angesehen werden mit der aus langjähriger Erfahrung bekannten Varianz $\sigma^2 = 0{,}072\ \text{mm}^2$. Man prüfe die Hypothese H_0: $\mu \leqq \mu_0$ gegen die Alternative H_1: $\mu > \mu_0 = 10{,}000$ mm. Als Signifikanzniveau soll $\alpha = 0{,}05$ gewählt werden.

Ein Vergleich der Realisation der Prüfgröße U

$$u = \frac{|\bar{x} - \mu_0|}{\sigma}\sqrt{n} = \frac{10{,}085 - 10{,}000}{\sqrt{0{,}072}}\sqrt{50} = 2{,}240$$

mit dem Quantil $u_{0,95} = 1,645$ der Standardnormalverteilung ergibt: $u > u_{0,95}$. Die Realisation der Prüfgröße U liegt im kritischen Bereich. Die Nullhypothese wird zugunsten der Alternative verworfen. Die Stichprobe entstammt einer Grundgesamtheit, deren Mittelwert signifikant größer als 10,000 mm ist. Die Wahrscheinlichkeit eines Fehlers 1. Art, d.h. die Nullhypothese zu verwerfen, obwohl sie richtig ist, ist höchstens $\alpha = 5\%$.

b) Die Varianz σ^2 der Grundgesamtheit sei unbekannt

Zur Prüfung der Nullhypothese wird der Grundgesamtheit eine Stichprobe vom Umfang n entnommen. Die Zufallsgröße

$$T = \frac{\overline{X} - \mu}{S} \sqrt{n}$$

genügt einer t-Verteilung mit $m = n - 1$ Freiheitsgraden.
Die kritischen Bereiche der Nullhypothese zeigt die folgende Übersicht, wobei im Vergleich zum Fall bekannter Varianz σ^2 die Standardabweichung σ durch die Stichprobenstandardabweichung s und die Quantile der Standardnormalverteilung durch die Quantile der t-Verteilung ersetzt sind.

H_o	H_1	Kritischer Bereich bei einem Signifikanzniveau α
$\mu = \mu_o$	$\mu \neq \mu_o$	$\frac{\lvert \overline{x} - \mu_o \rvert}{s} \sqrt{n} > t_{n-1;1-\frac{\alpha}{2}}$
$\mu \geqq \mu_o$ $\mu \leqq \mu_o$	$\mu < \mu_o$ $\mu > \mu_o$	$\frac{\lvert \overline{x} - \mu_o \rvert}{s} \sqrt{n} > t_{n-1;1-\alpha}$

Beispiel 114: Ein Betrieb stellt eine bestimmte Drahtsorte her, deren mittlere Reißfestigkeit aus sehr vielen Messungen zu $\mu_o = 52,6$ N bestimmt wurde.
Durch ein neues Herstellungsverfahren hofft man, eine Erhöhung der Reißfestigkeit zu erreichen. Eine Stichprobe vom Umfang $n = 100$ aus der Produktion der neuen Drahtsorte ergab

eine durchschnittliche Reißfestigkeit $\overline{x} = 55{,}8$ N bei einer Standardabweichung $s = 7{,}5$ N. Eine Normalverteilung der Meßwerte kann vorausgesetzt werden. Darf man bei einem Signifikanzniveau $\alpha = 0{,}01$ behaupten, die neue Drahtsorte habe eine größere Reißfestigkeit?

Wählt man als Nullhypothese die Aussage, die mittlere Reißfestigkeit der neuen Drahtsorte sei nicht größer als die der alten Sorte, H_0: $\mu \leqq \mu_0$, so wird die nachzuweisende Behauptung zur Alternative H_1: $\mu > \mu_0$.

Dieser einseitige Test hat den kritischen Bereich

$$K: \; t > t_{99;0,99} = 2{,}365 .$$

Der Prüfwert $t = \frac{55{,}8 - 52{,}6}{7{,}5}\sqrt{100} = 4{,}267$ liegt im kritischen Bereich. Die Nullhypothese H_0 wird abgelehnt und die Alternative H_1 angenommen. Die Behauptung, die neue Sorte habe eine größere mittlere Reißfestigkeit, hat eine Irrtumswahrscheinlichkeit (Wahrscheinlichkeit eines Fehlers 1. Art) von höchstens 1 %.

Bemerkungen:

1. Das in Beispiel 114 benötigte Quantil $t_{99;0,99} = 2{,}365$ wurde durch lineare Interpolation aus den Zahlenwerten von Tabelle 4 des Anhangs bestimmt. Für praktische Anwendungen wird die Näherung $t_{99;0,99} \approx t_{100;0,99} = 2{,}364$ ausreichend genau sein.
2. Ist das untersuchte Merkmal X nicht normalverteilt, so ist bei großen Stichproben das Stichprobenmittel $\overline{X}$ dennoch näherungsweise $(\mu, \sigma^2/n)$-normalverteilt (zentraler Grenzwertsatz). Bei großen Stichproben kann daher dieser Fall näherungsweise so behandelt werden, wie das Prüfen einer Hypothese über den Mittelwert eines normalverteilten Merkmals.
3. Bei nichtnormalverteilten Merkmalen können aber auch verteilungsfreie Verfahren, etwa der Vorzeichen - Rang - Test von Wicoxon (Abschn. 3.3.9), verwendet werden.

3.3.3 Prüfen einer Hypothese über den Anteilswert p einer zweistufigen Grundgesamtheit

Die Grundgesamtheit enthalte N Elemente, davon N_1 mit der Eigenschaft A. Geprüft werden soll eine Hypothese über den Anteilswert $p = N_1/N$ der Elemente mit der Eigenschaft A.
Die Zufallsgröße $\hat{P}$ = Anteil der Elemente mit der Eigenschaft A in einer Stichprobe vom Umfang n ist (bei endlichen Grundgesamtheiten im Modell mit Zurücklegen) binomialverteilt mit:

$$E(\hat{P}) = p \quad \text{und} \quad Var(\hat{P}) = \frac{p(1-p)}{n}$$

(Abschn.3.2.2.c).

Näherungsverfahren für große Stichproben

Im Falle großer Stichproben ($n > \frac{9}{p(1-p)}$) ist die Zufallsgröße $\hat{P}$ näherungsweise normalverteilt (Grenzwertsatz von Moivre - Laplace).
Die Zufallsgröße $U = \frac{\hat{P} - p}{\sqrt{p(1-p)}}\sqrt{n}$ ist daher näherungsweise standardnormalverteilt. Für die Prüfhypothese gelten analog zu Abschn. 3.3.2 die folgenden kritischen Bereiche:

H_o	H_1	Kritischer Bereich bei einem Signifikanzniveau α
$p = p_o$	$p \neq p_o$	$\frac{\lvert \hat{p} - p_o \rvert}{\sqrt{p_o(1-p_o)}}\sqrt{n} > u_{1-\frac{\alpha}{2}}$
$p \leqq p_o$ $p \geqq p_o$	$p > p_o$ $p < p_o$	$\frac{\lvert \hat{p} - p_o \rvert}{\sqrt{p_o(1-p_o)}}\sqrt{n} > u_{1-\alpha}$

Beispiel 115: Bei einer Qualitätskontrolle wurden 21 fehlerhafte Teile in einer Stichprobe vom Umfang n = 500 festgestellt. Man prüfe bei einem Signigikanzniveau $\alpha = 0{,}05$ die Angabe des Herstellers, in seiner Gesamtproduktion sei der Ausschußanteil nicht größer als 3%.

Da es sich bei einem Stichprobenumfang n = 500 um eine große Stichprobe handelt, ist die Anwendung des Näherungsverfahrens zuläßig und wir erhalten als Prüfwert (Realisation der Prüffunktion):

$$u = \frac{0{,}042 - 0{,}03}{\sqrt{0{,}03 \cdot 0{,}97}} \sqrt{500} = 1{,}573.$$

Der Prüfwert liegt nicht im kritischen Bereich K: $u > 1{,}645$. Die Nullhypothese H_o: $p \leqq 0{,}03$ kann daher aufgrund dieser Stichprobe nicht abgelehnt werden.

(Bei einem vereinbarten Signifikanzniveau $\alpha = 0{,}10$, d.h. einer Wahrscheinlichkeit für den Fehler 1. Art von bis zu 10%, liegt der Prüfwert im kritischen Bereich K: $u > u_{0,90} = 1{,}282$. H_o würde abgelehnt werden.)

3.3.4 Prüfen einer Hypothese über die Varianz σ^2 einer Normalverteilung

Geprüft werden soll eine Hypothese über den Parameter σ^2 einer Normalverteilung.

Zur Testentscheidung verwenden wir wie bei den bisherigen Parametertests eine Prüffunktion, die den Parameter enthält und deren Wahrscheinlichkeitsverteilung bekannt ist.

Als Prüffunktion dient hier die Zufallsgröße

$$X = \frac{(n-1)S^2}{\sigma^2},$$

die nach Abschn. 3.1.4.d einer χ^2- Verteilung mit m = n - 1 Freiheitsgraden genügt.

Die kritischen Bereiche in den einzelnen Testsituationen zeigt anschaulich Bild 63.

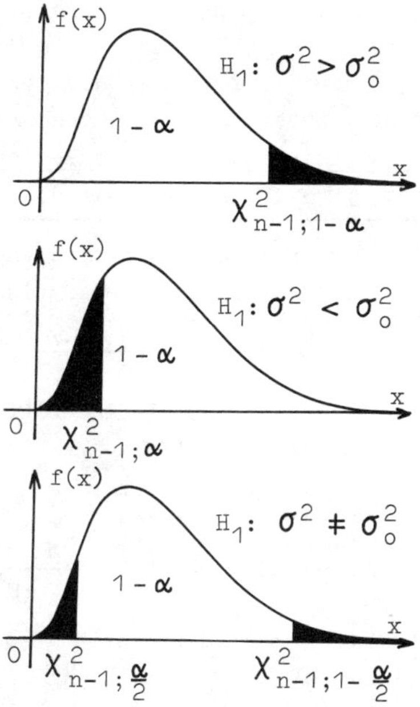

Bild 63 Kritische Bereiche

H_o	H_1	Kritischer Bereich bei einem Signifikanzniveau α
$\sigma^2 \leqq \sigma_o^2$	$\sigma^2 > \sigma_o^2$	$\frac{(n-1)s^2}{\sigma_o^2} > \chi^2_{n-1;1-\alpha}$
$\sigma^2 \geqq \sigma_o^2$	$\sigma^2 < \sigma_o^2$	$\frac{(n-1)s^2}{\sigma_o^2} < \chi^2_{n-1;\alpha}$
$\sigma^2 = \sigma_o^2$	$\sigma^2 \neq \sigma_o^2$	$\frac{(n-1)s^2}{\sigma_o^2} > \chi^2_{n-1;1-\frac{\alpha}{2}}$ oder $\frac{(n-1)s^2}{\sigma_o^2} < \chi^2_{n-1;\frac{\alpha}{2}}$

Im Falle des einseitigen Tests ist das hier beschriebene Verfahren der gleichmäßig beste Test zum Prüfen einer Hypothese über die Varianz einer Normalverteilung. Für den zweiseitigen Test gibt es keinen gleichmäßig besten Test.

Wahrscheinlichkeit eines Fehlers 2. Art für den Test H_o: $\sigma^2 \leqq \sigma_o^2$ gegen die Alternative H_1: $\sigma^2 = \lambda\sigma_o^2 > \sigma_o^2$

Die Nullhypothese wird abgelehnt, wenn die Realisation s^2 der Stichprobenvarianz eine kritische Grenze

$$s_k^2 = \frac{\chi^2_{n-1;1-\alpha}}{n-1}\sigma_o^2$$

überschreitet. Der Teil der Operationscharakteristik, der die Wahrscheinlichkeit eines Fehlers 2. Art angibt, ist

$$\beta(\lambda) = P(S^2 \leqq s_k^2 / \sigma^2 = \lambda\sigma_o^2)$$

Da die Zufallsgröße $X = \frac{(n-1)S^2}{\sigma^2} = \frac{(n-1)S^2}{\lambda\sigma_o^2}$ einer χ^2-Verteilung mit $n-1$ Freiheitsgraden genügt, folgt aus der Bedingung $S^2 \leqq s_k^2$:

$$X \leqq \frac{(n-1)}{\sigma_o^2}s_k^2 = \frac{\chi^2_{n-1;1-\alpha}}{\lambda}$$

und für die Wahrscheinlichkeit eines Fehlers 2. Art

$$\beta(\lambda) = P\left(X \leqq \frac{\chi^2_{n-1;1-\alpha}}{\lambda}\right) \tag{3.49}$$

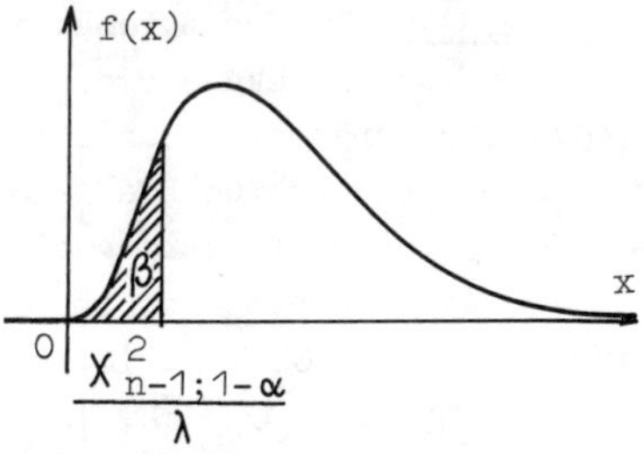

Bild 64 Fehler 2. Art

Qualitativ erkennt man, daß mit wachsendem λ die Wahrscheinlichkeit β, eine falsche Nullhypothese beizubehalten, kleiner wird.

Für ein Signifikanzniveau $\alpha = 0{,}01$ und einen Stichprobenumfang n = 10 erhält man aus der Tabelle 3 des Anhangs $\chi^2_{9;0,99} = 21{,}67$ und damit

$$\beta(\lambda) = P\left(X \leqq \frac{21{,}67}{\lambda}\right)$$

Für $\beta = 0{,}90$ gilt: $X \leqq \frac{21{,}67}{\lambda} = \chi^2_{9;0,90} = 14{,}68 \Rightarrow \lambda = 1{,}476$.

β	λ n = 10	λ n = 40
0,90	1,476	1,232
0,50	2,598	1,628
0,10	5,197	2,214
0,05	6,507	2,429
0,01	10,368	2,913

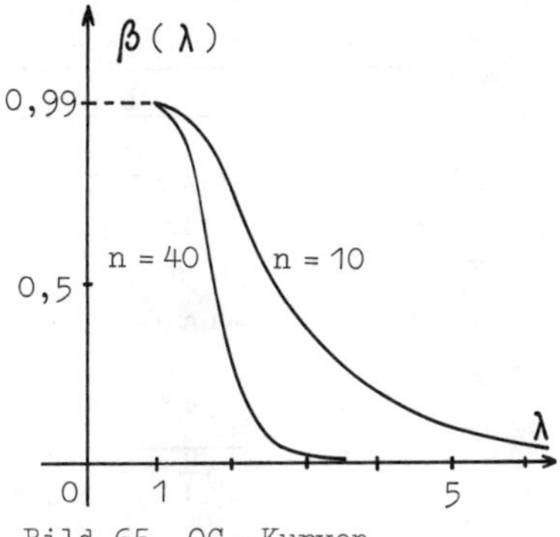

Bild 65 OC - Kurven

Ist der wahre Wert des Parameters σ^2 das 1,476-fache von σ_0^2, so besteht bei einem Stichprobenumfang n = 10 eine Wahrscheinlichkeit von 90 %, die falsche Nullhypothese beizubehalten. Diese Wahrscheinlichkeit verringert sich auf 10 %, wenn $\sigma^2 = 5{,}197 \cdot \sigma_0^2$ ist. Vergrößert man den Stichprobenumfang n oder das Signifikanzniveau α, so verringert sich die Wahrscheinlichkeit, einen Fehler 2. Art zu begehen.

Beispiel 116: In der Automatendreherei eines Betriebes werden bestimmte Werkstücke hergestellt. Eine Untersuchung von $n = 40$ Werkstücken ergab für das normalverteilte Merkmal X = Durchmesser eines Werkstücks eine Stichprobenstandardabweichung $s = 26\ \mu m$. Die Standardabweichung als Maß für die Präzision, mit der die Maschine arbeitet, sollte entsprechend der Herstellerangaben $\sigma_o = 20\ \mu m$ nicht übersteigen.
Kann die Annahme $\sigma \leqq 20\ \mu m$ bei einem Signifikanzniveau $\alpha = 0{,}01$ aufrecht erhalten werden?

Zu prüfen ist die Nullhypothese H_o: $\sigma^2 \leqq 400\ \mu m^2$ gegen die Alternative H_1: $\sigma^2 > 400\ \mu m^2$. Die Prüfgröße

$X = \dfrac{(n-1)S^2}{\sigma_o^2}$ hat hier die Realisation $x = \dfrac{39.26^2}{20^2} = 65{,}91$,

die größer ist als das Quantil $\chi^2_{39;0,99} = 62{,}42$, also im kritischen Bereich liegt.
Die Nullhypothese wird verworfen. Die Standardabweichung der Maschine ist signifikant größer als 20 μm.

3.3.5 Prüfen einer Hypothese über die Gleichheit der Varianzen zweier unabhängiger Normalverteilungen

Es sollen die Varianzen σ_1^2 und σ_2^2 von zwei unabhängigen normalverteilten Merkmalen verglichen werden. Geprüft wird z.B. die Nullhypothese H_o: $\sigma_1^2 = \sigma_2^2$. Aus den beiden Grundgesamtheiten werden Stichproben der Umfänge n_1 und n_2 entnommen. Die Zufallsgrößen

$$X_1 = \frac{(n_1 - 1)S_1^2}{\sigma_1^2} \quad \text{und} \quad X_2 = \frac{(n_2 - 1)S_2^2}{\sigma_2^2}$$

genügen χ^2-Verteilungen mit $m_1 = n_1 - 1$ und $n_2 = n_2 - 1$ Freiheitsgraden. Die Zufallsgröße

$$X = \frac{X_{1/m_1}}{X_{2/m_2}} = \frac{S^2_{1/}\sigma_1^2}{S^2_{2/}\sigma_2^2} \qquad (3.50)$$

genügt daher einer F-Verteilung mit $m_1 = n_1 - 1$ und $m_2 = n_2 - 1$ Freiheitsgraden (Abschn. 3.1.6).

Bei richtiger Nullhypothese H_o: $\sigma_1^2 = \sigma_2^2$, wird aus Gl.(3.50)

$$X = S_1^2 / S_2^2$$

Dieser Varianzenquotient, der einer F - Verteilung mit m_1 und m_2 Freiheitsgraden genügt, wird als Prüffunktion verwendet.

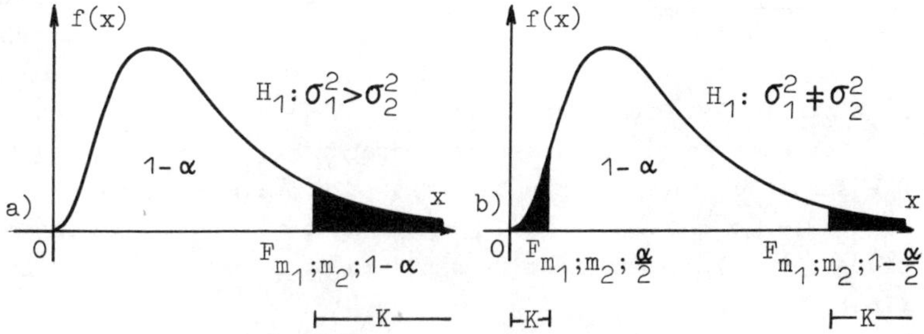

Bild 66 Kritische Bereiche a) beim einseitigen b) beim zweiseitigen Test

H_o	H_1	Kritischer Bereich bei einem Signifikanzniveau α
$\sigma_1^2 \leqq \sigma_2^2$	$\sigma_1^2 > \sigma_2^2$	$\frac{s_1^2}{s_2^2} > F_{m_1;m_2;1-\alpha}$
$\sigma_1^2 = \sigma_2^2$	$\sigma_1^2 \neq \sigma_2^2$	$\frac{s_1^2}{s_2^2} > F_{m_1;m_2;1-\frac{\alpha}{2}}$ oder $\frac{s_1^2}{s_2^2} < F_{m_1;m_2;\frac{\alpha}{2}}$

<u>Bemerkungen</u>:

1. Beim einseitigen Test wird die als größer vermutete Varianz als σ_1^2 bezeichnet. Man erhält dann einen Prüfwert $s_1^2 / s_2^2 > 1$.
2. Genügt die Zufallsgröße X einer F - Verteilung mit m_1 und m_2 Freiheitsgraden, so genügt die Zufallsgröße $X^* = \frac{1}{X}$

einer F - Verteilung mit m_2 und m_1 Freiheitsgraden. Für die Quantile folgt daraus:

$$F_{m_1;m_2;\frac{\alpha}{2}} = \frac{1}{F_{m_2;m_1;1-\frac{\alpha}{2}}}$$

<u>Beispiel 117</u>: Zwei Maschinen erzeugen gleichartige Werkstücke. Aus der Produktion der beiden Maschinen werden zufällige Stichproben vom Umfang $n_1 = 20$ bzw. $n_2 = 30$ entnommen und hinsichtlich des in den Grundgesamtheiten normalverteilten Merkmals X = Durchmesser eines Werkstücks untersucht.
Die Auswertung der Stichproben ergab die Stichprobenvarianzen $s_1^2 = 18{,}6\ \mu m^2$ und $s_2^2 = 12{,}1\ \mu m^2$. Kann bei einem Signifikanzniveau $\alpha = 0{,}05$ behauptet werden, die Maschine 1 arbeite mit einer größeren Varianz?

Nullhypothese H_o: $\sigma_1^2 \leq \sigma_2^2$, Alternative H_1: $\sigma_1^2 > \sigma_2^2$.

Der Prüfwert $\frac{s_1^2}{s_2^2} = 1{,}537$ ist kleiner als $F_{19;29;0,95} = 1{,}96$.

Die Nullhypothese wird nicht verworfen. Der Unterschied der Stichprobenvarianzen ist nicht signifikant.

3.3.6 <u>Prüfen einer Hypothese über die Gleichheit von Mittelwerten zweier unabhängiger Normalverteilungen</u>

Es liegt die in der folgenden Skizze dargestellte Testsituation vor:

1. Grundgesamtheit: X normalverteilt mit $E(X) = \mu_1$ und $Var(X) = \sigma_1^2$	→	Stichprobe vom Umfang n_1: $\bar{x}_1$; s_1^2
2. Grundgesamtheit: X normalverteilt mit $E(X) = \mu_2$ und $Var(X) = \sigma_2^2$	→	Stichprobe vom Umfang n_2: $\bar{x}_2$; s_2^2

Als Nullhypothese betrachten wir H_o: $\mu_1 = \mu_2$.

a) Die Varianzen σ_1^2 und σ_2^2 sind bekannt

Da die unabhängigen Zufallsgrößen $\overline{X}_1$ und $\overline{X}_2$ $(\mu_1, \frac{\sigma_1^2}{n_1})$ - bzw. $(\mu_2, \frac{\sigma_2^2}{n_2})$ - normalverteilt sind, genügt die Zufallsgröße $\overline{X}_2 - \overline{X}_1$ einer Normalverteilung mit $E(\overline{X}_2 - \overline{X}_1) = \mu_2 - \mu_1$ und $Var(\overline{X}_2 - \overline{X}_1) = \sigma_1^2/n_1 + \sigma_2^2/n_2$ (Abschn. 1.4.6).

$$U = \frac{\overline{X}_2 - \overline{X}_1 - (\mu_2 - \mu_1)}{\sqrt{\frac{\sigma_1^2}{n_1} + \frac{\sigma_2^2}{n_2}}} \qquad (3.51)$$

ist daher standardnormalverteilt. Bei richtiger Nullhypothese gilt $\mu_2 - \mu_1 = 0$ und Gl.(3.51) geht über in

$$U = \frac{\overline{X}_2 - \overline{X}_1}{\sqrt{\frac{\sigma_1^2}{n_1} + \frac{\sigma_2^2}{n_2}}} \qquad (3.52)$$

Bei richtiger Nullhypothese treten betragsmäßig kleine Differenzen der Stichprobenmittel mit großer Wahrscheinlichkeit, betragsmäßig große Differenzen mit kleiner Wahrscheinlichkeit auf (Bild 67).

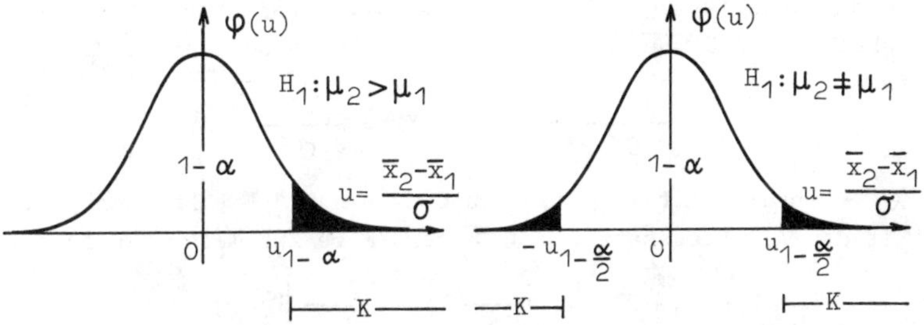

Bild 67 Kritische Bereiche beim einseitigen bzw. zweiseitigen Test ($\sigma = \sqrt{\frac{\sigma_1^2}{n_1} + \frac{\sigma_2^2}{n_2}}$)

Nullhypothese H_o: $\mu_1 = \mu_2$	
Alternative H_1	Kritischer Bereich bei einem Signifikanzniveau α
$\mu_1 > \mu_2$ bzw. $\mu_1 < \mu_2$	$\dfrac{\lvert \bar{x}_2 - \bar{x}_1 \rvert}{\sqrt{\dfrac{\sigma_1^2}{n_1} + \dfrac{\sigma_2^2}{n_2}}} > u_{1-\alpha}$
$\mu_1 \neq \mu_2$	$\dfrac{\lvert \bar{x}_2 - \bar{x}_1 \rvert}{\sqrt{\dfrac{\sigma_1^2}{n_1} + \dfrac{\sigma_2^2}{n_2}}} > u_{1-\frac{\alpha}{2}}$

b) Die Varianzen der Normalverteilungen sind unbekannt, aber gleich groß

Unter der Voraussetzung der Varianzhomogenität $\sigma_1^2 = \sigma_2^2 = \sigma^2$, geht Gl.(3.52) über in

$$U = \frac{\bar{X}_2 - \bar{X}_1}{\sqrt{\dfrac{\sigma^2}{n_1} + \dfrac{\sigma^2}{n_2}}} = \frac{\bar{X}_2 - \bar{X}_1}{\sigma} \sqrt{\frac{n_1 n_2}{n_1 + n_2}} \tag{3.53}$$

Da die Standardabweichung σ unbekannt ist, kann die standardnormalverteilte Zufallsgröße U von Gl. (3.53) zur Testentscheidung nicht herangezogen werden. Nun sind aber die Zufallsgrößen

$$X_1 = \frac{n_1 - 1}{\sigma^2} S_1^2 \quad \text{und} \quad X_2 = \frac{n_2 - 1}{\sigma^2} S_2^2$$

χ^2-verteilt mit $m_1 = n_1 - 1$ und $m_2 = n_2 - 1$ Freiheitsgraden. Mit dem Additionssatz für χ^2-verteilte Zufallsgrößen folgt:

$$X = X_1 + X_2 = \frac{n_1 - 1}{\sigma^2} S_1^2 + \frac{n_2 - 1}{\sigma^2} S_2^2$$

genügt einer χ^2-Verteilung mit $m = n_1 + n_2 - 1$ Freiheitsgraden (Abschn. 3.1.4).

Die Zufallsgröße

$$T = \frac{U}{\sqrt{\frac{X}{m}}} = \frac{(\overline{X}_2 - \overline{X}_1)\sqrt{\frac{n_1 n_2}{n_1 + n_2}(n_1 + n_2 - 2)}}{\sqrt{(n_1 - 1)S_1^2 + (n_2 - 1)S_2^2}} \qquad (3.54)$$

genügt daher einer t - Verteilung mit $m = n_1 + n_2 - 2$ Freiheitsgraden. Diese Zufallsgröße enthält nun die unbekannte Standardabweichung σ nicht mehr und kann zur Testentscheidung verwendet werden.

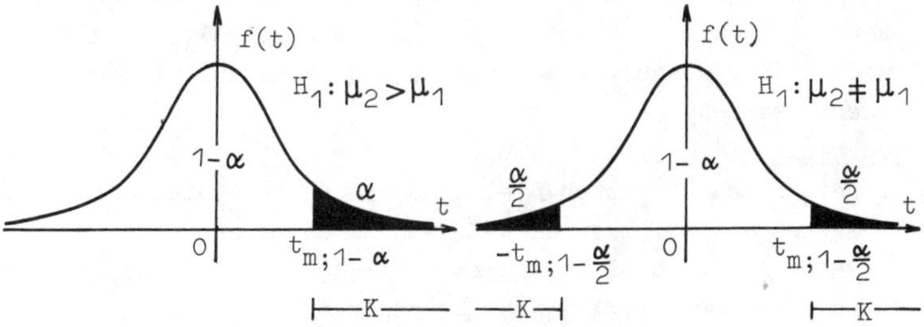

Bild 68 Kritische Bereiche K

Nullhypothese H_o: $\mu_1 = \mu_2$	
Alternative H_1	Kritischer Bereich bei einem Signifikanzniveau α
$\mu_1 > \mu_2$ bzw. $\mu_1 < \mu_2$	$\lvert t \rvert > t_{n_1+n_2-2;\,1-\alpha}$
$\mu_1 \neq \mu_2$	$\lvert t \rvert > t_{n_1+n_2-2;\,1-\frac{\alpha}{2}}$
$t = \frac{(\overline{x}_2 - \overline{x}_1)\sqrt{\frac{n_1 n_2}{n_1 + n_2}(n_1 + n_2 - 2)}}{\sqrt{(n_1 - 1)s_1^2 + (n_2 - 1)s_2^2}}$	
Die Voraussetzung der Varianzhomogenität $\sigma_1^2 = \sigma_2^2$ muß geprüft werden!	

c) Näherungsverfahren für große Stichproben

Im Falle großer Stichproben ($n_1, n_2 > 30$) können die Realisationen s_1^2 und s_2^2 der Stichprobenvarianzen als hinreichend gute Schätzwerte für die Varianzen der Grundgesamtheiten angesehen werden. Die Zufallsgröße

$$U = (\overline{X}_2 - \overline{X}_1) / \sqrt{\frac{s_1^2}{n_1} + \frac{s_2^2}{n_2}}$$

ist dann näherungsweise standardnormalverteilt. Das Prüfverfahren kann wie im Falle bekannter Varianzen σ_1^2 und σ_2^2 durchgeführt werden. Die Varianzhomogenität muß nicht vorausgesetzt werden.

Bemerkungen:

1. Bei großen Stichproben sind wegen des zentralen Grenzwertsatzes die Zufallsgrößen $\overline{X}_1$ und $\overline{X}_2$ näherungsweise normalverteilt und U näherungsweise standardnormalverteilt, auch wenn das Merkmal X in der Grundgesamtheit nicht normalverteilt ist.
2. Bei der Anwendung des t - Tests ist zu beachten, daß vorausgesetzt wird, der erwartete Unterschied zwischen den Mittelwerten werde nur durch den Einfluß eines Faktors hervorgerufen. Wirken mehrere Einflußfaktoren gleichzeitig, so ist eine Varianzanalyse durchzuführen.

Beispiel 118: Die Maschinen 1 und 2 verrichten die gleiche Arbeit. Eine Untersuchung des Merkmals X = Energieverbrauch pro Arbeitsstunde lieferte folgende Ergebnisse:

Maschine 1: $n_1 = 10$, $\overline{x}_1 = 15{,}3$ kWh, $s_1 = 0{,}92$ kWh

Maschine 2: $n_2 = 15$, $\overline{x}_2 = 13{,}9$ kWh, $s_2 = 1{,}04$ kWh.

Kann auf einem Signifikanzniveau $\alpha = 0{,}05$ behauptet werden, daß die Maschine 2 zur Verrichtung der gleichen Arbeit weniger Energie verbraucht?

Normalverteilung des Merkmals X in den Grundgesamtheiten kann vorausgesetzt werden.

a) Prüfung auf Varianzhomogenität:

H_o: $\sigma_2^2 \leqq \sigma_1^2$ gegen H_1: $\sigma_2^2 > \sigma_1^2$

Der Prüfwert $\frac{s_2^2}{s_1^2} = \frac{1{,}04^2}{0{,}92^2} = 1{,}278$ liegt wegen $F_{14;9;0,95} =$ 3,03 nicht im kritischen Bereich. Die Varianzhomogenität kann also vorausgesetzt werden.

b) Differenzenprüfung: H_o: $\mu_1 \leq \mu_2$ gegen H_1: $\mu_1 > \mu_2$

Der Prüfwert $t = \frac{(15{,}3 - 13{,}9)\sqrt{\frac{10.15}{25}.23}}{\sqrt{9.0{,}92^2 + 14.1{,}04^2}} = 3{,}447$ liegt im kritischen Bereich K: $t > t_{23;0,95} = 1{,}714$. H_o wird verworfen. Die Maschine 2 benötigt zur Verrichtung der gleichen Arbeit weniger Energie als die Maschine 1.

Beispiel 119: Es wird vermutet, daß Bauteile der Sorte A eine größere Lebensdauer haben, als entsprechende Bauteile der Sorte B. Zufällige Stichproben von $n_A = 100$ und $n_B = 120$ Bauteilen der Sorten A und B ergaben für das Merkmal X = Lebensdauer in Betriebsstunden:

$$\bar{x}_A = 1310 \text{ Std.}, \quad s_A = 142 \text{ Std.},$$
$$\bar{x}_B = 1240 \text{ Std.}, \quad s_B = 127 \text{ Std.}$$

Kann die Vermutung bei einem Signifikanzniveau $\alpha = 0{,}05$ durch die Stichprobenergebnisse bestätigt werden?

Zu prüfen ist die Hypothese H_o: $\mu_A \leq \mu_B$ gegen die Alternative H_1: $\mu_A > \mu_B$. Da es sich um große Stichproben handelt muß eine Normalverteilung des Merkmals X nicht vorausgesetzt werden. Wir erhalten im Näherungsverfahren für große Stichproben als Prüfwert

$$u = \frac{1310 - 1240}{\sqrt{\frac{142^2}{100} + \frac{127^2}{120}}} = 3{,}819.$$

Der Prüfwert $u = 3{,}819$ ist größer als das Quantil $u_{0,95} =$ 1,645, liegt also im kritischen Bereich. Die Vermutung $\mu_A > \mu_B$ wird durch die Untersuchungsergebnisse bestätigt.

3.3.7 Prüfen einer Hypothese über die Gleichheit von Anteilswerten zweier unabhängiger Grundgesamtheiten

Gegeben sind zwei unabhängige, zweistufige Grundgesamtheiten, aus denen je eine Stichprobe vom Umfang n_1 bzw. n_2 entnommen wird. Die Stichproben liefern für die wahren Anteilswerte p_1 und p_2 die Schätzwerte $\hat{p}_1$ und $\hat{p}_2$. Die Nullhypothese lautet

$$H_o: \; p_1 = p_2 .$$

Bei ihr wird angenommen, daß die Stichproben aus Grundgesamtheiten mit dem gleichen Anteilswert $p_1 = p_2 = p$ stammen.
Es soll hier nur das Näherungsverfahren für große Stichproben behandelt werden. Für kleine Stichproben kann der in der weiterführenden Literatur dargestellte "Binomialtest" verwendet werden.
Zur Bestimmung von $Var(\hat{P}_1) = \frac{p(1-p)}{n_1}$ bzw. $Var(\hat{P}_2) = \frac{p(1-p)}{n_2}$ wird der unbekannte Anteilswert p als gewogenes arithmetisches Mittel geschätzt zu:

$$\hat{p} = \frac{n_1\hat{p}_1 + n_2\hat{p}_2}{n_1 + n_2} .$$

Die Zufallsgröße

$$U = \frac{\hat{P}_2 - \hat{P}_1}{\sqrt{\hat{p}(1-\hat{p})\left(\frac{1}{n_1} + \frac{1}{n_2}\right)}}$$

ist bei großen Stichproben näherungsweise standarnormalverteilt. Daraus ergeben sich die kritischen Bereiche.

Nullhypothese $H_o: p_1 = p_2$	
Alternative H_1	Kritischer Bereich bei einem Signifikanzniveau α
$p_1 > p_2$ bzw. $p_1 < p_2$	$u = \frac{\lvert\hat{p}_2 - \hat{p}_1\rvert}{\sqrt{\hat{p}(1-\hat{p})\left(\frac{1}{n_1}+\frac{1}{n_2}\right)}} > u_{1-\alpha}$
$p_1 \neq p_2$	$u > u_{1-\frac{\alpha}{2}}$

Beispiel 120: Zwei Maschinen erzeugen gleichartige Werkstücke. Es wird vermutet, daß die Maschine B weniger Ausschuß produziert als die Maschine A. Stichproben aus der Produktion der beiden Maschinen ergaben bei $n_A = n_B = 100$:

$$p_A = 4{,}3\,\% \quad \text{und } p_B = 3{,}1\%.$$

Die Nullhypothese H_o: $p_A = p_B$ soll auf einem Signifikanzniveau $\alpha = 0{,}05$ gegen die Alternative H_1: $p_A > p_B$ geprüft werden.

Beide Stichproben sind große Stichproben. Das Näherungsverfahren für große Stichproben ist anwendbar und wir erhalten als Prüfwert

$$u = \frac{0{,}043 - 0{,}031}{\sqrt{0{,}037 . 0{,}963(\frac{1}{100} + \frac{1}{100})}} = 0{,}449.$$

Der Prüfwert liegt nicht im kritischen Bereich K: $u > u_{0,95} = 1{,}645$. Der Unterschied der Ausschußanteile der beiden Maschinen ist nicht signifikant.

3.3.8 Prüfen einer Hypothese über das Verteilungsgesetz

Die bisher behandelten Hypothesenprüfungen waren Parametertests. Es wurden Hypothesen über die Parameter μ, σ^2 und p von einer oder von zwei unabhängigen Verteilungen geprüft. Es sollen nun Hypothesen über die Art des Verteilungsgesetzes geprüft werden. Bei der Festlegung der Nullhypothese

$$H_o: F(x) = F_o(x)$$

geht man davon aus, daß das Merkmal X in der Grundgesamtheit die durch die Verteilungsfunktion $F_o(x)$ beschriebene Wahrscheinlichkeitsverteilung hat. Als Alternative wollen wir

$$H_1: F(x) \neq F_o(x)$$

wählen. Es sind auch Alternativen der Form H_1: $F(x) = F_1(x)$ möglich, wobei $F_1(x)$ auch für eine bestimmte Klasse von alternativen Verteilungen stehen kann.

Die Testentscheidung erfolgt durch einen Vergleich der beobachteten Verteilung des Merkmals in der Stichprobe mit der aufgrund der Nullhypothese in der Stichprobe zu erwartenden

Verteilung. Es wird also die Anpassung einer Stichprobenverteilung an eine bestimmte Wahrscheinlichkeitsverteilung untersucht. Prüfungen von Hypothesen über das Verteilungsgesetz werden daher auch als <u>Anpassungstests</u> bezeichnet.

I. χ^2 - Test

Der χ^2 - Test ist einer der ältesten Tests. Er wurde zu Beginn dieses Jahrhunderts von K. Pearson entwickelt. Der χ^2 - Anpassungstest dient zur Prüfung der Nullhypothese

$$H_o: F(x) = F_o(x),$$

wobei folgende Testsituation vorliegt:
Gegeben ist eine Stichprobe vom Umfang n, unterteilt in k Merkmalsklassen mit den Klassenmitten $\bar{x}_i$ und den empirischen Bestzungshäufigkeiten n_i $(i = 1,2,\ldots,k)$.

$\bar{x}_i$	n_i	$\varphi_i = n.p_i$	$y_i^2 = \frac{(n_i - \varphi_i)^2}{\varphi_i}$
	n	n	$y^2 = \sum y_i^2$

Den in der Stichprobe beobachteten Häufigkeiten n_i werden die theoretischen Häufigkeiten

$$\varphi_i = n.p_i$$

gegenübergestellt. Dabei ist

$$p_i = P(X \in \text{Merkmalsklasse } i \,/\, H_o)$$

die Wahrscheinlichkeit, bei richtiger Nullhypothese H_o einen Merkmalswert in der i - ten Merkmalsklasse mit der Klassenmitte $\bar{x}_i$ zu erhalten. Die theoretische Häufigkeit φ_i ist die zu erwartende Besetzungshäufigkeit der i-ten Merkmalsklasse, berechnet unter der Voraussetzung, daß die von der Nullhypothese geforderte Verteilung des Merkmals X vorliegt. Es liegt nun nahe, die Abweichungen der beobachteten von den zu erwartenden Besetzungshäufigkeiten der Merkmalsklassen zu betrachten. Pearson schlug als Prüffunktion die Zufallsgröße

$$Y^2 = \sum_{i=1}^{k} \frac{(N_i - \varphi_i)^2}{\varphi_i} \qquad (3.55)$$

vor, von der er zeigen konnte, daß sie asymptotisch χ^2-verteilt ist mit $m = k - 1 - l$ Freiheitsgraden.

Dabei ist: k = Anzahl der Merkmalsklassen,
l = Anzahl der aus der Stichprobe zu schätzenden Parameter der Verteilungsfunktion $F_o(x)$.

Da die Prüffunktion Y^2 nur asymptotisch χ^2-verteilt ist, handelt es sich um ein Näherungsverfahren für große Stichproben, das angewendet werden kann, wenn gilt:

$\varphi_i \geqq 5$ für alle i und $n \geqq 50$.

Kleine Realisationen y^2 der Zufallsgröße Y^2 sprechen für die Richtigkeit der Nullhypothese H_o.
Der kritische Bereich K der Nullhypothese (Bild 69) liegt daher im Bereich großer Realisationen y^2.
Wir erhalten damit folgende Testentscheidung:

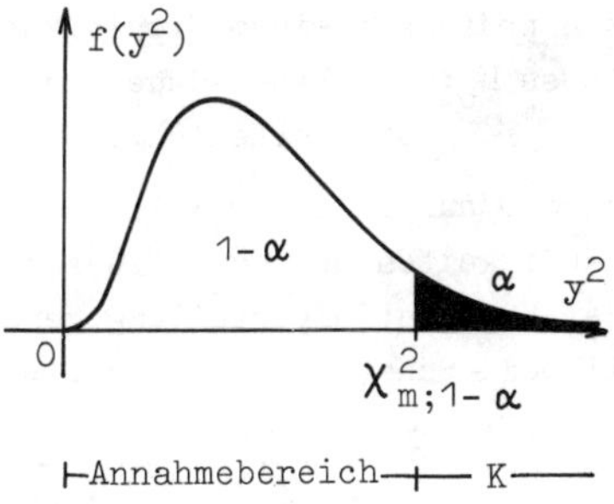

Bild 69 Kritischer Bereich K

Die Nullhypothese H_o: $F(x) = F_o(x)$ wird zugunsten der Alternative H_1: $F(x) \neq F_o(x)$ auf einem Signifikanzniveau α abgelehnt, wenn

$$y^2 = \sum_{i=1}^{k} \frac{(n_i - \varphi_i)^2}{\varphi_i} > \chi^2_{k-1-l;\,1-\alpha}$$

ist.

Bemerkung:
Bei den in den vorhergehenden Abschnitten besprochenen Parametertests war für die Daten kardinales Meßniveau vorausgesetzt worden. Der χ^2-Test kann auch für Daten mit nur nominalem Meßniveau angewendet werden. Daten eines höheren Meßniveaus müssen aber zu Merkmalsklassen zusammengefaßt werden.

Beispiel 121: Es wird vermutet, daß das Merkmal X = Lebensdauer eines Bauteils einer Exponentialverteilung mit der Verteilungsfunktion

$$F_o(x) = \begin{cases} 1 - e^{-\lambda x} & \text{für } x \geqq 0 \\ 0 & \text{für } x < 0 \end{cases}$$

genügt. Eine Untersuchung von n = 100 Bauteilen ergab für das Merkmal X folgende Verteilung:

$\bar{x}_i$	25	75	125	175	225	275	325	375	425
n_i	26	16	14	12	9	7	6	6	4

Man prüfe bei einem Signifikanzniveau $\alpha = 0{,}05$ die Nullhypothese H_o: Die Lebensdauer der Bauteile genügt einer Exponentialverteilung.

Um die aufgrund der Nullhypothese zu erwartenden Besetzungshäufigkeiten berechnen zu können, muß zuerst der Parameter der Exponentialverteilung geschätzt werden. Als Maximum-Likelihood-Schätzwert (Abschn. 3.2.2) erhält man

$$\hat{\lambda} = \frac{1}{\bar{x}} = \frac{n}{\sum \bar{x}_i . n_i}$$

Mit dem aus der Stichprobe errechneten arithmetischen Mittel $\bar{x} = 155{,}5$ h ergibt sich als Schätzwert

$$\hat{\lambda} = \frac{1}{155{,}5} h^{-1} = 0{,}0064 \; h^{-1}.$$

Damit erhält man

$$\varphi_1 = n.p_1 = n.P(0 < X \leqq 50) = n\left[F(50) - F(0)\right] =$$

$$= 100(1 - e^{-0{,}0064.50}) = 27{,}50$$

Die restlichen theoretischen Häufigkeiten φ_i werden analog berechnet.

$\bar{x}_i$	n_i		φ_i		$y_i^2 = \frac{(n_i - \varphi_i)^2}{\varphi_i}$
25	26		27,50		0,0818
75	16		19,94		0,7785
125	14		14,45		0,0140
175	12		10,48		0,2205
225	9		7,60		0,2579
275	7		5,51		0,4029
325	6	12	3,99	6,89	3,7898
375	6		2,90		
425	4	4	2,10	7,63	1,7270
> 450	0		5,53		
	n = 100		$\sum \varphi_i = 100$		$y^2 = \sum y_i^2 = 7,2724$

Hinzufügen einer offenen Randklasse (x > 450 h) mit der empirischen Häufigkeit 0 und der theoretischen Häufigkeit 5,53 ergibt $\sum \varphi_i = 100$. Durch Zusammenfassen von Merkmalsklassen wird die Bedingung $\varphi_i \geqq 5$ erfüllt. Dadurch ergeben sich k = 8 Merkmalsklassen. Da l = 1 Parameter geschätzt wurde, folgt für den kritischen Bereich

$$K: \; y^2 > \chi^2_{6;0,95} = 12,59.$$

Der Prüfwert $y^2 = 7,2724$ liegt nicht im kritischen Bereich. Es kann angenommen werden, daß das Merkmal Lebensdauer eines Bauteils einer Exponentialverteilung genügt.

Beispiel 122: Kann auf einem Signifikanzniveau $\alpha = 0,05$ behauptet werden, das Merkmal X = Nietkopfdurchmesser genüge einer Normalverteilung? Eine Messung von n = 200 Nietköpfen ergab folgende Häufigkeitsverteilung:

$\bar{x}_i$ [mm]	13,15	13,25	13,35	13,45	13,55	13,65
n_i	5	24	57	63	42	9

Als Schätzwerte für die Parameter μ und σ ergeben sich nach Beispiel 93:

$$\hat{\mu} = \bar{x} = 13{,}42 \text{ mm} \quad \text{und} \quad \hat{\sigma} = s = 0{,}114 \text{ mm}.$$

Damit folgt für die theoretischen Besetzungshäufigkeiten :

$$\varphi_1 = n.p_1 = 200.P(X \leqq 13{,}20) = 200.\,\Phi\left(\frac{13{,}20 - 13{,}42}{0{,}114}\right) =$$

$$= 200.\,\Phi(-1{,}93) = 5{,}36$$

$$\varphi_2 = n.p_2 = 200.P(13{,}20 < X \leqq 13{,}30) =$$

$$= 200.\left[\Phi(-1{,}05) - \Phi(-1{,}93)\right] = 24{,}02$$

Die Berechnung der noch fehlenden theoretischen Besetzungshäufigkeiten erfolgt analog und man erhält in übersichtlicher Tabellenform:

$\bar{x}_i$	n_i	φ_i	$y_i^2 = \frac{(n_i - \varphi_i)^2}{\varphi_i}$
13,15	5	5,36	0,02418
13,25	24	24,02	0,00002
13,35	57	56,74	0,00119
13,45	63	65,48	0,09393
13,55	42	36,98	0,68146
13,65	9	11,42	0,51282
			$y^2 =$ 1,31360

Es wurden l = 2 Parameter geschätzt. Als kritischen Bereich erhält man daher:

$$K: \quad y^2 > \chi^2_{3;0,95} = 7{,}81.$$

Der Prüfwert $y^2 = 1{,}3136$ liegt also nicht im kritischen Bereich. Die Nullhypothese wird nicht verworfen.
Das Merkmal X = Nietkopfdurchmesser kann als normalverteilt angesehen werden.

Im Anschluß hieran sei auf das in der Praxis verwendete "Wahrscheinlichkeitspapier"hingewiesen. Es wird benützt, um schnell einen Hinweis zu erhalten, ob eine Normalverteilung

des betrachteten Merkmals angenommen werden kann.
Durch Einführen einer entsprechenden nichtlinearen Skala auf der Ordinatenachse kann erreicht werden, daß in diesem neuen Koordinatensystem die Verteilungsfunktion F(x) einer Normalverteilung sich als Gerade darstellt (Bild 70).

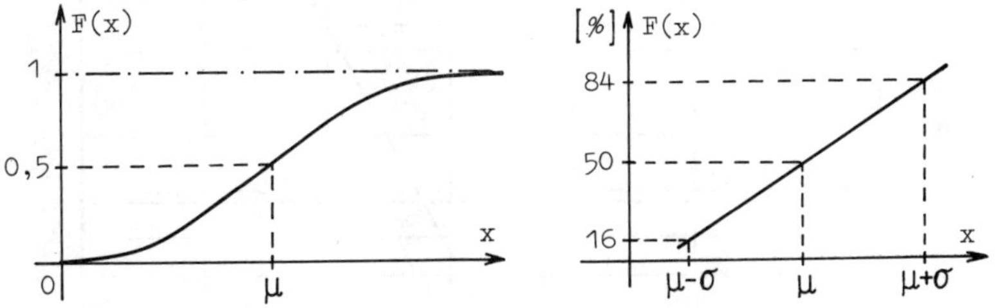

Bild 70 Verteilungsfunktion F(x) einer Normalverteilung

Die Ordinatenwerte 0 % und 100 % sind in diesem Wahrscheinlichkeitsnetz nicht enthalten. Trägt man die Summenprozente einer gegebenen Stichprobenverteilung in dieses Wahrscheinlichkeitspapier ein, so erhält man schnell einen Überblick, ob das betrachtete Merkmal normalverteilt ist.
Dabei ist zu beachten, daß die Summenprozentwerte über der linear unterteilten Merkmalsachse x nicht über den Klassenmitten, sondern über den oberen Klassengrenzen aufgetragen werden, da der betreffende Summenprozentwert erst am Ende der Merkmalsklasse erreicht wird. Die Prüfung der Geradlinigkeit erfolgt etwa zwischen den Ordinaten 10% und 90%. An den Rändern werden die Ordinaten stark verzerrt, sodaß sich geringe Abweichungen der Stichprobenverteilung von einer Normalverteilung stark auswirken.
Man erhält fernen grapisch Schätzwerte für die Parameter μ und σ der Normalverteilung.
Die Prüfung auf Normalverteilung mit Hilfe des Wahrscheinlichkeitspapiers ist nur ein Überschlagsverfahren. Insbesondere läßt sich dabei nicht angeben, ob Abweichungen von der Geradlinigkeit noch im Zufallsbereich liegen oder nicht.

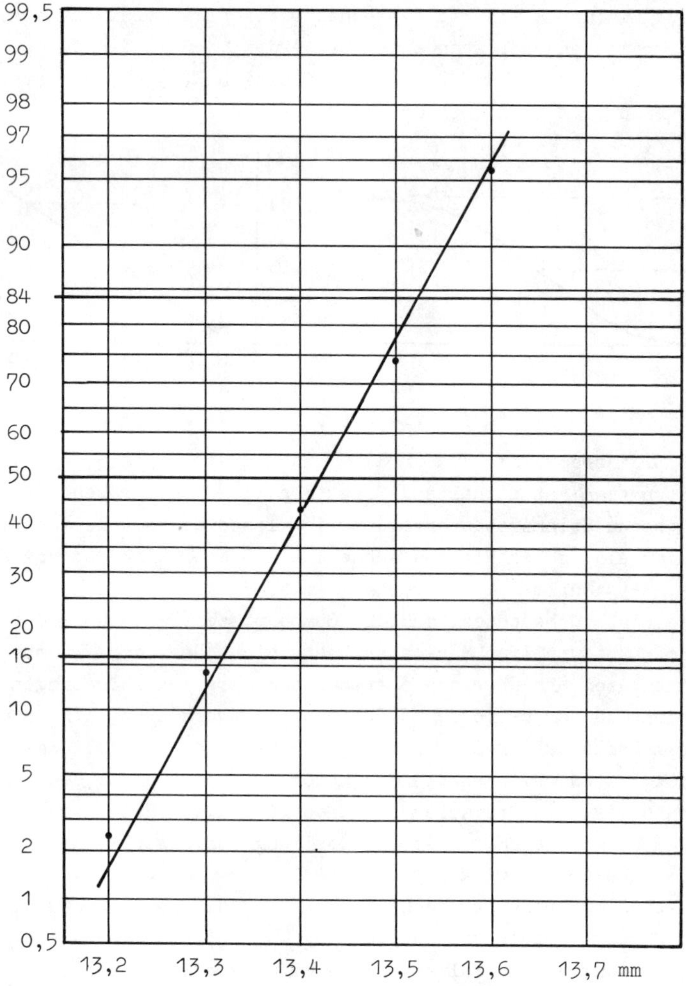

Bild 71 Darstellung der Stichprobenverteilung von Beispiel 122 im Wahrscheinlichkeitspapier

II. Kolmogorow - Smirnow - Anpassungstest

Wir betrachten eine stetige Zufallsgröße X mit einer unbekannten Verteilungsfunktion F(x). Geprüft wird die Hypothese, daß diese Verteilungsfunktion durch eine einschließlich der Parameter bestimmte Funktion $F_o(x)$ beschrieben ist.

Nullhypothese H_o: $F(x) = F_o(x)$

Zur Überprüfung der Nullhypothese wird die Verteilungsfunktion $F_o(x)$ mit einer aus der Stichprobe ermittelten empirischen Verteilungsfunktion $F_n(x)$ verglichen.

Definition 3.18:

> Unter der empirischen Verteilungsfunktion einer Stichprobe vom Umfang n versteht man
>
> $$F_n(x) := \frac{\text{Anzahl der Stichprobenelemente} \leqq x}{n} \tag{3.56}$$

Ist die theoretische Verteilungsfunktion $F_o(x) = P(X \leqq x)$, die Wahrscheinlichkeit dafür, daß das Merkmal X Werte annimmt, die höchstens gleich x sind, so gibt die empirische Verteilungsfunktion $F_n(x) = h_n(X \leqq x)$ die beobachtete relative Häufigkeit von Stichprobenelementen an, die nicht größer als x sind.

Bei richtiger Nullhypothese sollten die Abweichungsbeträge $|F_n(x) - F_o(x)|$ für alle x hinreichend klein sein.

Ein Prüfverfahren, welches die größte dieser Abweichungen zur Grundlage hat, wurde 1933 von Kolmogorow und Smirnow entwikkelt.

Bei richtiger Nullhypothese ist zu erwarten, daß auch die größte Abweichung

$$D = \max |F_n(x) - F(x)| \tag{3.57}$$

"klein" ist. Die Nullhypothese wird daher abgelehnt, wenn D eine bestimmte, vom Signifikanzniveau α und dem Stichprobenumfang abhängende Schranke $d_{n;1-\alpha}$ überschreitet.

Testentscheidung:

> Die Nullhypothese H_o: $F(x) = F_o(x)$ wird auf einem Signifikanzniveau α zugunsten der Alternative H_1: $F(x) \neq F_o(x)$ verworfen, wenn
>
> $$D = \max |F_n(x) - F_o(x)| > d_{n;1-\alpha}$$
>
> ist.

Eine Tabelle der kritischen Werte $d_{n;1-\alpha}$ für verschiedene Signifikanzniveaus α und Stichprobenumfänge n ist im Anhang angegeben.

Ohne Beweis sei die interessante Tatsache erwähnt, daß die Verteilung der Prüfgröße D nur von n und nicht von $F_o(x)$ abhängt. Für den Beweis wird dabei nur vorausgesetzt, daß $F_o(x)$ eine stetige Verteilungsfunktion ist. Außer der Stetigkeit ist also für die Verteilungsfunktion $F_o(x)$ keine weitere Voraussetzung notwendig.

Vergleich des Kolmogorow - Smirnow - Anpassungstests mit dem χ^2 - Test:

1. Der χ^2 - Test ist ein Näherungsverfahren für große Stichproben, während der Kolmogorow - Smirnow - Test auch für kleine Stichproben verwendet werden kann.

2. Beim Kolmogorow - Smirnow - Test werden alle n Stichprobenwerte verwendet. Beim χ^2 - Test arbeitet man mit gruppierten Daten, d.h. mit Daten, die in Merkmalsklassen zusammengefaßt sind. Dadurch tritt ein Informationsverlust ein.

3. Der Kolmogorow - Smirnow - Test setzt ein stetiges Merkmal voraus. Verwendet man ihn dennoch für diskrete Merkmale, so wird dadurch die Macht des Testes verkleinert. Der χ^2-Test ist auch für nur nominalskalierte Merkmale verwendbar.

4. Müssen Parameter der Verteilungsfunktion $F_o(x)$ geschätzt werden, so verringert sich beim χ^2 - Test nur die Anzahl der Freiheitsgrade. Beim Kolmogorow - Smirnow - Test wird

dagegen die Verteilung der Prüffunktion verändert. Mit dem angegebenen Testverfahren sind dann keine genauen kritischen Bereiche bestimmbar.

Beispiel 123: An einem Schalter wurden für n = 10 zufällig ausgewählte Kunden folgende Bedienungszeiten beobachtet:

0,6 / 1,2 / 2,4 / 3,3 / 3,7 / 4,6 / 5,0 / 6,1 / 8,0 / 10,2 Min.

Es wird vermutet, daß die Zufallsgröße X = Bedienungszeit einer Exponentialverteilung mit einer mittleren Bedienungszeit

$$E(X) = \frac{1}{\lambda} = 4 \text{ Min.}$$

genügt. Man prüfe auf einem Signifikanzniveau $\alpha = 0{,}05$ die Hypothese

$$H_0\colon F(x) = F_0(x) = \begin{cases} 1 - e^{-\lambda x} & \text{für } x \geqq 0 \\ 0 & \text{für } x < 0 \end{cases}$$

gegen die Alternative $H_1\colon F(x) \neq F_0(x)$.

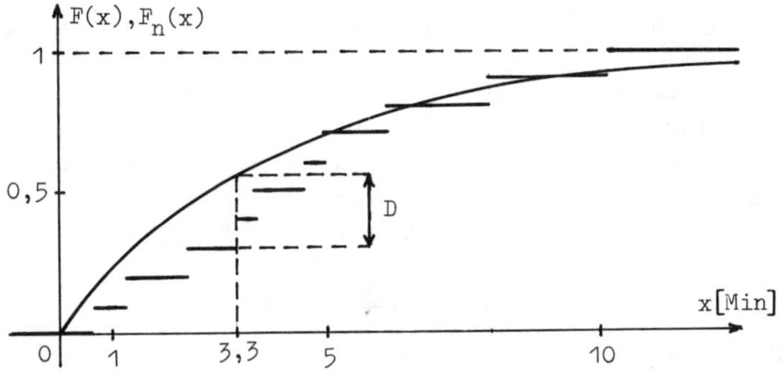

Bild 72 Theoretische und empirische Verteilungsfunktion

In Bild 72 ist die theoretische Verteilungesfunktion

$$F_0(x) = 1 - e^{-0{,}25\,x} \quad (x \geqq 0)$$

und die empirische Verteilungsfunktion $F_n(x)$ ("Treppenfunktion") dargestellt. In der folgenden Tabelle sind an den Unstetigkeitsstellen x_i der empirischen Verteilungsfunktion die links- und rechtsseitigen Grenzwerte d_l und d_r des Betrages des Unterschiedes zwischen der theoretischen und der empirischen Verteilungsfunktion zusammengestellt.

x_i	$F_o(x_i)$	d_l	d_r
0,6	0,1393	0,1393	0,0393
1,2	0,2592	0,1592	0,0592
2,4	0,4512	0,2512	0,1512
3,3	0,5618	0,2618	0,1618
3,7	0,6035	0,2035	0,1035
4,6	0,6834	0,1834	0,0834
5,0	0,7135	0,1135	0,0135
6,1	0,7824	0,0824	0,0176
8,0	0,8674	0,0674	0,0326
10,2	0,9219	0,0219	0,0781

Der kritische Bereich der Nullhypothese ist gegeben durch:

$$K: \quad D = \max |F_n(x) - F_o(x)| > d_{10;0,95} = 0,409$$

Der aus der obenstehenden Tabelle erkennbare Wert D = 0,2618 liegt nicht im kritischen Bereich.
Die vorliegende Stichprobe spricht nicht gegen die Annahme, daß die Zufallsgröße X = Bedienungszeit einer Exponentialverteilung mit dem Parameter $\lambda = 0,25 \text{ Min}^{-1}$ genügt.

III. Test auf Unabhängigkeit in Mehrfeldertafeln

Es werden zwei Merkmale A und B betrachtet und die Nullhypothese

H_o: die Merkmale A und B sind unabhängig

geprüft.
Das Merkmal A sei in die k Merkmalsklassen A_i $(i = 1,2,\ldots,k)$, das Merkmal B sei in die l Merkmalsklassen B_j $(j = 1,2,\ldots,l)$ unterteilt.
Eine zufällige Stichprobe vom Umfang n liefert die in der Mehrfeldertafel angegebene Verteilung.

	B_1	B_2	. . .	B_j	. . .	B_l	
A_1	n_{11}	n_{12}		n_{1j}		n_{1l}	n_{1Z}
A_2	n_{21}	n_{22}		n_{2j}		n_{2l}	n_{2Z}
⋮							⋮
A_i	n_{i1}	n_{i2}		n_{ij}		n_{il}	n_{iZ}
⋮							⋮
A_k	n_{k1}	n_{k2}		n_{kj}		n_{kl}	n_{kZ}
	n_{S1}	n_{S2}	. . .	n_{Sj}	. . .	n_{Sl}	n

Dabei ist $n_{iZ} = \sum_{j=1}^{l} n_{ij}$ die i - te Zeilensumme und

$n_{Sj} = \sum_{i=1}^{k} n_{ij}$ die k - te Spaltensumme der Besetzungshäufigkeiten in der Mehrfeldertafel, wobei n_{ij} die Anzahl der Stichprobenelemente ist, die hinsichtlich des Merkmals A in die Klasse A_i und bezüglich des Merkmals B in die Merkmalsklasse B_j fallen.

Ferner gilt: $n = \sum_{i=1}^{k} \sum_{j=1}^{l} n_{ij} = \sum_{i=1}^{k} n_{iZ} = \sum_{j=1}^{l} n_{Sj}$.

Das folgende Testverfahren für die Nullhypothese

> H_o: die Merkmale A und B sind unabhängig,
> gegen die Alternative
> H_1: die Merkmale sind nicht unabhängig,

ist ein Sonderfall des χ^2 - Tests.
Unter der Voraussetzung, daß H_o richtig ist, ergibt sich die Wahrscheinlichkeit für das gemeinsame Auftreten der Merkmalskategorien A_i und B_j zu

$$p_{ij} = P(A=A_i, B=B_j) = P(A=A_i).P(B=B_j)$$

Diese unbekannten Wahrscheinlichkeiten p_{ij} werden durch die aus der Mehrfeldertafel berechenbaren relativen Häufigkeiten geschätzt. Man erhält:

$$\hat{p}_{ij} = h(A=A_i).h(B=B_j) = \frac{n_{iZ}}{n}.\frac{n_{Sj}}{n}$$

Die bei unabhängigen Merkmalen A und B zu erwartenden Besetzungshäufigkeiten sind dann

$$\varphi_{ij} = n.\,\hat{p}_{ij} = \frac{n_{iZ}.n_{Sj}}{n}$$

Die Realisation der Prüffunktion Y^2 des χ^2-Tests

$$y^2 = \sum_{i=1}^{k} \sum_{j=1}^{l} \frac{(n_{ij} - \varphi_{ij})^2}{\varphi_{ij}}$$

läßt sich umformen in

$$y^2 = \sum_{i=1}^{k} \sum_{j=1}^{l} \frac{\left[n_{ij} - \frac{n_{iZ}.n_{Sj}}{n}\right]^2}{\frac{n_{iZ}.n_{Sj}}{n}} = n \sum_{i=1}^{k} \sum_{j=1}^{l} \frac{n_{ij}^2}{n_{iZ}.n_{Sj}} -$$

$$- 2 \sum_{i=1}^{k} \sum_{j=1}^{l} n_{ij} + \sum_{i=1}^{k} \sum_{j=1}^{l} \frac{n_{iZ}.n_{Sj}}{n}$$

$$= n\sum_{i=1}^{k} \sum_{j=1}^{l} \frac{n_{ij}^2}{n_{iZ}.n_{Sj}} - 2n + n = n \sum_{i=1}^{k} \sum_{j=1}^{l} \left[\frac{n_{ij}^2}{n_{iZ}.n_{Sj}} - 1\right]$$

Zur Bestimmung des kritischen Bereiches benötigen wir noch die Anzahl der Freiheitsgrade der Prüffunktion Y^2. Es sind k.l Merkmalsklasen gegeben. Geschätzt werden mußten

$k - 1$ Wahrscheinlichkeiten $P(A=A_i)$

und $l - 1$ Wahrscheinlichkeiten $P(B=B_j)$.

Unter den beim χ^2-Anpassungstest angegebenen Voraussetzungen: $\varphi_{ij} \geqq 5$ und $n \geqq 50$ genügt die Prüffunktion Y^2 einer χ^2-Verteilung mit

$m = k.l - 1 - (k-1) - (l-1) = (k-1)(l-1)$ Freiheitsgraden.

Testentscheidung:

Die Nullhypothese H_o wird auf einem Signifikanzniveau α abgelehnt, wenn

$$y^2 = n\left[\sum_{i=1}^{k}\sum_{j=1}^{l}\frac{n_{ij}^2}{n_{iZ}\cdot n_{Sj}} - 1\right] > \chi^2_{(k-1)\cdot(l-1);1-\alpha}$$

ist.

Beispiel 124: Für die Mitarbeiter eines Betriebes, unterteilt hinsichtlich des Merkmals A = Geschlecht, in Frauen und Männer, sind die Fehlzeiten in Tagen während eines bestimmten Zeitraums (= Merkmal B) in der folgenden Übersicht zusammengestellt.

A \ B	0	1 - 3	4 - 6	>6	
Frauen	82	35	21	12	150
Männer	63	24	8	5	100
	145	59	29	17	250

Kann auf einem Signifikanzniveau $\alpha = 0{,}05$ behauptet werden, daß die Merkmale A und B unabhängig sind?

Der kritische Bereich der Nullhypothese ist

$$K:\ y^2 > \chi^2_{3;0,95} = 7{,}81.$$

Der Prüfwert

$$y^2 = n\left[\sum_{i=1}^{2}\sum_{j=1}^{4}\frac{n_{ij}^2}{n_{iZ}\cdot n_{Sj}} - 1\right] = 250\left[1{,}013543507 - 1\right] = 3{,}39$$

liegt nicht im kritischen Bereich. Die Fehlzeiten sind vom Geschlecht der Mitarbeiter dieses Betriebes unabhängig.

3.3.9 Verteilungsfreie Tests

Bei den bisher behandelten Testverfahren wird, soweit es sich nicht um Näherungsverfahren für große Stichproben handelt, i.allg. vorausgesetzt, daß das betrachtete Merkmal normalverteilt ist. Nur beim Anpassungstest von Kolmogorow - Smirnow konnten wir feststellen, daß die Verteilung der zur Testentscheidung verwendeten Prüffunktion unabhängig ist von der Art der Verteilung des Merkmals in der Grundgesamtheit. Derartige Testverfahren heißen verteilungsfreie oder auch nichtparametrische Tests.
Die Entwicklung verteilungsfreier Testverfahren hat in den letzten Jahrzehnten stark zugenommen. Da weniger Information über die Grundgesamtheit in die Hypothesenprüfung eingeht, ist die Macht des Tests, im Vergleich zu entsprechenden parametrischen Tests, geringer. Dieser Nachteil wird durch eine Reihe von Vorteilen aufgewogen.
Es soll hier nur eine kurze Einführung in einige weitere verteilungsfreie Testverfahren gegeben werden.

I. Vorzeichentest

Der Vorzeichentest (Zeichentest) ist der älteste nichtparametrische Test. Er wurde schon 1710 von dem schottischen Arzt John Arbuthnot zur Widerlegung der Ansicht, Knaben- und Mädchengeburten seien gleichhäufig, verwendet.
Der Vorzeichentest kann in verschiedenen Testsituationen angewendet werden.

1. Prüfen einer Hypothese über den Median (Zentralwert) $\tilde{x}$ einer Verteilung

Es sei $\vec{X} = (X_1, X_2, \ldots, X_i, \ldots, X_n)$ der Stichprobenvektor.
Da

$$P(X_i > \tilde{x}) = P(X_i < \tilde{x}) = 0,5$$

gilt, ist die Zufallsgröße

$$K_+ = \text{Anzahl der positiven Differenzen}$$
$$D_i = X_i - \tilde{x}$$

binomialverteilt mit den Parametern n und p = 0,5.

Ist für ein i die Differenz $d_i = x_i - \tilde{x} = 0$, so wird der Fall nicht gezählt. Dadurch erniedrigt sich der Stichprobenumfang.

a) Große Stichproben ($n \geqq 40$)

Im Falle großer Stichproben kann die Binomialverteilung der Zufallsgröße K_+ durch eine Normalverteilung mit den Parametern

$$\mu = n.p = \frac{n}{2} \quad \text{und} \quad \sigma^2 = n.p(1-p) = \frac{n}{4}$$

angenähert werden (Grenzwertsatz von Moivre - Laplace).

Die Zufallsgröße

$$U = \frac{K_+ - \frac{n}{2}}{\sqrt{\frac{n}{4}}} = \frac{2K_+ - n}{\sqrt{n}} \qquad (3.58)$$

ist näherungsweise standardnormalverteilt.

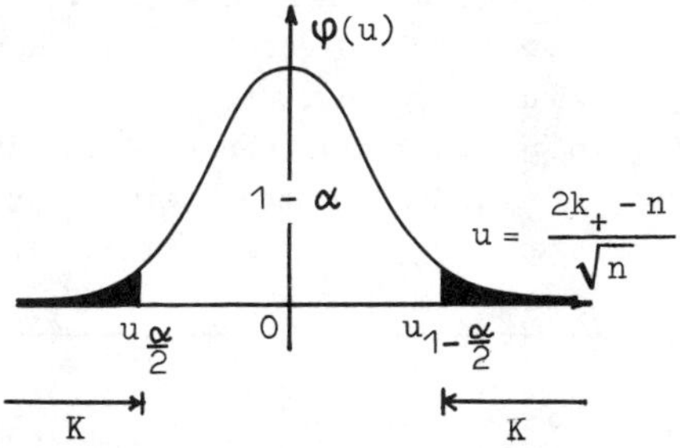

Bild 73 Kritischer Bereich bei einer zweiseitigen Fragestellung

H_0	H_1	Kritischer Bereich bei einem Signifikanzniveau α
$\tilde{x} \leqq x_0$ $\tilde{x} \geqq x_0$	$\tilde{x} > x_0$ $\tilde{x} < x_0$	$\frac{\lvert 2k_+ - n\rvert}{\sqrt{n}} > u_{1-\alpha}$
$\tilde{x} = x_0$	$\tilde{x} \neq x_0$	$\frac{\lvert 2k_+ - n\rvert}{\sqrt{n}} > u_{1-\frac{\alpha}{2}}$

Wegen $k_+ = n - k_-$ gilt: $|2k_+ - n| = |2k_- - n|$. Es kann daher anstelle von k_+ auch k_- (= Anzahl der negativen Vorzeichen in der Stichprobe) verwendet werden.

b) Kleine Stichproben ($n < 40$)

Bei kleinen Stichproben muß die exakte Verteilung der Prüffunktion K_+ (Binomialverteilung mit den Parametern n und p = 0,5) berücksichtigt werden.

Bei der Festlegung der kritischen Bereiche sind daher Quantile der Binomialverteilung zu verwenden. Dabei ergibt sich die Schwierigkeit, daß zu einem vereinbarten Signifikanzniveau α i. allg. keine ganzzahligen Quantile gehören. Um zu ganzzahligen Grenzen der kritischen Bereiche zu gelangen, werden wir die Ablehnungsbereiche der Nullhypothese von Fall zu Fall mehr oder weniger verkleinern. Das Signifikanzniveau wird dadurch nicht voll ausgenützt. Die Wahrscheinlichkeit, sich für eine falsche Alternative H_1 zu entscheiden wird dadurch kleiner als vereinbart war. Die Nullhypothese H_0 wird begünstigt. Derartige Tests heißen konservativ. Das tatsächliche Signifikanzniveau α^* ist in diesem Fall kleiner als das vereinbarte Signifikanzniveau α.

Die folgenden kritischen Bereiche gehören zu einem Signifikanzniveau, das höchstens gleich α ist. Eine Tabelle der Schranken $k_{n;\gamma}$ für verschiedene Werte von γ und $n \leqq 40$ befindet sich im Anhang.

H_0	H_1	Kritischer Bereich bei einem Signifikanzniveau $\leqq \alpha$
$\tilde{x} \leqq x_0$	$\tilde{x} > x_0$	$k_+ > k_{n;1-\alpha}$
$\tilde{x} \geqq x_0$	$\tilde{x} < x_0$	$k_+ < k_{n;\alpha}$
$\tilde{x} = x_0$	$\tilde{x} \neq x_0$	$k_+ > k_{n;1-\frac{\alpha}{2}}$ oder $k_+ < k_{n;\frac{\alpha}{2}}$

Bemerkung:

Wir haben hier k_+, die Anzahl der positiven Vorzeichen in der Stichprobe verwendet. Durch k_+ ist natürlich auch $k_- = n - k_+$ bestimmt. Man kann aber auch mit

$$k = \max(k_+, k_-)$$

arbeiten. Die Nullhypothese wird dann abgelehnt, wenn k, die größere der beiden Vorzeichenanzahlen die entsprechenden Schranken überschreitet.

H_0	H_1	Kritischer Bereich bei einem Signifikanzniveau $\leqq \alpha$
$\tilde{x} \leqq x_0$ $\tilde{x} \geqq x_0$	$\tilde{x} > x_0$ $\tilde{x} < x_0$	$k > k_{n;1-\alpha}$
$\tilde{x} = x_0$	$\tilde{x} \neq x_0$	$k > k_{n;1-\frac{\alpha}{2}}$

Ist die Verteilung des Merkmals X symmetrisch, so gilt:

$$\tilde{x} = \mu = E(X).$$

Der Vorzeichentest eignet sich dann zum Prüfen einer Hypothese über den Mittelwert einer Verteilung, von der außer der Symmetrie nichts verausgesetzt wird.

Das Meßniveau der Daten muß die Entscheidungen $x_i > \tilde{x}$ und $x_i < \tilde{x}$ bzw. $x_i > \mu$ und $x_i < \mu$ zulassen.

2. Prüfen einer Hypothese über den Unterschied zweier abhängiger Merkmale X und Y

Betrachtet wird hier der Fall von zwei "verbundenen Stichproben", d.h. an n Untersuchungseinheiten (Merkmalsträgern) werden je zwei Merkmalsauprägungen beobachtet. Man erhält dadurch n Paare (x_i, y_i) von Realisationen der Zufallsgrößen X und Y, deren Differenzen

$$D_i = Y_i - X_i$$

zur Testentscheidung verwendet werden.

Bei der Nullhypothese wird angenommen, daß positive und negative Vorzeichen der Differenzen gleichwahrscheinlich sind, d.h. daß der Median der Differenzen den Wert Null hat.

Die Zufallsgröße

$$K_+ = \text{Anzahl der positiven Differenzen}$$

genügt einer Binomialverteilung mit den Parametern n und $p = \frac{1}{2}$.

Die Testentscheidung erfolgt analog zu dem bereits besprochenen Fall der Prüfung einer Hypothese über den Median einer Verteilung.

Beispiel 125: Messungen nach zwei verschiedenen Verfahren mit den Meßwerten x_i und y_i am jeweils gleichen Meßobjekt ergaben bei n = 30 Paaren von Meßwerten für die Differenzen $d_i = y_i - x_i$

$$k_+ = 18 \quad \text{und} \quad k_- = 12$$

positive, bzw. negative Vorzeichen.
Kann bei einem Signifikanzniveau $\alpha \leq 0{,}05$ angenommen werden, daß das Verfahren, welches die Meßwerte y_i liefert, im Mittel zu größeren Werten führt?

Geprüft wird mit Hilfe des Vorzeichentests eine Hypothese über den Median $\tilde{x}_D$ der Differenz D = Y - X der beiden Merkmale X und Y.
Die Nullhypothese H_o: $\tilde{x}_D \leqq 0$ wird zugunsten der Alternative H_1: $\tilde{x}_D > 0$ bei einem Signifikanzniveau $\alpha \leq 0{,}05$ verworfen, wenn

$$k_+ > k_{30;0,95} = 19$$

ist. Dies ist hier nicht der Fall. Die Nullhypothese kann aufgrund dieser Stichprobe nicht abgelehnt werden.

II. Vorzeichen - Rangtest von Wilcoxon

Der Vorzeichen - Rangtest von Wilcoxon kann ebenso wie der Vorzeichentest in verschiedenen Testsituationen verwendet werden. Wir werden die dem Test zugrundeliegende Prüffunktion dazu benützen, um eine Hypothese über den Unterschied einer symmetrisch verteilten Differenz D = Y - X von Merkmalspaaren (X,Y) zu prüfen.

Voraussetzungen: Die Differenzen $D_i = Y_i - X_i$ sind unabhängige, stetige und symmetrisch verteilte Zufallsgrößen.

Beim Vorzeichen - Rangtest von Wilcoxon werden neben den Vorzeichen der Differenzen $d_i = y_i - x_i$ auch die Größenordnungen dieser Unterschiede der Merkmalswerte dadurch berücksichtigt, daß man den der Größe nach geordneten Beträgen $|d_i|$ die Ränge

von 1 bis n zuordnet.
Treten Merkmalspaare (x_i, y_i) mit $d_i = y_i - x_i = 0$ auf, so werden sie, wie beim Vorzeichentest, nicht gewertet. Stimmen Differenzen betragsmäßig überein, so werden ihnen i. allg. Durchschnittsränge zugeordnet.

Als Prüffunktion verwendet man die Zufallsgröße
W_+ = Summe der Ränge, die zu positiven Differenzen gehören.

Ein einfaches Zahlenbeispiel soll diesen Sachverhalt veranschaulichen. Eine Messung von $n = 8$ Merkmalspaaren (x_i, y_i) ergab die in der Tabelle angegebenen Differenzen $d_i = y_i - x_i$. Dadurch sind auch die Ränge r_i bestimmt.

d_i	1,6	0,9	-0,3	0,7	-1,2	0,2	1,2	1,4
r_i	8	4	2	3	5,5	1	5,5	7

Den betragsmäßig gleichen Differenzen 1,2 und -1,2 wurden die durchschnittlichen Ränge 5,5 zugeordnet. Die Verteilung der Zufallsgröße W_+ wird durch das Einführen von Durchschnittsrängen etwas verändert, worauf hier nicht näher eingegangen werden kann. Eine andere, in der Praxis wenig verwendete Möglichkeit ist, den betragsmäßig gleichen Differenzen die in Frage kommenden Ränge zufällig zuzuordnen.
Die Zufallsgröße W_+ erhält in unserem Beispiel den Wert

$$w_+ = 8 + 4 + 3 + 1 + 5{,}5 + 7 = 28{,}5$$

Die Summe der Ränge negativer Differenzen ist $w_- = 7{,}5$.
Allgemein gilt für die Gesamtsumme der Ränge

$$w_+ + w_- = \frac{n(n+1)}{2}$$

Sind die Testvoraussetzungen erfüllt und gilt die Nullhypothese, daß positive und negative Differenzen gleichwahrscheinlich sind, so ist die Verteilung der Zufallsgröße W_+ symmetrisch mit

$$E(W_+) = \frac{n(n+1)}{4} \quad \text{und} \quad Var(W_+) = \frac{n(n+1)(2n+1)}{24}$$

Beweis: Die Zufallsgröße W_+ kann in der Form

$$W_+ = \sum_{k=1}^{n} k.S_k \quad \text{mit} \quad S_k = \begin{cases} 0 & \text{für } d_i < 0 \\ 1 & \text{für } d_i > 0 \end{cases}$$

angegeben werden, wobei k der Rangplatz und d_i die zum Rangplatz k gehörende Differenz ist. Wegen $P(D_i > 0) = P(D_i < 0) = 0{,}5$ bzw. $P(S_k = 1) = P(S_k = 0) = 0{,}5$ erhält man:

$$E(S_k) = \frac{1}{2} \quad \text{und} \quad Var(S_k) = \frac{1}{4} \quad \text{(Abschn.1.4.6).}$$

Daraus folgt:

$$E(W_+) = \frac{1}{2} \sum_{k=1}^{n} k = \frac{n(n+1)}{4} \quad \text{und}$$

$$Var(W_+) = \frac{1}{4} \sum_{k=1}^{n} k^2 = \frac{n(n+1)(2n+1)}{24}$$

Die exakte Verteilung der Prüffunktion W_+ kann mit Hilfe der Kombinatorik bestimmt werden, was für größere Werte von n relativ umständlich ist. Für große Stichproben ($n > 20$) kann die Zufallsgröße W_+ näherungsweise als normalverteilt angesehen werden.

Die Zufallsgröße

$$U = \frac{W_+ - \frac{n(n+1)}{4}}{\sqrt{\frac{n(n+1)(2n+1)}{24}}} \tag{3.59}$$

ist dann näherungsweise standardnormalverteilt.

a) Große Stichproben ($n > 20$)

H_o	H_1	Kritischer Bereich bei einem Signifikanzniveau α
$\tilde{x}_D \leqq 0$ $\tilde{x}_D \geqq 0$	$\tilde{x}_D > 0$ $\tilde{x}_D < 0$	$\|u\| > u_{1-\alpha}$
$\tilde{x}_D = 0$	$\tilde{x}_D \neq 0$	$\|u\| > u_{1-\frac{\alpha}{2}}$

Dabei ist $\tilde{x}_D$ der Median der Differenz $D = Y - X$.

b) Kleine Stichproben ($n \leqq 20$)

H_o	H_1	Kritischer Bereich bei einem Signifikanzniveau $\leqq \alpha$
$\tilde{x}_D \leqq 0$	$\tilde{x}_D > 0$	$w_+ > w_{n;1-\alpha}$
$\tilde{x}_D \geqq 0$	$\tilde{x}_D < 0$	$w_+ < w_{n;\alpha}$
$\tilde{x}_D = 0$	$\tilde{x}_D = 0$	$w_+ > w_{n;1-\frac{\alpha}{2}}$ oder $w_+ < w_{n;\frac{\alpha}{2}}$

Eine Tabelle mit Schranken $w_{n;\gamma}$ befindet sich im Anhang. Da die Prüffunktion W_+ eine diskrete Zufallsgröße ist, wird das Signifikanzniveau α i.allg. nicht voll ausgenützt. Der Test ist konservativ.

Bemerkung: Die eingangs erwähnten anderen Testsituationen, in denen die Prüffunktion W_+ des Vorzeichen - Rangtestes von Wilcoxon verwendet werden kann, sind folgende:

1. Stammen die unabhängigen Stichprobenelemente x_i aus einer Stichprobe mit der Verteilungsfunktion F, so kann geprüft werden, ob die Verteilung des Merkmals X symmetrisch zu einem Wert x_o ist. Zur Bestimmung des Prüfwertes w_+ werden die Vorzeichen und Ränge der Differenzen $d_i = x_i - x_o$ verwendet.
2. Kann die Symmetrie der Verteilung vorausgesetzt werden, so kann mit w_+ eine Hypothese über den Median der Verteilung geprüft werden. Bei symmetrischen Verteilungen stimmt der Median mit dem Mittelwert überein.

Beispiel 126: In einem Labor wurde der prozentuale Eisengehalt von $n = 9$ Erzproben nach zwei Verfahren (Meßwerte x_i und y_i) ermittelt. Man prüfe bei einem Signifikanzniveau $\leqq 5\%$ die Nullhypothese, beide Verfahren liefern im Mittel die gleichen Meßwerte, gegen die Alternative, das zweite Verfahren (Meßwerte y_i) führt im Mittel zu größeren Analysewerten. Die Voraussetzungen des Vorzeichen - Rangtestes seien erfüllt.

Die Tabelle der Meßwerte wurde durch die Differenzen d_i und ihre Ränge r_i ergänzt.

y_i	30,2	26,1	31,7	31,8	25,3	28,3	31,4	26,3	28,4
x_i	28,3	26,5	31,2	30,8	25,9	27,4	29,1	24,7	29,2
d_i	1,9	-0,4	0,5	1,0	-0,6	0,9	2,3	1,6	-0,8
r_i	8	1	2	6	3	5	9	7	4

Man erhält damit für Rangsumme der positiven Differenzen

$$w_+ = 8+2+6+5+9+7 = 37$$

Der Prüfwert $w_+ = 37$ überschreitet die Schranke $w_{9;0,95} = 36$. Die Nullhypothese $H_o: \tilde{x}_D \leqq 0$ wird zugunsten der Alternative $H_1: \tilde{x}_D > 0$ verworfen.

Berücksichtigt man nur die Vorzeichen der Differenzen ohne ihre Ränge (Vorzeichentest), so überschreitet die Anzahl der positiven Vorzeichen $k_+ = 6$ die Schranke $k_{9;0,95} = 7$ nicht. Der Vorzeichentest führt hier nicht zur Ablehnung der Nullhypothese.

III. Mann - Withney - Test (U - Test)

Wir betrachten die stetigen Merkmale X und Y aus zwei unabhängigen Grundgesamtheiten. Die Stichprobenwerte X_i und Y_j ($i = 1,2,\ldots,n_1$; $j = 1,2,\ldots,n_2$) sind unabhängige Zufallsgrößen mit den stetigen Verteilungsfunktionen F_x und F_y. Der Test dient zur Prüfung der Frage, ob die beiden Merkmale die gleiche Verteilungsfunktion haben. Die Nullhypothese ist daher

H_o: Die Merkmale X und Y haben die gleiche Verteilung,

bzw. $H_o: F_x(w) = F_y(w)$ für alle w.

Nun gilt $F_x(w) = P(X \leqq w)$ und $F_y(w) = P(Y \leqq w)$.

Nimmt das Merkmal Y "im Durchschnitt größere Werte an als X" bzw. ist Y "stochastisch größer" als X, so gilt für alle w

$P(Y > w) \geqq P(X > w)$ und für mindestens ein w
$P(Y > w) > P(X > w)$.

Dies bedeutet für die Verteilungsfunktionen

$F_y(w) \leqq F_x(w)$ für alle w und für mindestens ein w

$F_y(w) < F_x(w)$.

Mögliche Alternativen sind:
beim zweiseitigen Test H_1: $F_x \neq F_y$,
beim einseitigen Test H_1: $F_x \leqq F_y$ bzw. H_1: $F_x \geqq F_y$.
Bei den Alternativen des einseitigen Tests soll dabei noch $F_x < F_y$ bzw. $F_x > F_y$ für mindestens ein w gelten.

Man ordnet nun die Stichprobenwerte x_i und y_j der Größe nach in einer Reihe an. Dadurch entsteht eine Folge von

$$n = n_1 + n_2$$

Elementen der Form

$$x\ x\ y\ x\ y\ y\ \dots\ x\ x\ y\ ,$$

bestehend aus n_1 Elementen x der einen Stichprobe und n_2 Elementen y der anderen Stichprobe.
Beim Rangsummentest von Wilcoxon wird als Prüffunktion die Rangsumme W einer der beiden Merkmalsklassen verwendet. So ist z.B. für die Folge

$$x\ x\ y\ y\ y\ x\ y\ y\ x\ x\ x$$

die Rangsumme der x-Werte $w_x = 1 + 2 + 6 + 9 + 10 + 11 = 39$,

die der y-Werte $w_y = 3 + 4 + 5 + 7 + 8 = 27$.

Zwischen den beiden Rangsummen besteht der Zusammenhang

$$w_x + w_y = \frac{n(n+1)}{2}\ .$$

In unserem Beispiel $w_x + w_y = \frac{11 \cdot 12}{2} = 66$.

Bei richtiger Nullhypothese sind sowohl sehr kleine, als auch sehr große Rangsummen eines Merkmals unwahrscheinlich. Die Nullhypothese wird daher abgelehnt, wenn eine Rangsumme bestimmte Schranken über- oder unterschreitet.

Äquivalent mit dem Rangsummentest von Wilcoxon ist der Mann-Withney-Test, auch U-Test genannt, auf den wir hier näher eingehen wollen.
Wir betrachten noch einmal die Folge

x x y y y x y y x x x,

bestimmen zu jedem Element x die Anzahl z_i der vor diesem Element stehenden y-Werte und bilden die Summe

$$u_x = \sum_{i=1}^{n_1} z_i = 0+0+3+5+5+5 = 18.$$

Man kann analog natürlich auch zu jedem Element y die Anzahl z_j der vor diesem Element stehenden x-Werte bilden und aufsummieren zu

$$u_y = \sum_{j=1}^{n_2} z_j = 2+2+2+3+3 = 12.$$

Da zwischen den beiden Größen die Beziehung

$$u_x + u_y = n_1 \cdot n_2 \qquad (3.60)$$

besteht, kann jede von ihnen zu Prüfzwecke herangezogen werden. Der Mann-Withney-Test benützt die kleinere der beiden Größen.

1. Es sei Z_i die Anzahl der Y-Werte, die kleiner als X_i sind, also in der geordneten Folge der X,Y-Werte vor X_i stehen.

2. $U_x = \sum_{i=1}^{n_1} Z_i$ und $U_y = n_1 \cdot n_2 - U_x$. (3.61)

3. $U_o = \min(U_x, U_y)$, die kleinere der beiden Zufallsgrößen U_x und U_y, ist die Prüffunktion des Mann-Withney-Testes.

Die Prüfhypothese H_o wird abgelehnt, wenn der Prüfwert u_o eine von n_1, n_2 und dem Signifikanzniveau α abhängende Schranke unterschreitet.

Die bereits erwähnte Äquivalenz des Mann - Withney - Tests mit dem Rangsummentest von Wilcoxon hat ihre Ursache in dem linearen Zusammenhang

$$W_x = \frac{n_1(n_1+1)}{2} + U_x \quad \text{bzw.} \quad W_y = \frac{n_2(n_2+1)}{2} + U_y$$

zwischen den Prüffunktionen W und U.

Da die Merkmale X und Y als stetig vorausgesetzt wurden, ist zwar die Wahrscheinlichkeit für das Auftreten gleichen Merkmalswerte gleich Null, in der Praxis werden aber wegen der beschränkten Meßgenauigkeit gleiche Merkmalswerte auftreten können. Stimmen Meßwerte innerhalb einer Stichprobe überein, so bleibt die Testgröße U_o davon unberührt. Sind Merkmalswerte aus verschiedenen Stichproben gleich, so arbeitet man i.allg.,wie beim Vorzeichen - Rangtest, mit Durchschnittsrängen. Stimmen z.B. in der Rangfolge

$$x \quad x \quad y \quad y \quad y \quad \textcircled{x} \; \textcircled{y} \quad x \quad x \quad y$$

die beiden gekennzeichneten x - und y - Werte überein, so erhält man:

$$u_x = 0+0+3{,}5+4+4 = 11{,}5 \text{ und } u_y = 2+2+2+2{,}5+5 = 13{,}5.$$

Für große Stichproben ($n_1, n_2 > 20$) ist die Prüffunktion U_o näherungsweise normalverteilt mit

$$E(U_o) = \frac{n_1 \cdot n_2}{2} \quad \text{und} \quad Var(U_o) = \frac{n_1 \cdot n_2(n_1+n_2+1)}{12} \quad .$$

Für große Stichproben ist daher die Zufallsgröße

$$U = \frac{U_o - \frac{n_1 \cdot n_2}{2}}{\sqrt{\frac{n_1 \cdot n_2(n_1+n_2+1)}{12}}} \tag{3.62}$$

näherungsweise standardnormalverteilt.

Bei großen Stichproben kann daher die Testentscheidung in bekannter Weise mit Hilfe der näherungsweise standardnormalverteilten Prüfgröße U nach Gl.(3.62) erfolgen.

Bei kleinen Stichproben muß die exakte Verteilung der Prüffunktion U_o berücksichtigt werden. Eine Tabelle mit Schranken $u_{n_1;n_2;\gamma}$ befindet sich im Anhang. Die Rolle der Merkmale X und Y ist hier vertauschbar, es gilt also

$$u_{n_1;n_2;\gamma} = u_{n_2;n_1;\gamma}$$

Da U_o eine diskrete Zufallsgröße ist, wird auch bei diesem Test das Signifikanzniveau α i.allg. nicht voll ausgenützt.

Kritische Bereiche:

H_o	H_1	Kritischer Bereich bei einem Signifikanzniveau α	
		kleine Stichproben	große Stichproben
$F_x = F_y$	$F_x \neq F_y$	$u_o < u_{n_1;n_2;\frac{\alpha}{2}}$	$\lvert u\rvert > u_{1-\frac{\alpha}{2}}$
$F_x = F_y$ $F_x = F_y$	$F_x \leqq F_y$ $F_x \geqq F_y$	$u_o < u_{n_1;n_2;\alpha}$	$\lvert u\rvert > u_{1-\alpha}$

Bemerkung:

Die Prüffunktion des Mann - Withney - Tests wird allgemein mit U bezeichnet (U - Test). Der Buchstabe U wird nach DIN 13 303, Teil 1 aber auch zur Bezeichnung einer standardnormalverteilten Zufallsgröße verwendet.

Man beachte:

u_o = Prüfwert des Mann - Withney - Tests, Realisation der Zufallsgröße $U_o = \min(U_x, U_y)$

$u_{n_1;n_2;\gamma}$ = Schranken ("Quantile") der Zufallsgröße U_o

u = Realisation der näherungsweise standardnormalverteilten Zufallsgröße U nach Gl.(3.62)

$u_{1-\alpha}$, $u_{1-\frac{\alpha}{2}}$ = Quantile der Standardnormalverteilung

<u>Beispiel 127</u>: Messungen der Merkmale X und Y in unabhängigen Grundgesamtheiten ergaben die folgenden Stichprobenwerte:

x_i: 3,21 / 3,37 / 3,87 / 4,26 / 4,83 / 5,11 ($n_1 = 6$, $\bar{x} = 4,11$)

y_j: 3,42 / 3,91 / 4,02 / 4,13 / 4,71 / 5,21 / 5,69 ($n_2 = 7$, $\bar{y} = 4,45$)

Man prüfe bei einem Signifikanzniveau $\alpha \leqq 0,05$ die Hypothese, die Merkmale X und Y haben die gleiche Verteilung, gegen die Alternative, das Merkmal Y nimmt im Mittel größere Werte an.

Aus der Rangfolge

x x y x y y y x y x x y y

erhält man:

$$\left.\begin{aligned} u_x &= 0+0+1+4+5+5 = 15 \\ u_y &= 2+3+3+3+4+6+6 = 27 \end{aligned}\right\} \rightarrow u_o = 15$$

Die Nullhypothese wird abgelehnt, wenn der Prüfwert u_o die Schranke $u_{6;7;0,05} = 9$ unterschreitet. Dies ist hier <u>nicht</u> der Fall.

3.3.10 <u>Einführung in die einfache Varianzanalyse</u>

Die Varianzanalyse, in den zwanziger Jahren im wesentlichen von R.A. Fischer entwickelt, wurde ursprünglich besonders in der Biologie angewendet.
Stellen wir uns eine landwirtschaftliche Versuchsanstalt vor, in der für eine bestimmte Weizensorte das Merkmal X = Ertrag pro Anbaufläche untersucht wird.
Bei völlig gleichen Anbaubedingungen wird dieses Merkmal gewisse zufällige Schwankungen aufweisen. Betrachtet man nun verschiedene Teilflächen, die sich hinsichtlich eines Einflußfaktors, etwa der Bodenbeschaffenheit, unterscheiden, so überlagert sich der bei gleicher Bodenbeschaffenheit vorhandenen Variabilität des Merkmals X, eine von der Art des Einflufaktors verursachte Variabilität.
Will man nun entscheiden, welchen Einfluß dieser Faktor hat, so muß man versuchen, diese Variabilitäten zu trennen.

Natürlich können auch weitere Einflußfaktoren, wie Düngung oder Bewässerung, verändert werden.

Bei der <u>einfachen</u> Varianzanalyse wird untersucht, ob sich unter dem Einfluß <u>eines</u> Faktors die Mittelwerte von verschiedenen Stichproben signifikant unterscheiden.

<u>Voraussetzungen</u>:
Gegeben sind k normalverteilte, unabhängige Grundgesamtheiten mit der gleichen unbekannten Varianz σ^2, deren Mittelwerte verschieden sein können.
Sind die Grundgesamtheiten nicht normalverteilt, so kann etwa der in der weiterführenden Literatur behandelte Test von Kruskal - Wallis, ein verteilungsfreier Rangtest, angewendet werden.

<u>Nullhypothese</u>: H_0: $\mu_1 = \mu_2 = \dots = \mu_k = \mu$

<u>Alternative</u>: H_1: Mindestens zwei der Mittelwerte sind verschieden.

Aus jeder der k Grundgesamtheiten wird eine zufällige Stichprobe entnommen und zwar aus der i - ten Grundgesamtheit eine Stichprobe vom Umfang n_i.

Damit erhält man die Gruppenmittelwerte

$$\bar{x}_i = \frac{1}{n_i} \sum_{j=1}^{n_i} x_{ij} \qquad (i = 1,2,\dots,k)$$

und das Gesamtmittel

$$\bar{x} = \frac{1}{n} \sum_{i=1}^{k} \sum_{j=1}^{n_i} x_{ij} = \frac{1}{n} \sum_{i=1}^{k} n_i \cdot \bar{x}_i \qquad (3.63)$$

Dabei ist $n = \sum_{i=1}^{k} n_i$.

Wesentlich ist nun, daß die Gesamtsumme der Abweichungsquadrate vom Gesamtmittel in zwei Anteile zerlegt werden kann.

Ausgehend von

$$x_{ij} - \bar{x} = (\bar{x}_i - \bar{x}) + (x_{ij} - \bar{x}_i) \qquad \text{bzw.}$$

$$(x_{ij} - \bar{x})^2 = (\bar{x}_i - \bar{x})^2 + (x_{ij} - \bar{x}_i)^2 + 2(\bar{x}_i - \bar{x})(x_{ij} - \bar{x}_i)$$

erhält man durch Summation über j:

$$\sum_{j=1}^{n_i} (x_{ij} - \bar{x})^2 = \sum_{j=1}^{n_i} (\bar{x}_i - \bar{x})^2 + \sum_{j=1}^{n_i} (x_{ij} - \bar{x}_i)^2 +$$

$$+ 2(\bar{x}_i - \bar{x}) \sum_{j=1}^{n_i} (x_{ij} - \bar{x}_i)$$

Aus der Definition des Gruppenmittels $\bar{x}_i$ folgt

$$\sum_{j=1}^{n_i} (x_{ij} - \bar{x}_i) = 0 \text{ für alle i und damit}$$

$$\sum_{i=1}^{k} \sum_{j=1}^{n_i} (x_{ij} - \bar{x})^2 = \sum_{i=1}^{k} \sum_{j=1}^{n_i} (\bar{x}_i - \bar{x})^2 + \sum_{i=1}^{k} \sum_{j=1}^{n_i} (x_{ij} - \bar{x}_i)^2$$

$$= \sum_{i=1}^{k} n_i (\bar{x}_i - \bar{x})^2 + \sum_{i=1}^{k} \sum_{j=1}^{n_i} (x_{ij} - \bar{x}_i)^2$$

$$q = q_z + q_i \qquad (3.64)$$

Gesamtsumme der Abweichungsqua - drate	=	Summe der Abweichunungsquadrate <u>zwischen</u> den Gruppen	+	Summe der Abweichungsquadrate <u>innerhalb</u> der Gruppen

Anzahl der Freiheitsgrade:

$$n - 1 = k - 1 + n - k$$

Bei richtiger Nullhypothese H_o: $\mu_1 = \mu_2 = \dots = \mu_k = \mu$ sind die Zufallsgrößen X_{ij} normalverteilt mit dem Mittelwert μ und der Varianz σ^2. Die Realisationen x_{ij} bilden dann eine einfache Stichprobe aus einer $(\mu; \sigma^2)$-normalverteilten Grundgesamtheit und es ist

$$S^2 = \frac{Q}{n-1} = \frac{1}{n-1} \sum_{i=1}^{k} \sum_{j=1}^{n_i} (X_{ij} - \bar{X})^2 \tag{3.65}$$

eine erwartungstreue Schätzfunktion für σ^2.

Die Zufallsgröße $\frac{Q}{\sigma^2}$ genügt einer χ^2-Verteilung mit $n-1$ Freiheitsgraden.

Da jede der Gruppengrundgesamtheiten nach Voraussetzung die gleiche Varianz σ^2 hat, sind auch die Stichprobenvarianzen

$$S_i^2 = \frac{1}{n_i - 1} \sum_{j=1}^{n_i} (X_{ij} - \bar{X}_i)^2 \tag{3.66}$$

erwartungstreue Schätzfunktionen für σ^2 und zwar auch dann, wenn die Nullhypothese nicht zutrifft.

Aus $E\left[\sum_{j=1}^{n_i} (X_{ij} - \bar{X}_i)^2\right] = (n_i - 1)\,\sigma^2$ für alle i, folgt

$$E\left[\sum_{i=1}^{k} \sum_{j=1}^{n_i} (X_{ij} - \bar{X}_i)^2\right] = E(Q_i) = \sum_{i=1}^{k} (n_i - 1)\,\sigma^2 =$$

$$= \sigma^2 \sum_{i=1}^{k} (n_i - 1) = \sigma^2 (n-k)$$

Die Zufallsgröße $\frac{Q_i}{n-k}$ ist eine erwartungstreue Schätzfunktion für σ^2.

$\frac{Q_i}{\sigma^2}$ genügt einer χ^2-Verteilung mit $n-k$ Freiheitsgraden.

Aus $Q = Q_z + Q_i$ bzw. $\frac{Q}{\sigma^2} = \frac{Q_z}{\sigma^2} + \frac{Q_i}{\sigma^2}$ folgt unter Beachtung des Additionssatzes für χ^2-verteilte Zufallsgrößen (Abschn. 3.1.4):

> Die Zufallsgröße $\frac{Q_z}{\sigma^2}$ genügt einer χ^2-Verteilung mit $k-1$ Freiheitsgraden.

Es ist daher schließlich

$$F = \frac{\dfrac{Q_z}{\sigma^2(k-1)}}{\dfrac{Q_i}{\sigma^2(n-k)}} = \frac{\dfrac{Q_z}{k-1}}{\dfrac{Q_i}{n-k}} = \frac{\sum\limits_{i=1}^{k} n_i(\overline{X}_i - \overline{X})^2}{\sum\limits_{i=1}^{k}\sum\limits_{j=1}^{n_i}(X_{ij} - \overline{X}_i)^2} \qquad (3.67)$$

> eine Zufallsgröße, die einer F-Verteilung mit $m_1 = k-1$ und $m_2 = n-k$ Freiheitsgraden genügt.

Sind mindestens zwei der Mittelwerte verschieden, so hat dies auf die Verteilung der Zufallsgröße Q_i = Summe der Abweichungsquadrate innerhalb der Gruppen keinen Einfluß, wohl aber auf der Verteilung der Zufallsgröße Q_z = Summe der Abweichungsquadrate zwischen den Gruppen.
Und zwar nimmz Q_z mit wachsendem Unterschied der Mittelwerte mit größer werdender Wahrscheinlichkeit größere Werte an.
Wir kommen daher zu folgender Testentscheidung:

> Die Nullhypothese $H_o: \mu_1 = \mu_2 = \dots = \mu_k$ wird auf einem Signifikanzniveau α abgelehnt, wenn
>
> $$f = \frac{\dfrac{q_z}{k-1}}{\dfrac{q_i}{n-k}} > F_{k-1;n-k;1-\alpha} \quad \text{ist.}$$

Bemerkungen zur Durchführung der einfachen Varianzanalyse:

1. In manchen Fällen führt eine Merkmalstransformation zu einfacheren Zahlen und damit zu einer Verringerung des

Rechenaufwands. Mit der Transformation

$$x'_{ij} = a.x_{ij} + b$$

wird $q' = a^2 . q$; $q'_z = a^2 . q_z$ und $q'_i = a^2 . q_i$. Die Zufallsgröße F nach Gl.(3.67) und damit auch der Prüfwert f ist invariant gegenüber derartige Merkmalstransformationen.

2. Analog zu Gl.(2.11) gilt

$$q = \sum_i \sum_j (x_{ij} - \bar{x})^2 = \sum_i \sum_j x_{ij}^2 - \frac{1}{n}\left[\sum_i \sum_j x_{ij}\right]^2$$

Mit den Abkürzungen $\sum_j x_{ij} = r_i$ und $\sum_i \sum_j x_{ij} = r$ wird

$$q = \sum_i \sum_j x_{ij}^2 - \frac{r^2}{n} \tag{3.68}$$

$$q_z = \sum_i n_i(\bar{x}_i - \bar{x})^2 = \sum_i n_i\left(\frac{r_i}{n_i} - \frac{r}{n}\right)^2$$

$$= \sum_i \frac{r_i^2}{n_i} - 2\frac{r}{n}\sum_i r_i + \frac{r^2}{n^2}\sum_i n_i = \sum_i \frac{r_i^2}{n_i} - \frac{r^2}{n}$$

$$q_z = \sum_i \frac{r_i^2}{n_i} - \frac{r^2}{n} \tag{3.69}$$

$$q_i = q - q_z \tag{3.70}$$

Beispiel 128: 4 Betonsorten wurden hinsichtlich des Merkmals X = Druckfestigkeit [N/cm^2] untersucht.
Man prüfe bei einem Signifikanzniveau $\alpha = 0{,}05$ die Hypothese

$$H_o: \mu_1 = \mu_2 = \mu_3 = \mu_4 .$$

Das Untersuchungsergebnis zeigt die folgende Tabelle:

Sorte	Druckfestigkeit x_{ij} [N/cm²]							
1	2000	2050	2060	2090	2120	2150	2200	2210
2	1900	1940	1970	1980	2000	2080		
3	1960	1980	2020	2050	2060	2060	2100	
4	1890	1900	1930	1960	1970	2000	2030	2100

Durch die Merkmalstransformation

$$x'_{ij} = 0,1 . x_{ij} - 200$$

erhält man:

Sorte	x'_{ij}								n_i	r_i
1	0	5	6	9	12	15	20	21	8	88
2	-10	-6	-3	-2	0	8			6	-13
3	-4	-2	2	5	6	6	10		7	23
4	-11	-10	-7	-4	-3	0	3	10	8	-22
									29	76

Mit $n = 29$ und $r' = \sum_i r'_i = 76$ folgt:

$$q'^2 = \sum_i \sum_j x'^2_{ij} - \frac{1}{n} r'^2 = 2190 - \frac{1}{29} 76^2 = 1990,83$$

$$q'^2_z = \sum_i \frac{r'^2_i}{n_i} - \frac{1}{n} r'^2 = 1132,24 - \frac{1}{29} 76^2 = 933,07$$

$$q'^2_i = q'^2 - q'^2_z = 1057,76$$

Der Prüfwert

$$f = \frac{\frac{933,07}{3}}{\frac{1057,73}{25}} = 7,35$$

liegt im kritischen Bereich K: $f > F_{3;25;0,95} = 2,99$,

die Nullhypothese wird daher verworfen. Mindestens zwei der Mittelwerte unterscheiden sich signifikant.

Übungsaufgaben zum Abschnitt 3.3 (Lösungen im Anhang)

Beispiel 129: Bei der Untersuchung des Merkmals X = Druckfestigkeit einer bestimmten Betonsorte erhält man erfahrungsgemäß angenähert normalverteilte Meßwerte mit der Standardabweichung $\sigma = 208\ N/cm^2$.
Eine Stichprobe vom Umfang n = 10 ergab eine mittlere Bruchfestigkeit $\overline{x} = 1890\ N/cm^2$.
Man prüfe auf einem Signifikanzniveau $\alpha = 0{,}01$ die Behauptung der Herstellerfirma, die mittlere Bruchfestigkeit liege nicht unter $2000\ N/cm^2$.

Beispiel 130: Eine Fabrik stellt ein Garn mit einer mittleren Reißfestigkeit $\mu_o = 300$ N bei einer Standardabweichung σ = 24 N her. Man vermutet, durch einen neuen Herstellungsprozeß die Reißfestigkeit erhöhen zu können. Es sei $\alpha = 0{,}01$.

a) Geplant ist eine Stichprobe vom Umfang n = 100 aus der Produktion des neuen Garns. Für welche Stichprobenmittel $\overline{x}$ wird die Nullhypothese H_o: $\mu \leqq 300$ N gegen die Alternative H_1: $\mu > 300$ N beibehalten?

b) Wie groß ist die Wahrscheinlichkeit, einen Fehler 2. Art zu begehen, wenn der Mittelwert der neuen Garnsorte bei 310 N liegt und σ = 24 N weiterhin gilt?

Beispiel 131: Aus der Produktion von elektrischen Widerständen des Sollwerts R = 1000 Ω wird eine zufällige Stichprobe vom Umfang n = 20 entnommen. Die Auswertung der Stichprobe ergab für das Merkmal X = Widerstand einen Mittelwert $\overline{x}$ = 989,3 Ω bei einer Standardabweichung s = 12,1 Ω.
Läßt sich die Vermutung, der Mittelwert der Gesamtproduktion sei kleiner als der Sollwert R = 1000 Ω auf einem Signifikanzniveau $\alpha = 0{,}05$ bestätigen?
Unter welcher Voraussetzung kann diese Hypothesenprüfung durchgeführt werden?

Beispiel 132: Eine neue Verpachung soll sicherstellen, daß beim Transport von empfindlichen Teilen höchstens 1 % der Teile beschädigt werden.

Eine Lieferung von $n = 500$ Teilen enthielt 1,6 % beschädigte Teile. Kann diese Beobachtung bei einem Signifikanzniveau $\alpha = 0{,}05$ mit der Hypothese H_o: $p \leqq 1\,\%$ vereinbart werden?

Beispiel 133: Messungen des Merkmals X = Streckgrenze an n_1 = 20 Proben der Stahsorte 1 und $n_2 = 25$ Proben der Stahlsorte 2 lieferten folgende Stichprobenwerte:

$$\bar{x}_1 = 324\ \text{N/mm}^2, \quad s_1 = 51{,}2\ \text{N/mm}^2,$$
$$\bar{x}_2 = 301\ \text{N/mm}^2, \quad s_2 = 47{,}3\ \text{N/mm}^2.$$

Man prüfe bei einem Signifikanzniveau $\alpha = 0{,}05$ die Hypothese H_o: $\mu_1 \leqq \mu_2$ gegen die Alternative H_1: $\mu_1 > \mu_2$.
Es kann angenommen werden, daß die Meßwerte normalverteilt sind.

Beispiel 134: Einer Urne 1 werden mit Zurücklegen $n_1 = 80$ Kugeln entnommen. Unter ihnen sind $x_1 = 14$ schwarze Kugeln.
Einer Urne 2 werden $n_2 = 100$ Kugeln mit Zurücklegen entnommen, unter denen sich $x_2 = 22$ schwarze Kugeln befinden.
Läßt sich bei einem Signifikanzniveau $\alpha = 0{,}05$ behaupten, daß der Anteil der schwarzen Kugeln in der Urne 2 größer ist, als in der Urne 1 ?

Beispiel 135: Rutherford und Geiger beobachteten in $n = 2608$ Zeitintervallen gleicher Länge die Anzahl der jeweils emittierten α-Teilchen eines radioaktiven Präperates.
Das Beobachtungsergebnis zeigt die folgende Tabelle:

x_i	0	1	2	3	4	5	6	7	8	8	10
n_i	57	203	383	525	532	408	273	139	45	27	16

Man prüfe auf einem Signifikanzniveau $\alpha = 0{,}05$ die Hypothese, die Zufallsgröße X = Anzahl der pro Zeiteinheit emittierten α-Teilchen, genügt einer Poisson-Verteilung.

Beispiel 136: Kann auf einem Signifikanzniveau von 10 % angenommen werden, daß die folgenden $n = 10$ Meßwerte

85 / 88 / 90 / 96 / 98 / 110 / 113 / 125 / 133 / 140

aus einer normalverteilten Grundgesamtheit mit μ = 100 und σ = 15 stammen?

Beispiel 137: Ein Werk erhält gleichartige Werkstücke aus 3 verschiedenen Zulieferbetrieben. Aus den Produktionen dieser Betriebe wurden zufällige Stichproben entnommen und die Werkstücke in drei Qualitätsgruppen eingestuft.

X \ Y	1	2	3	
1	72	26	12	110
2	31	14	15	60
3	48	19	13	80
	151	59	40	250

Sind die Merkmale X = Produktionsbetrieb und Y = Qualitätsgruppe unabhängig?
Man prüfe diese Hypothese bei einem Signifikanzniveau von α = 0,05.

Beispiel 138: Zwei verschiedene Verfahren lieferten für die gleiche physikalische Größe die folgenden beiden Meßreihen mit den Umfängen n_1 = 8 und n_2 = 7:

1. Verfahren: 3,25 / 3,36 / 3,38 / 3,41 / 3,49 / 3,52 / 3,64 / 3,79

2. Verfahren: 3,08 / 3,11 / 3,26 / 3,32 / 3,35 / 3,42 / 3,61.

Man prüfe bei einem Signifikanzniveau α = 0,05 die Hypothese, die beiden Meßverfahren sind gleichwertig, wenn

a) Normalverteilung,
b) keine Normalverteilung der Meßwerte vorausgesetzt werden kann.

3.4 Korrelation von Merkmalen

3.4.1 Grundlagen

Die Frage nach der Abhängigkeit bzw. Unabhängigkeit von Merkmalen ist bei vielen statistischen Untersuchungen von großer Bedeutung. Als Maß für den Grad des (linearen) Zusammenhangs zweier Merkmale X und Y haben wir im Abschnitt 2.3.2 den empirischen Korrelationskoeffizienten

$$r = \frac{s_{xy}}{s_x \cdot s_y} \qquad (2.16)$$

kennengelernt. Hierbei sind s_x und s_y die Stichprobenstandardabweichungen der einzelnen Merkmale und

$$s_{xy} = \frac{1}{n-1} \sum_{i=1}^{n} (x_i - \bar{x})(y_i - \bar{y}) \qquad (2.12)$$

die empirische Kovarianz. Sehen wir von der empirisch erfassten Stichprobe ab und betrachten die Wahrscheinlichkeitsverteilungen der Zufallsgrößen X und Y, so ergeben sich analog die folgenden Festlegungen:

Definition 3.19:

a) Unter der Kovarianz der Zufallsgrößen X und Y versteht man:

$$\mathrm{Cov}(X,Y) = \sigma_{xy} = E\left[(X - E(X))(Y - E(Y))\right] \qquad (3.71)$$

b) Der Korrelationskoeffizient der Zufallsgrößen X und Y ist gegeben durch:

$$\varrho = \frac{\mathrm{Cov}(X,Y)}{\sqrt{\mathrm{Var}(X) . \mathrm{Var}(Y)}} = \frac{\sigma_{xy}}{\sigma_x \cdot \sigma_y} \qquad (3.72)$$

c) Die Zufallsgrößen X und Y heißen unkorreliert, wenn ihr Korrelationskoeffizient $\varrho = 0$ ist.

Sind die Zufallsgrößen X und Y stochastisch unabhängig, so gilt $\mathrm{Cov}(X,Y) = E\left[X - E(X)\right] \cdot E\left[Y - E(Y)\right] = 0$.

Unabhängige Zufallsgrößen sind unkorreliert.

Aus Cov(X,Y) = 0 und damit auch aus $\varrho = 0$ folgt jedoch im allgemeinen nicht die stochastische Unabhängigkeit der Zufallsgrößen X und Y. Sind die Zufallsgrößen X und Y normalverteilt, so kann aus $\varrho = 0$ umgekehrt auf die Unabhängigkeit geschlossen werden.

Wir wollen daher im folgenden die Zufallsgrößen X und X als normalverteilt voraussetzen, d.h. nur die Korrelation normalverteilter Merkmale betrachten.

3.4.2 Prüfen von Hypothesen über den Korrelationskoeffizienten

a) Prüfung auf Unabhängigkeit der Merkmale X und Y

Geprüft wird die Nullhypothese H_0: $\varrho = 0$.

Sind die Merkmale X und Y normalverteilt und gilt die Nullhypothese H_0: $\varrho = 0$, dann ist

$$t = \frac{r\sqrt{n-2}}{\sqrt{1-r^2}} \tag{3.73}$$

die Realisation einer t-verteilten Zufallsgröße T mit $m = n-2$ Freiheitsgraden, wobei r (Gl.(2.16)) der empirische Korrelationskoeffizient ist.

Die kritischen Bereiche der Nullhypothese sind in der folgenden Übersicht zusammengestellt:

Alternative H_1	Kritischer Bereich bei einem Signifikanzniveau α
$\varrho \neq 0$	$\lvert t\rvert > t_{n-2;1-\frac{\alpha}{2}}$
$\varrho < 0$ bzw. $\varrho > 0$	$\lvert t\rvert > t_{n-2;1-\alpha}$

Beispiel 139: In Beispiel 94 wurde für die Merkmale X = Siliziumgehalt und Y = Druckfestigkeit einer Stahlsorte aufgrund einer Stichprobe vom Umfang n = 10 Wertepaaren eine Korrelationskoeffizient r = 0,645 berechnet.

Man prüfe bei einem Signifikanzniveau $\alpha = 0{,}05$ die Hypothese H_o: $\varrho \leqq 0$ gegen die Alternative H_1: $\varrho > 0$.

Der Prüfwert

$$t = \frac{0{,}645\sqrt{8}}{\sqrt{1-0{,}645^2}} = 2{,}387$$

liegt im kritischen Bereich K: $t > t_{8;0,95} = 1{,}860$.

Die Nullhypothese wird zugunsten der Alternative verworfen. Zwischen den Merkmalen X und Y besteht ein gleichsinniger Zusammenhang.

<u>Beispiel 140</u>: Bis zu welchem Höchstwert $|r|_{max}$ des empirischen Korrelationskoeffizienten r wird die Nullhypothese

$$H_o:\ \varrho = 0 \text{ gegen die Alternative } H_1:\ \varrho \neq 0$$

aufrechterhalten?

Die Nullhypothese wird beibehalten, wenn

$$|t| = \frac{|r|\sqrt{m}}{\sqrt{1-r^2}} \leqq t_{m;1-\frac{\alpha}{2}}$$

gilt. Durch Quadrieren erhält man

$$\frac{r^2}{1-r^2} \leqq \frac{t^2_{m;1-\frac{\alpha}{2}}}{m} = a \quad \text{bzw.} \quad r^2 \leqq \frac{a}{1+a}$$

und daraus schließlich

$$|r|_{max} = \sqrt{\frac{a}{1+a}} \qquad (3.74)$$

Für $m = 10$ und $\alpha = 0{,}05$ erhält man:

$$t_{10;0,95} = 2{,}228, \quad a = \frac{2{,}228^2}{10} \quad \text{und} \quad |r|_{max} = 0{,}576.$$

Erst wenn der Betrag des empirischen Korrelationskoeffizienten r einen Wert von 0,576 überschreitet, kann bei $m = 10$ Freiheitsgraden und $\alpha = 0{,}05$ die Nullhypothese verworfen werden.

Eine Tabelle dieser <u>Zufallshöchstwerte</u> des Korrelationskoeffizienten ist im Anhang angegeben.

b) Prüfen einer Hypothese über die Größe des Korrelationskoeffizienten

Geprüft werden sollen Hypothesen der Art H_{o1}: $\varrho = \varrho_o$, H_{o2}: $\varrho \leqq \varrho_o$ bzw. H_{o3}: $\varrho \geqq \varrho_o$ ($\varrho_o \neq 0$).

Um eine Testentscheidung herbeiführen zu können, benötigt man Kenntnisse über die Verteilung der Zufallsgröße R, deren Realisation der empirische, d.h. aus einer konkreten Stichprobe berechnete Korrelationskoeffizient r ist.

R.A. Fischer, der zeigen konnte, daß für $\varrho = 0$ die Zufallsgröße

$$T = \frac{R\sqrt{n-2}}{\sqrt{1-R^2}} \tag{3.75}$$

einer t - Verteilung mit m = n - 2 Freiheitsgraden genügt, bewies, daß die durch die Fischer'sche z - Transformation

$$Z = \operatorname{artanh} R = \frac{1}{2}\ln\frac{1+R}{1-R} \tag{3.76}$$

erhaltene Zufallsgröße Z bei großen Stichproben näherungsweise normalverteilt ist mit dem Mittelwert

$$\mu = E(Z) = \frac{1}{2}\ln\frac{1+\varrho}{1-\varrho} + \frac{\varrho}{2(n-1)} \tag{3.77}$$

und der von ϱ unabhängigen Varianz

$$\sigma^2 = \operatorname{Var}(Z) = \frac{1}{n-3} \tag{3.78}$$

Die Zufallsgröße

$$U = (Z - \mu)\sqrt{n-3} \tag{3.79}$$

ist daher näherungsweise standardnormalverteilt.

Bemerkung:

Zur Bestimmung von $z = \operatorname{artanh} r = \frac{1}{2}\ln\frac{1+r}{1-r}$ bei gegebenen r, bzw. von $r = \tanh z = \frac{1-e^{-2z}}{1+e^{-2z}}$ kann entweder ein Taschenrechner oder die im Anhang angegebenen Tabellen verwendet werden.

Zur Testentscheidung verwendet man die näherungsweise standardnormalverteilte Zufallsgröße

$$U = (Z - \mu_o)\sqrt{n-3}$$

mit $\mu_o = \frac{1}{2}\ln\frac{1+\varrho_o}{1-\varrho_o} + \frac{\varrho_o}{2(n-1)}$ und erhält die folgenden kritischen Bereiche:

H_o	H_1	Kritischer Bereich bei einem Signifikanzniveau α
$\varrho = \varrho_o$	$\varrho \neq \varrho_o$	$\|u\| = \|z - \mu_o\|\sqrt{n-3} > u_{1-\frac{\alpha}{2}}$
$\varrho \leqq \varrho_o$ $\varrho \geqq \varrho_o$	$\varrho > \varrho_o$ $\varrho < \varrho_o$	$\|u\| = \|z - \mu_o\|\sqrt{n-3} > u_{1-\alpha}$

<u>Beispiel 141</u>: Man prüfe bei einem Signifikanzniveau $\alpha = 0{,}05$ die Nullhypothese H_o: $\varrho \leqq 0{,}5$ gegen die Alternative H_1: $\varrho > 0{,}5$, wenn eine Stichprobe von $n = 30$ Wertepaaren einen empirischen Korrelationskoeffizienten $r = 0{,}723$ ergab.

Mit $\mu_o = \frac{1}{2}\ln\frac{1+0{,}5}{1-0{,}5} + \frac{0{,}5}{58} = 0{,}5579$ und $z = \frac{1}{2}\ln\frac{1+0{,}723}{1-0{,}723}$ $= 0{,}9139$ erhält man als Realisation der näherungsweise standardnormalverteilten Zufallsgröße U:

$$u = (z - \mu_o)\sqrt{n-3} = 1{,}8498,$$

einen Wert, der im kritischen Bereich

$$K: u > u_{0,95} = 1{,}645$$

liegt. Die Nullhypothese wird verworfen. Der Korrelationskoeffizient ϱ ist signifikant größer als 0,5.

3.4.3 Konfidenzintervalle für den Korrelationskoeffizienten

Die im vorhergehenden Abschnitt verwendete Fischer'sche z - Transformation kann auch zur Bestimmung von Konfidenzintervallen für den Korrelationskoeffizienten ϱ verwendet werden.

Da $Z = \operatorname{artanh} R$ näherungsweise normalverteilt ist mit

$$\mu = \frac{1}{2}\ln\frac{1+\varrho}{1-\varrho} + \frac{\varrho}{2(n-1)} \quad \text{und} \quad \sigma = \frac{1}{\sqrt{n-3}} \quad \text{gilt:}$$

$$P(\mu - \sigma u_{1-\frac{\alpha}{2}} \leqq Z \leqq \mu + \sigma u_{1-\frac{\alpha}{2}}) = 1 - \alpha$$

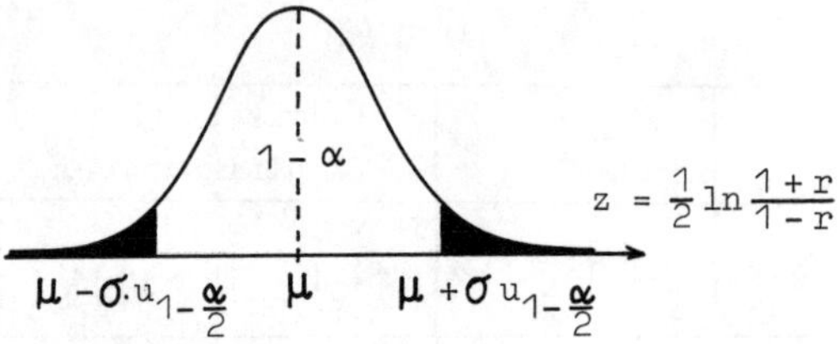

Bild 74 Verteilung der Zufallsgröße $Z = \operatorname{artanh} R$

Eine algebraische Umformung der mit Wahrscheinlichkeit $1 - \alpha$ geltenden Ungleichung ergibt:

$$P(Z - \sigma u_{1-\frac{\alpha}{2}} \leqq \mu \leqq Z + \sigma u_{1-\frac{\alpha}{2}}) = 1 - \alpha$$

Geht man von der Zufallsgröße Z zu ihrer Realisation z über und berücksichtigt man $\sigma = 1/\sqrt{n-3}$, so folgt:

$$\text{Konf.}\left(\frac{1}{2}\ln\frac{1+r}{1-r} - \frac{u_{1-\alpha/2}}{\sqrt{n-3}} \leqq \mu \leqq \frac{1}{2}\ln\frac{1+r}{1-r} + \frac{u_{1-\alpha/2}}{\sqrt{n-3}}\right) = 1 - \alpha$$

bzw.

$$\text{Konf.}(z_1 \leqq \mu \leqq z_2) = 1 - \alpha \qquad (3.80)$$

mit $z_{1/2} = \frac{1}{2}\ln\frac{1+r}{1-r} \mp \frac{u_{1-\alpha/2}}{\sqrt{n-3}}$. Damit hat man zunächst ein Konfidenzintervall für $\mu = \frac{1}{2}\ln\frac{1+\varrho}{1-\varrho} + \frac{\varrho}{2(n-1)}$.

Vernachläßigt man das bei großen Stichproben sicher kleine Korrekturglied $\varrho/2(n-1)$ mit $|\varrho| \leqq 1$, so geht durch die inverse z - Transformation μ über in ϱ und man erhält das folgende Konfidenzintervall für den Korrelationskoeffizienten

$$\text{Konf.}(\tanh z_1 \leqq \varrho \leqq \tanh z_2) = 1 - \alpha \qquad (3.81)$$

Beispiel 142: Man bestimme ein Konfidenzintervall zum Konfidenzniveau $1 - \alpha = 0{,}90$ für den Korrelationskoeffizienten ϱ, wenn sich aus einer Stichprobe von $n = 30$ Wertepaaren (x,y) ein empirischer Korrelationskoeffizient $r = 0{,}723$ ergab.

Mit Gl.(3.80) erhält man:

$$\text{Konf.}\left(\frac{1}{2}\ln\frac{1+0{,}723}{1-0{,}723} - \frac{1{,}645}{\sqrt{27}} \leqq \mu \leqq \frac{1}{2}\ln\frac{1+0{,}723}{1-0{,}723} + \frac{1{,}645}{\sqrt{27}}\right) = 0{,}90$$

bzw. $$\text{Konf.}(0{,}59732 \leqq \mu \leqq 1{,}23048) = 0{,}90$$

und durch inverse z - Transformation

$$\text{Konf.}(\tanh 0{,}59732 \leqq \varrho \leqq \tanh 1{,}23048) = 0{,}90$$

bzw. $$\text{Konf.}(0{,}535 \leqq \varrho \leqq 0{,}843) = 0{,}90.$$

Mit einem Vertrauen von 90 % liegt der Korrelationskoeffizient ϱ der Merkmale X und Y innerhalb des Intervalls von 0,535 bis 0,843.

Übungsaufgaben zum Abschnitt 3.4 (Lösungen im Anhang)

Beispiel 143: Aus einer Untersuchung von $n = 50$ Stahlproben hinsichtlich der Merkmale X = Fließgrenze und Y = Bruchfestigkeit wurde ein empirischer Korrelationskoeffizient $r = 0{,}91$ berechnet.

a) Man prüfe die Hypothese H_0: $\varrho = 0$ gegen die Alternative H_1: $\varrho \neq 0$. Als Signifikanzniveau sei $\alpha = 0{,}01$ gewählt.

b) Man prüfe bei einem Signifikanzniveau $\alpha = 0{,}05$ die Hypothese H_0: $\varrho \leqq 0{,}8$ gegen die Alternative H_1: $\varrho > 0{,}8$.

c) Man bestimme ein Konfidenzintervall zum Konfidenzniveau $1 - \alpha = 0{,}95$ für den Korrelationskoeffizienten ϱ der Merkmale X und Y.

3.5 Regression

3.5.1 Grundbegriffe

Bei vielen statistischen Untersuchungen werden pro Untersuchungseinheit zwei Merkmale X und Y beobachtet. Sehr oft befindet man sich dabei in Prüfsituationen, bei denen angenommen werden darf, daß das eine Merkmal X (nahezu) fehlerfrei bestimmt werden kann, während das andere Merkmal Y bei einem festen X = x einer bestimmten Wahrscheinlichkeitsverteilung genügt.
Wir werden im folgenden stets dieses Modell (Regressionsmodell I oder Regression 1. Art) zugrundelegen.
In diesem Modell zeigt das Merkmal Y bei festem X = x eine Verteilung mit dem bedingten Erwartungswert E(Y / X = x).

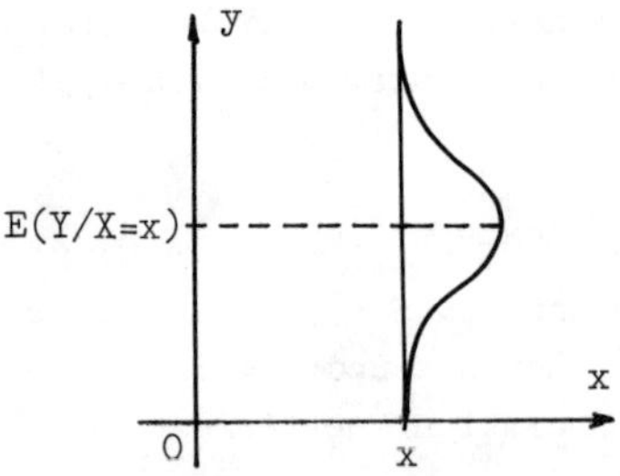

Bild 75 Bedingter Erwartungswert

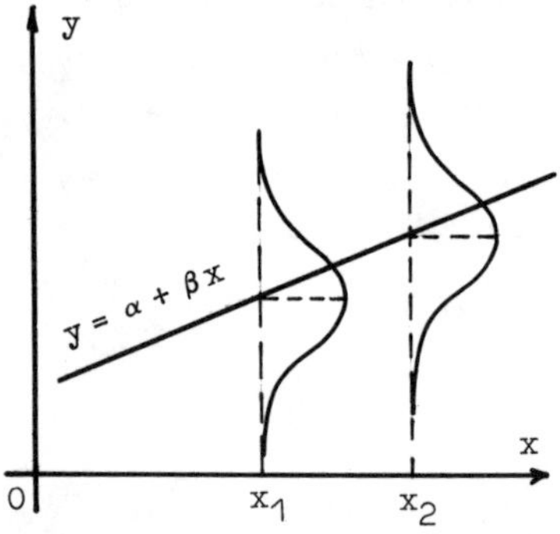

Definition 3.20:

a) Der bedingte Erwartungswert E(Y / X = x) als Funktion von x heißt Regressionsfunktion des Merkmals Y bezüglich des Merkmals X.

b) Unter linearer Regression versteht man den Sonderfall

$$E(Y / X = x) = \alpha + \beta \cdot x ,$$

bei dem die bedingten Erwartungswerte auf einer Geraden, der Regressionsgeraden, liegen.

c) Die Steigung β der Regressionsgeraden heißt Regressionskoeffizient der Merkmale X und Y.

Bild 76 Lineare Regression, Regressionsgerade

Bei der linearen Regression besteht zwischen den Merkmalen X und Y ein linearer stochastischer Zusammenhang

$$Y = \alpha + \beta \cdot X + Z, \tag{3.82}$$

wobei Z eine Zufallsgröße mit dem Erwartungswert Null ist. Bei festem X = x ist die Verteilung des Merkmals Y bestimmt durch die Verteilung der Zufallsgröße Z, welche die Abweichung des Merkmals Y von seinem bedingten Erwartungswert angibt.
Im folgenden sei vorausgesetzt, daß die Zufallsgröße Z normalverteilt und stochastisch unabhängig von X und Y ist. Diese Voraussetzungen sind in vielen Anwendungssituationen erfüllt.
Zusammenfassend können wir feststellen:

1. Die Zufallsgröße Z sei normalverteilt mit dem Erwartungswert $E(Z) = 0$ und der von x unabhängigen Varianz $Var(Z) = \sigma^2$.
2. Bei festem X = x ist dann auch das Merkmal Y normalverteilt mit dem Erwartungswert $E(Y/X = x) = \alpha + \beta x$ und der Varianz $Var(Y/X = x) = \sigma^2$.

3.5.2 Lineare Regression

I. Schätzwerte für die Parameter α, β und σ^2

Liegt eine Stichprobe von n Wertepaaren (x_i, y_i) vor, so erhält man nach Abschn. 2.3.2

als Schätzwert für α: $$a = \frac{\sum y_i \sum x_i^2 - \sum x_i \sum x_i y_i}{n\sum x_i^2 - \left[\sum x_i\right]^2}$$ und

als Schätzwert für β: $$b = \frac{n\sum x_i y_i - \sum x_i \sum y_i}{n\sum x_i^2 - \left[\sum x_i\right]^2}.$$

Unter den gemachten Voraussetzungen läßt sich zeigen, daß die Schätzfunktionen A und B, deren Realisationen die Schätzwerte a und b sind, normalverteilte Zufallsgrößen mit den Erwartungswerten

$$E(A) = \alpha \quad \text{und} \quad E(B) = \beta$$

sind. Es handelt sich also um erwartungstreue Schätzfunktionen. Mit diesen nach dem Gauß'schen Prinzip der kleinsten Quadrate erhaltenen Schätzwerten a und b für die Parameter α und β erhält man die <u>empirische Regressionsgerade</u>

$$y = a + bx ,$$

die durch den Schwerpunkt $S(\bar{x}, \bar{y})$ der Punktwolke des Streuungsdiagramms geht.
Hierbei sind $\bar{x} = \frac{1}{n}\sum x_i$ und $\bar{y} = \frac{1}{n}\sum y_i$ die arithmetischen Mittel der beobachteten Merkmalswerte. Die empirische Regressionsgerade läßt sich daher auch in der Form

$$y = \bar{y} + b(x - \bar{x})$$

angeben.
Ausgehend von dem linearen stochastischen Zusammenhang

$$Y = \alpha + \beta X + Z$$

erhält man für $X = x$:

$$Y = \alpha + \beta x + Z$$

mit $\quad Var(Y/X = x) = Var(Z) = \sigma^2.$

Mit $Z = Y - (\alpha + \beta x)$, der Abweichung des Merkmals Y von seinem bedingten Erwartungswert, folgt für s^2, dem Schätzwert für σ^2:

$$s^2 = \frac{1}{n-2} \sum_{i=1}^{n} (y_i - a - b x_i)^2 \qquad (3.83)$$

Wegen der Verwendung von zwei Nebenbedingungen, die zur Schätzung von α und β durch die Werte a und b benötigt wurden, ist die Anzahl der Freiheitsgrade hier um zwei erniedrigt.
Die entsprechende Schätzfunktion S^2, deren Realisation den Schätzwert s^2 nach Gl.(3.83) ergibt, ist eine erwartungstreue Schätzfunktion für $\sigma^2 = Var(Y/X = x)$.
Die Schätzfunktion S^2 hat von allen erwartungstreuen Schätzfunktionen für σ^2 die kleinste Varianz.

II. Konfidenzintervalle für β und σ^2

a) Konfidenzintervall für den Regressionskoeffizienten β

Um für den Regressionskoeffizienten β der Merkmale X und Y ein Konfidenzintervall angeben zu können, müssen wir die Verteilung der Schätzfunktion B kennen.

Es gilt der folgende Satz:

Die Schätzfunktion

$$B = \frac{n \sum X_i Y_i - \sum X_i \sum Y_i}{n \sum X_i^2 - \left[\sum X_i\right]^2} = \frac{\sum (X_i - \overline{X})(Y_i - \overline{Y})}{\sum (X_i - \overline{X})^2}$$

für den Regressionskoeffizienten β ist <u>normalverteilt</u> mit

$$E(B) = \beta \quad \text{und} \quad Var(B) = \sigma_B^2 = \frac{\sigma^2}{\sum (x_i - \overline{x})^2} .$$

<u>Beweis</u>: Nach den Voraussetzungen dieses Abschnitts sind die Zufallsgrößen Y_i normalverteilt mit $E(Y_i) = \alpha + \beta x_i$ und $Var(Y_i) = \sigma^2$. Das Merkmal X spielt dabei die Rolle eines Parameters, da angenommen wurde, daß X fehlerfrei bestimmt werden kann. Damit folgt:

$$B = \frac{1}{\sum (x_i - \overline{x})^2} \sum (x_i - \overline{x})(Y_i - \overline{Y})$$

und mit $K = \sum (x_i - \overline{x})^2$

$$B = \frac{1}{K} \sum (x_i - \overline{x}) Y_i - \frac{\overline{Y}}{K} \sum (x_i - \overline{x}).$$

Da $\sum (x_i - \overline{x}) = 0$ gilt, erhält man mit $k_i = \frac{x_i - \overline{x}}{K}$

$$B = \sum k_i Y_i \tag{3.84}$$

Aus Gl.(3.84) folgt:

1. Als Linearkombination unabhängiger normalverteilter Zufallsgrößen Y_i ist auch B normalverteilt (Additionssatz für normalverteilte Zufallsgrößen).

2. $E(B) = \sum k_i E(Y_i) = \sum k_i(\alpha + \beta x_i) = \alpha \sum k_i + \beta \sum k_i x_i$

Mit $\sum k_i = \frac{1}{K} \sum (x_i - \bar{x}) = 0$ folgt weiter:

$$E(B) = \frac{\beta}{K} \sum (x_i^2 - \bar{x} x_i) = \frac{\beta}{K} \sum (x_i - \bar{x})^2 = \beta$$

3. $Var(B) = \sigma_B^2 = \sum k_i^2 \sigma^2 = \frac{\sigma^2}{K^2} \sum (x_i - \bar{x})^2 = \frac{\sigma^2}{K}$

$$= \sigma^2 / \sum (x_i - \bar{x})^2.$$

Da die Varianz σ^2 nicht bekannt ist, genügt die Kenntnis der Normalverteilung der Schätzfunktion B nicht zur Bestimmung eines Konfidenzintervalls für β.

Wir bilden daher die standardnormalverteilte Zufallsgröße

$$U = \frac{B - \beta}{\sigma_B} = \frac{B - \beta}{\sigma} \sqrt{\sum (x_i - \bar{x})^2},$$

die zwar auch noch die unbekannte Standardabweichung σ enthält. Aber analog zu den Überlegungen des Abschnitts 3.1.4.d (die Anzahl der Freiheitsgrade ist statt $m = n - 1$ hier $m = n - 2$) erkennt man

$$V = \frac{(n-2) S^2}{\sigma^2} \tag{3.85}$$

als eine χ^2 - verteilte Zufallsgröße mit $m = n - 2$ Freiheitsgraden. Damit erhält man aber gemäß Abschnitt 3.1.5 die von der unbekannten Varianz unabhängige Zufallsgröße

$$T = \frac{U}{\sqrt{\frac{V}{m}}} = \frac{B - \beta}{S} \sqrt{\sum (x_i - \bar{x})^2} \tag{3.86}$$

Diese Zufallsgröße T genügt einer t - Verteilung mit $m = n - 2$ Freiheitsgraden. Aus

$$P\left(t_{n-2;\frac{\alpha}{2}} \leq \frac{B - \beta}{S} \sqrt{\sum (x_i - \bar{x})^2} \leq t_{n-2;1-\frac{\alpha}{2}}\right) = 1 - \alpha$$

folgt unter Berücksichtigung von $t_{n-2;\frac{\alpha}{2}} = - t_{n-2;1-\frac{\alpha}{2}}$ durch

Umformen der mit Wahrscheinlichkeit 1 - α geltenden Ungleichung:

$$P\left(B - \frac{t_{n-2;1-\frac{\alpha}{2}}\,S}{\sqrt{\sum(x_i - \bar{x})^2}} \leqq \beta \leqq B + \frac{t_{n-2;1-\frac{\alpha}{2}}\,S}{\sqrt{\sum(x_i - \bar{x})^2}}\right) = 1 - \alpha \qquad (3.86)$$

Damit haben wir einen Konfidenzintervallschätzer für den Regressionskoeffizienten β der Merkmale X und Y erhalten, dessen Realisation bei Vorliegen einer konkreten Stichprobe ein Konfidenzintervall für β liefert.

Bild 77
Verteilung der
Zufallsgröße T

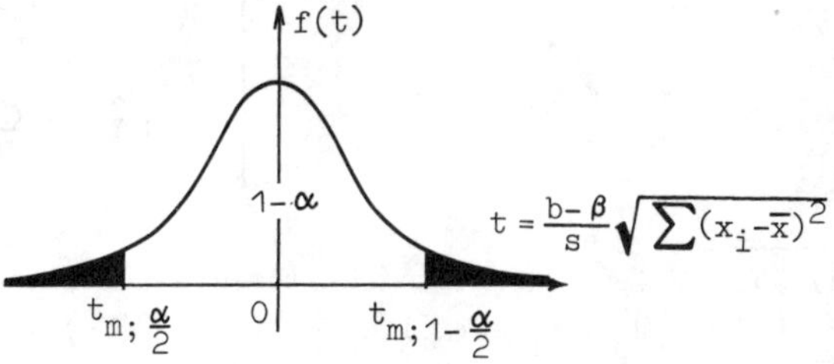

b) Konfidenzintervall für die Varianz σ^2

Nach Gl.(3.85) ist

$$V = \frac{(n-2)\,S^2}{\sigma^2}$$

eine χ^2-verteilte Zufallsgröße mit m = n - 2 Freiheitsgraden. Wir erhalten damit analog zu Abschn.3.2.3.b:

$$\text{Konf.}\left(\frac{(n-2)s^2}{\chi^2_{n-2;1-\frac{\alpha}{2}}} \leqq \sigma^2 \leqq \frac{(n-2)s^2}{\chi^2_{n-2;\frac{\alpha}{2}}}\right) = 1 - \alpha \qquad (3.87)$$

III. Konfidenzintervall für $E(Y/X = x) = y(x) = \alpha + \beta x$

Wir wollen uns nun folgender Aufgabenstellung zuwenden:
An der Stelle X = x soll ein Konfidenzintervall für den bedingten Erwartungswert E(Y / X = x) bestimmt werden.
Als Schätzwert für E(Y / X = x) erhält man den Ordinatenwert der empirischen Regressionsgeraden.

Schätzwert: $\hat{y} = a + bx = \overline{y} + b(x - \overline{x})$

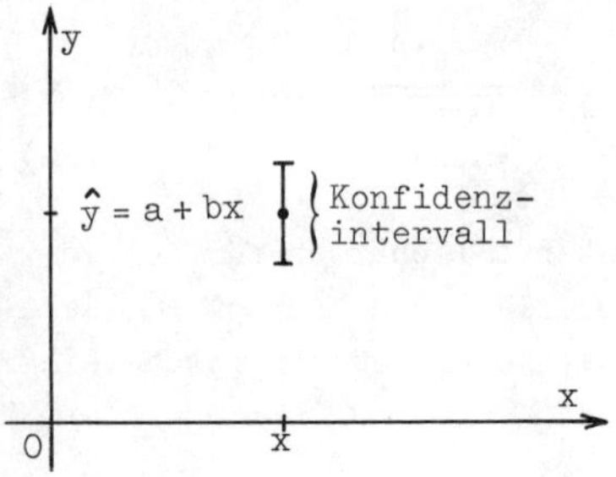

Bild 78 Konfidenzintervall für E(Y / X = x)

Dieser Schätzwert ist eine Realisation der zugehörigen Zufallsgröße

$$\hat{Y} = \overline{Y} + B(x - \overline{x}) \qquad (3.88)$$

Für die Verteilung der Zufallsgröße $\hat{Y}$ gilt:

$\hat{Y}$ ist normalverteilt mit

$E(\hat{Y}) = E(Y/X = x) = \alpha + \beta x$

und

$Var(\hat{Y}) = \dfrac{\sigma^2}{n} + \dfrac{(x - \overline{x})^2 \sigma^2}{\sum (x_i - \overline{x})^2}$

<u>Beweis</u>:

a) Nach den Voraussetzungen dieses Abschnitts sind die Zufallsgrößen Y_i normalverteilt mit $E(Y_i) = \alpha + \beta x_i$ und $Var(Y_i) = Var(Y_i / X_i = x_i) = \sigma^2$. Daraus folgt, daß das arithmetische Mittel

$$\overline{Y} = \frac{1}{n} \sum Y_i$$

normalverteilt ist mit $E(\overline{Y}) = \alpha + \beta \overline{x}$ und $Var(\overline{Y}) = \dfrac{\sigma^2}{n}$.

b) Die Zufallsgröße B ist, wie wir bereits gezeigt haben, normalverteilt mit $E(B) = \beta$ und $Var(B) = \sigma^2 / \sum (x_i - \overline{x})^2$.
Die Zufallsgröße $(x - \overline{x})B$ ist daher normalverteilt mit

$E\left[(x - \overline{x})B\right] = (x - \overline{x})\beta$ und $Var\left[(x - \overline{x})B\right] = \dfrac{(x - \overline{x})^2 \sigma^2}{\sum (x_i - \overline{x})^2}$.

Damit erhält man schließlich:

$$E(\hat{Y}) = E(\overline{Y}) + E\left[(x - \overline{x})B\right] = \alpha + \beta \overline{x} + (x - \overline{x})\beta = \alpha + \beta x,$$

$$Var(\hat{Y}) = Var(\overline{Y}) + Var\left[(x - \overline{x})B\right] = \frac{\sigma^2}{n} + \frac{(x - \overline{x})^2 \sigma^2}{\sum (x_i - \overline{x})^2}$$

Dabei wurde ohne Beweis verwendet, daß die Zufallsgrößen $\overline{Y}$ und B stochastisch unabhängig sind.

Die Zufallsgröße

$$U = \frac{\hat{Y} - (\alpha + \beta x)}{\sqrt{\frac{\sigma^2}{n} + \frac{(x-\bar{x})^2 \sigma^2}{\sum (x_i - \bar{x})^2}}} \qquad (3.89)$$

ist demnach standardnormalverteilt. Da $V = \frac{(n-2)\,S^2}{\sigma^2}$ einer χ^2 - Verteilung mit $m = n - 2$ Freiheitsgraden genügt, erhält man mit

$$T = \frac{\hat{Y} - (\alpha + \beta x)}{S\sqrt{\frac{1}{n} + \frac{(x-\bar{x})^2}{\sum (x_i - \bar{x})^2}}} = \frac{U}{\sqrt{\frac{V}{m}}} \qquad (3.90)$$

eine Zufallsgröße, welche einer t - Verteilung mit $m = n - 2$ Freiheitsgraden genügt.
Damit erhält man analog zu Abschnitt 3.2.3 als Konfidenzintervall für $E(Y / X = x) = \alpha + \beta x$:

$$\text{Konf.}\left(\hat{y} - t_{n-2;1-\frac{\alpha}{2}}\, s\sqrt{A} \leqq E(Y/X = x) \leqq \hat{y} + t_{n-2;1-\frac{\alpha}{2}}\, s\sqrt{A}\right) = 1 - \alpha \qquad (3.91)$$

Die Abkürzungen in Gl.(3.91) bedeuten:

$$A = \frac{1}{n} + \frac{(x-\bar{x})^2}{\sum (x_i - \bar{x})^2} \quad \text{und} \quad s = \sqrt{\frac{1}{n-2} \sum (y_i - a - bx_i)^2}$$

(Gl.(3.83))

Das Konfidenzintervall wird bei vorgegebenem Konfidenzniveau $1 - \alpha$ an der Stelle $x = \bar{x}$ am kleinsten.

Beispiel 144: In Beispiel 94 (Abschn. 2.3.2) wurde eine Stichprobe von $n = 10$ Wertepaaren (x_i, y_i) der Merkmale X = Siliziumgehalt einer Stahlprobe und Y = Druckfestigkeit betrachtet und der empirische Regressionskoeffizient b, sowie der empirische Korrelationskoeffizient r berechnet. In Ergänzung hierzu sollen

a) ein Schätzwert s^2 für $\sigma^2 = \text{Var}(Y / X = x)$,

b) Konfidenzintervall zum Konfidenzniveau $1 - \alpha = 0,90$ für β und σ^2, sowie

c) Konfidenzintervall zum Konfidenzniveau $1 - \alpha = 0,90$ für $E(Y / X = x)$ an den Stellen x = 0,20 ; 0,25 ; 0,28 ; 0,30 und 0,35

berechnet werden.

a) Berechnung des Schätzwertes s^2:

x_i	y_i	$y_{io} = \overline{y} + b(x_i - \overline{x})$	$(y_i - y_{io})^2$
0,20	0,54	0,554	0,000196
0,22	0,58	0,563	0,000289
0,22	0,54	0,563	0,000529
0,25	0,62	0,577	0,001849
0,28	0,56	0,590	0,000900
0,30	0,60	0,599	0,000001
0,32	0,66	0,608	0,002704
0,32	0,58	0,608	0,000784
0,34	0,60	0,617	0,000289
0,35	0,62	0,622	0,000004
2,80	5,90		0,007545

Mit $\overline{x} = 0,28$ [%], $\overline{y} = 0,59$ [10^9Pa] und $b = 0,45$ [10^9Pa / %] (Beispiel 94) erhält man die empirische Regressionsgerade

$$y = 0,59 + 0,45(x - 0,28),$$

mit deren Hilfe die auf der Regressionsgeraden liegenden Ordinatenwerte y_{io} von Spalte 3 berechnet wurden. Mit Gl.(3.83) folgt:

$$s^2 = \frac{1}{8}\, 0,007545 = 0,00094$$

bzw. $s = 0,0307$ [10^9Pa]

b) Konfidenzintervall für den Regressionskoeffizienten β

Mit den Zahlenwerten für b, s , $t_{8;0,90} = 1,397$ und $\sum(x_i - \overline{x})^2 = 0,0266$ folgt:

$$\text{Konf.}(\,0{,}19 \leqq \beta \leqq 0{,}71) = 0{,}90$$

Da hier nur n = 10 Wertepaare vorliegen, ist das Konfidenzintervall für den Regressionskoeffizienten der Merkmale X und Y verhältnismäßig groß.

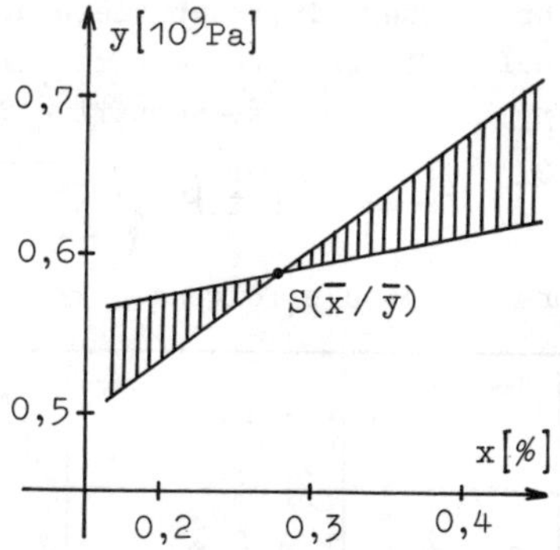

Bild 79 Konfidenzintervall für β

Konfidenzintervall für σ^2

Mit Gl.(3.87) folgt:

$$\text{Konf.}(0{,}00049 \leqq \sigma^2 \leqq 0{,}00276) = 0{,}90$$

c) Konfidenzintervalle für E(Y / X = x)

x	$y = \bar{y} + b(x - \bar{x})$	t.s A	Konfidenzintervall	
			untere Grenze	obere Grenze
0,20	0,544	0,033	0,511	0,577
0,25	0,577	0,021	0,556	0,598
0,28	0,590	0,018	0,572	0,608
0,30	0,599	0,019	0,580	0,618
0,35	0,622	0,030	0,592	0,652

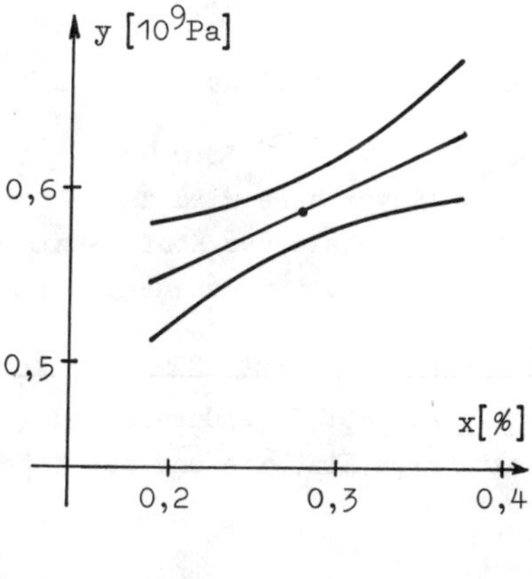

Bild 80 Konfidenzstreifen für E(Y / X = x)

IV. Prüfen einer Hypothese über den Regressionskoeffizienten

Zur Prüfung einer Hypothese über die Größe des Regressionskoeffizienten verwendet man die nach Gl.(3.86) mit m = n - 2 Freiheitsgraden t - verteilte Zufallsgröße

$$T = \frac{B - \beta}{S} \sqrt{\sum (x_i - \bar{x})^2}$$

und erhält die folgenden kritischen Bereiche:

H_o	H_1	Kritischer Bereich bei einem Signifikanzniveau α
$\beta = \beta_o$	$\beta \neq \beta_o$	$\frac{\lvert b - \beta_o \rvert}{s} \sqrt{\sum (x_i - \bar{x})^2} > t_{n-2;1-\frac{\alpha}{2}}$
$\beta \leqq \beta_o$ $\beta \geqq \beta_o$	$\beta > \beta_o$ $\beta < \beta_o$	$\frac{\lvert b - \beta_o \rvert}{s} \sqrt{\sum (x_i - \bar{x})^2} > t_{n-2;1-\alpha}$

Beispiel 145: Für die Stichprobe von Beispiel 144 prüfe man die Hypothese H_o: $\beta \leqq 0,4$ gegen die Alternative H_1: $\beta > 0,4$ bei einem Signifikanzniveau $\alpha = 0,10$.

Mit den Ergebnissen von Beispiel 144 erhält man als Prüfwert

$$t = \frac{0,45 - 0,4}{0,0307} \sqrt{0,0266} = 0,266.$$

Der Prüfwert t liegt nicht im kritischen Bereich

$$K: t > t_{8;0,90} = 1,397,$$

die Nullhypothese wird daher beibehalten. Der Wert $\beta = 0,4$ liegt innerhalb des Konfidenzintervalls zum Konfidenzniveau $1 - \alpha = 0,90$ für den Regressionskoeffizienten β.

Übungsaufgaben zum Abschnitt 3.5 (Lösungen im Anhang)

Beispiel 146: Eine Untersuchung der Merkmale X = Dichte einer bestimmten Erzsorte und Y = Metallanteil ergab die in der

Tabelle angegebenen Werte.

x_i [g/cm^3]	y_i [%]
2,8	22
2,8	25
2,9	27
3,0	27
3,1	28
3,2	30
3,2	32
3,2	35
3,4	31
3,4	35

a) Man bestimme einen Schätzwert für den Regressionskoeffizienten β und die Gleichung der empirischen Regressionsgeraden.

b) Man berechne einen Schätzwert und ein Konfidenzintervall zum Konfidenzniveau $1 - \alpha = 0{,}90$ für die Varianz $\sigma^2 = \mathrm{Var}(Y / X = x)$.

c) Man prüfe bei einem Signifikanzniveau $\alpha = 10\ \%$ die Hypothese H_0: $\beta \leqq 10$ [% / g/cm^3] gegen die Alternative H_1: $\beta > 10$ [% / g/cm^3].

Anhang

Tabelle 1: Zahlenwerte der Verteilungsfunktion $\Phi(u)$ der Standardnormalverteilung

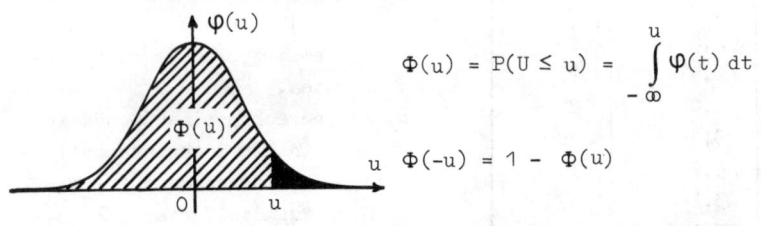

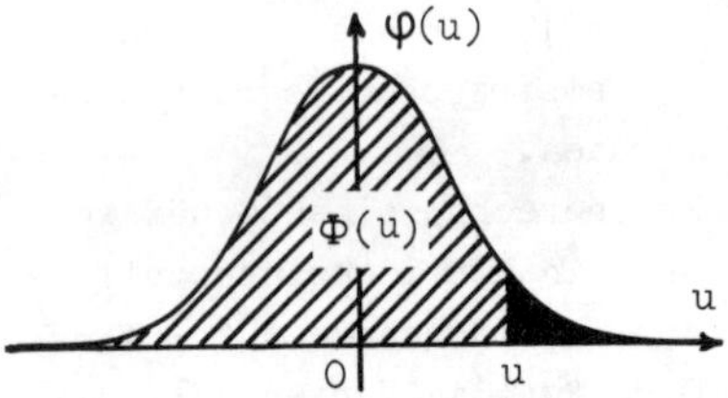

$$\Phi(u) = P(U \le u) = \int_{-\infty}^{u} \varphi(t)\,dt$$

$$\Phi(-u) = 1 - \Phi(u)$$

u	0	1	2	3	4	5	6	7	8	9
0,0	5000	5040	5080	5120	5160	5199	5239	5279	5319	5359
0,1	5398	5438	5478	5517	5557	5596	5636	5675	5714	5753
0,2	5793	5832	5871	5910	5948	5987	6026	6064	6103	6141
0,3	6179	6217	6255	6293	6331	6368	6406	6443	6480	6517
0,4	6554	6591	6628	6664	6700	6736	6772	6808	6844	6879
0,5	6915	6950	6985	7019	7054	7088	7123	7157	7190	7224
0,6	7257	7291	7324	7357	7389	7422	7454	7486	7517	7549
0,7	7580	7611	7642	7673	7704	7734	7764	7794	7823	7852
0,8	7881	7910	7939	7967	7995	8023	8051	8078	8106	8133
0,9	8159	8186	8212	8238	8264	8289	8315	8340	8365	8389
1,0	8413	8438	8461	8485	8508	8531	8554	8577	8599	8621
1,1	8643	8665	8686	8708	8729	8749	8770	8790	8810	8830
1,2	8849	8869	8888	8907	8925	8944	8962	8980	8997	9015
1,3	9032	9049	9066	9082	9099	9115	9131	9147	9162	9177
1,4	9192	9207	9222	9236	9251	9265	9279	9292	9306	9319
1,5	9332	9345	9357	9370	9382	9394	9406	9418	9429	9441
1,6	9452	9463	9474	9484	9495	9505	9515	9525	9535	9545
1,7	9554	9564	9573	9582	9591	9599	9608	9616	9625	9633
1,8	9641	9649	9656	9664	9671	9678	9686	9693	9699	9706
1,9	9713	9719	9726	9732	9738	9744	9750	9756	9761	9767
2,0	9772	9778	9783	9788	9793	9798	9803	9808	9812	9817
2,1	9821	9826	9830	9834	9838	9842	9846	9850	9854	9857
2,2	9861	9864	9868	9871	9875	9878	9881	9884	9887	9890
2,3	9893	9896	9898	9901	9904	9906	9909	9911	9913	9916
2,4	9918	9920	9922	9925	9927	9929	9931	9932	9934	9936
2,5	9938	9940	9941	9943	9945	9946	9948	9949	9951	9952
2,6	9953	9955	9956	9957	9959	9960	9961	9962	9963	9964
2,7	9965	9966	9967	9968	9969	9970	9971	9972	9973	9974
2,8	9974	9975	9976	9977	9977	9978	9979	9979	9980	9981
2,9	9981	9982	9982	9983	9984	9984	9985	9985	9986	9986
3,0	9987	9987	9987	9988	9988	9989	9989	9989	9990	9990

zu Tabelle 1:

Es gilt: $0 \leq \Phi(u) \leq 1$. Aus Platzgründen wurden nur die Dezimalstellen der Zahlenwerte der Verteilungsfunktion angegeben.

Ablesebeispiele:

$u = 1{,}67 \longrightarrow \Phi(1{,}67) = 0{,}9525$

$u = 1{,}673 \longrightarrow \Phi(1{,}673) = 0{,}9528$ (lineare Interpolation in der Tabelle)

$u = -0{,}82 \longrightarrow \Phi(-0{,}82) = 1 - 0{,}7939 = 0{,}2061$

Tabelle 2: Quantile der Standardnormalverteilung

$\Phi(u_\alpha) = P(U \leq u_\alpha) = \alpha$

$u_{1-\alpha} = -u_\alpha$
$(0 < \alpha < 1)$

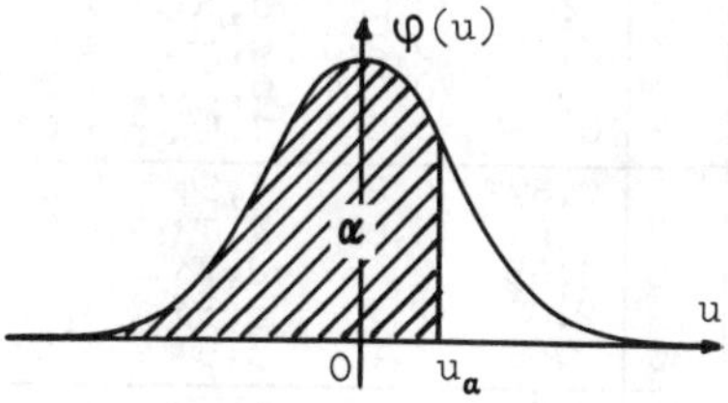

α	u_α
0,90	1,282
0,95	1,645
0,975	1,960
0,99	2,326
0,995	2,576
0,9975	2,807
0,999	3,090

α	u_α
0,10	- 1,282
0,05	- 1,645
0,025	- 1,960
0,01	- 2,326
0,005	- 2,576
0,0025	- 2,807
0,001	- 3,090

Tabelle 3: Quantile der χ^2 - Verteilung

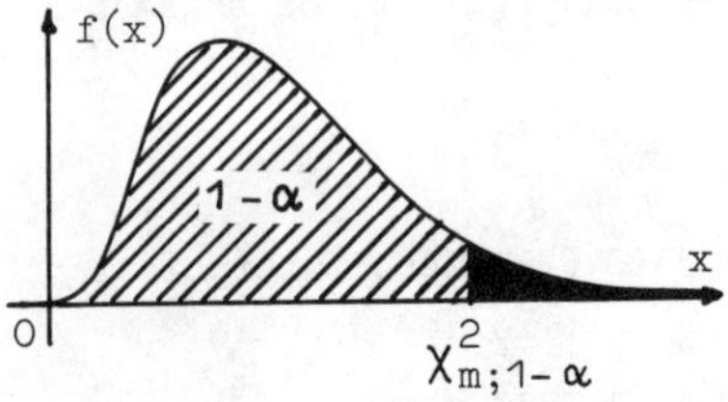

Für große Werte von m gilt näherungsweise:

$$\chi^2_{m;\gamma} = m\left[1 - \frac{2}{9m} + u_{\gamma}\sqrt{\frac{2}{9m}}\right]^3$$

(Näherungsformel von Wilson und Hilferty, Abschn. 3.1.4)

m = Anzahl der Freiheitsgrade

m	$\chi^2_{0,01}$	$\chi^2_{0,025}$	$\chi^2_{0,05}$	$\chi^2_{0,10}$	$\chi^2_{0,90}$	$\chi^2_{0,95}$	$\chi^2_{0,975}$	$\chi^2_{0,99}$
1	0,000	0,000	0,004	0,016	2,71	3,84	5,02	6,63
2	0,020	0,051	0,103	0,211	4,61	5,99	7,38	9,21
3	0,115	0,216	0,352	0,584	6,25	7,81	9,35	11,35
4	0,297	0,484	0,711	1,064	7,78	9,49	11,14	13,28
5	0,554	0,831	1,15	1,61	9,24	11,07	12,83	15,08
6	0,872	1,24	1,64	2,20	10,64	12,59	14,45	16,81
7	1,24	1,69	2,17	2,83	12,01	14,06	16,01	18,47
8	1,65	2,18	2,73	3,49	13,36	15,51	17,53	20,09
9	2,09	2,70	3,33	4,17	14,68	16,92	19,02	21,67
10	2,56	3,25	3,94	4,87	15,99	18,31	20,48	23,21
11	3,05	3,82	4,57	5,58	17,27	19,67	21,92	24,72
12	3,57	4,40	5,23	6,30	18,55	21,03	23,34	26,22
13	4,11	5,01	5,89	7,04	19,81	22,36	24,74	27,69
14	4,66	5,63	6,57	7,79	21,06	23,68	26,12	29,14
15	5,23	6,26	7,26	8,55	22,31	25,00	27,49	30,58
16	5,81	6,91	7,96	9,31	23,54	26,30	28,85	32,00
17	6,41	7,56	8,67	10,09	24,77	27,59	30,19	33,41
18	7,01	8,23	9,39	10,86	25,99	28,87	31,53	34,81
19	7,63	8,91	10,12	11,65	27,20	30,14	32,85	36,19
20	8,26	9,59	10,85	12,44	28,41	31,41	34,17	37,57
25	11,52	13,12	14,61	16,47	34,38	37,65	40,65	44,31
30	14,95	16,79	18,49	20,60	40,26	43,77	46,98	50,89
35	18,51	20,57	22,46	24,80	46,06	49,80	53,20	57,34
40	22,17	24,43	26,51	29,05	51,81	55,76	59,34	63,69
45	25,90	28,37	30,61	33,35	57,51	61,66	65,41	69,96
50	29,71	32,36	34,76	37,69	63,17	67,51	71,42	76,15
60	37,49	40,48	43,19	46,46	74,40	79,08	83,30	88,38
70	45,44	48,76	51,74	55,33	85,53	90,53	95,02	100,4
80	53,54	57,15	60,39	64,28	96,58	101,9	106,6	112,3
90	61,75	65,65	69,13	73,29	107,6	113,2	118,1	124,1
100	70,07	74,22	77,93	82,36	118,5	124,3	129,6	135,8

Tabelle 4: Quantile der t - Verteilung

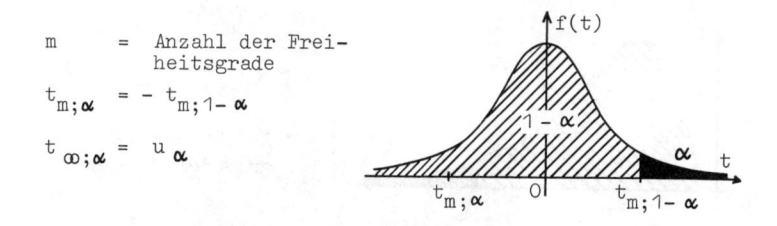

m = Anzahl der Freiheitsgrade

$t_{m;\alpha} = -\, t_{m;1-\alpha}$

$t_{\infty;\alpha} = u_{\alpha}$

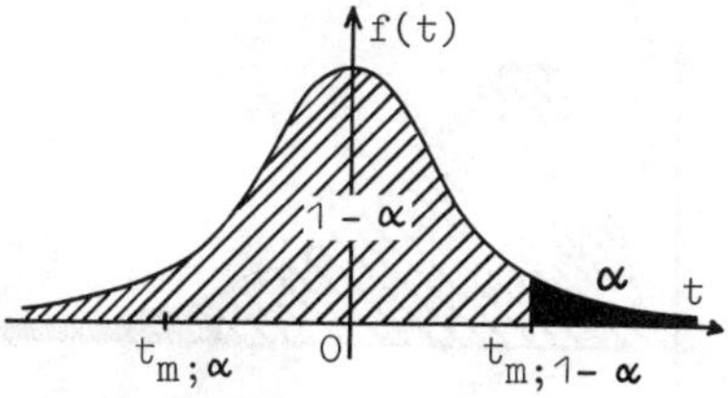

m	$t_{0,90}$	$t_{0,95}$	$t_{0,975}$	$t_{0,99}$	$t_{0,995}$
1	3,078	6,314	12,71	31,82	63,66
2	1,886	2,920	4,303	6,965	9,925
3	1,638	2,353	3,182	4,541	5,841
4	1,533	2,132	2,776	3,747	4,604
5	1,476	2,015	2,571	3,365	4,032
6	1,440	1,943	2,447	3,143	3,707
7	1,415	1,895	2,365	2,998	3,499
8	1,397	1,860	2,306	2,896	3,355
9	1,383	1,833	2,262	2,821	3,250
10	1,372	1,812	2,228	2,764	3,169
11	1,363	1,796	2,201	2,718	3,106
12	1,356	1,782	2,179	2,681	3,055
13	1,350	1,771	2,160	2,650	3,012
14	1,345	1,761	2,145	2,624	2,977
15	1,341	1,753	2,131	2,602	2,947
16	1,337	1,746	2,120	2,583	2,921
17	1,333	1,740	2,110	2,567	2,898
18	1,330	1,734	2,101	2,552	2,878
19	1,328	1,729	2,093	2,539	2,861
20	1,325	1,725	2,086	2,528	2,845
25	1,316	1,708	2,060	2,485	2,787
30	1,310	1,697	2,042	2,457	2,750
35	1,306	1,690	2,030	2,438	2,724
40	1,303	1,684	2,021	2,423	2,704
45	1,301	1,679	2,014	2,412	2,690
50	1,299	1,676	2,009	2,403	2,678
100	1,290	1,660	1,984	2,364	2,626
200	1,286	1,653	1,972	2,345	2,601
500	1,283	1,648	1,965	2,334	2,586
∞	1,282	1,645	1,960	2,326	2,576

Tabelle 5: Quantile $F_{m_1;m_2;0,95}$ der F - Verteilung

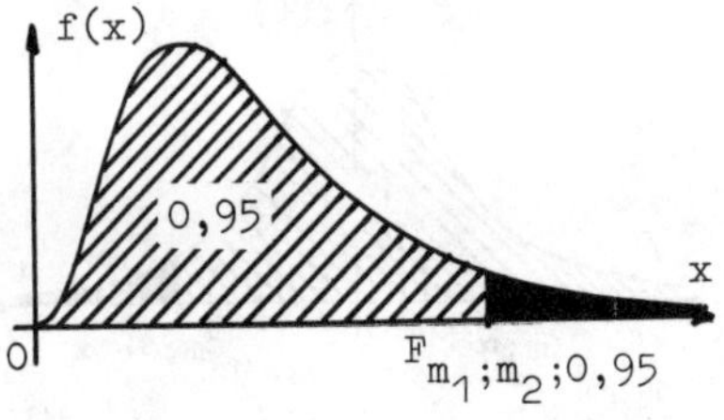

$P(F \leqq F_{m_1;m_2;0,95}) = 0,95$

m_1 = Freiheitsgrade der größeren Varianz

m_2 \ m_1	1	2	3	4	5	6	7	8	9	10
1	162	200	216	225	230	234	237	239	241	242
2	18,5	19,0	19,2	19,2	19,3	19,3	19,4	19,4	19,4	19,4
3	10,1	9,55	9,28	9,12	9,01	8,94	8,89	8,85	8,81	8,79
4	7,71	6,94	6,59	6,39	6,26	6,16	6,09	6,04	6,00	5,96
5	6,61	5,79	5,41	5,19	5,05	4,95	4,88	4,82	4,77	4,74
6	5,99	5,14	4,76	4,53	4,39	4,28	4,21	4,15	4,10	4,06
7	5,59	4,74	4,35	4,12	3,97	3,87	3,79	3,73	3,68	3,64
8	5,32	4,46	4,07	3,84	3,69	3,58	3,50	3,44	3,39	3,35
9	5,12	4,26	3,86	3,63	3,48	3,37	3,29	3,23	3,18	3,14
10	4,96	4,10	3,71	3,48	3,33	3,22	3,14	3,07	3,02	2,98
11	4,84	3,98	3,59	3,36	3,20	3,09	3,01	2,95	2,90	2,85
12	4,75	3,89	3,49	3,26	3,11	3,00	2,91	2,85	2,80	2,75
13	4,67	3,81	3,41	3,18	3,03	2,92	2,83	2,77	2,71	2,67
14	4,60	3,74	3,34	3,11	2,96	2,85	2,76	2,70	2,65	2,60
15	4,54	3,68	3,29	3,06	2,90	2,79	2,71	2,64	2,59	2,54
16	4,49	3,63	3,24	3,01	2,85	2,74	2,66	2,59	2,54	2,49
17	4,45	3,59	3,20	2,96	2,81	2,70	2,61	2,55	2,49	2,45
18	4,41	3,55	3,16	2,93	2,77	2,66	2,58	2,51	2,46	2,41
19	4,38	3,52	3,13	2,90	2,74	2,63	2,54	2,48	2,42	2,38
20	4,35	3,49	3,10	2,87	2,71	2,60	2,51	2,45	2,39	2,35
25	4,24	3,39	2,99	2,76	2,60	2,49	2,40	2,34	2,28	2,24
30	4,17	3,32	2,92	2,69	2,53	2,42	2,33	2,27	2,21	2,16
40	4,08	3,23	2,84	2,61	2,45	2,34	2,25	2,18	2,12	2,08
50	4,03	3,18	2,79	2,56	2,40	2,29	2,20	2,13	2,07	2,03
60	4,00	3,15	2,76	2,53	2,37	2,25	2,17	2,10	2,04	1,99
80	3,96	3,11	2,72	2,49	2,33	2,21	2,13	2,06	2,00	1,95
100	3,94	3,09	2,70	2,46	2,31	2,19	2,10	2,03	1,97	1,93
200	3,88	3,04	2,65	2,42	2,26	2,14	2,06	1,98	1,93	1,88
500	3,86	3,01	2,62	2,39	2,23	2,12	2,03	1,96	1,90	1,85
∞	3,84	3,00	2,60	2,37	2,21	2,10	2,01	1,94	1,88	1,83

Tabelle 5: Fortsetzung

m_2 \ m_1	12	14	16	18	20	30	40	50	100	∞
1	244	245	246	247	248	250	251	252	253	254
2	19,4	19,4	19,4	19,4	19,4	19,5	19,5	19,5	19,5	19,5
3	8,74	8,71	8,69	8,67	8,66	8,62	8,60	8,58	8,55	8,53
4	5,91	5,87	5,84	5,82	5,80	5,75	5,72	5,70	5,66	5,63
5	4,68	4,64	4,60	4,58	4,56	4,50	4,46	4,44	4,41	4,37
6	4,00	3,96	3,92	3,90	3,87	3,81	3,77	3,75	3,71	3,67
7	3,57	3,53	3,49	3,47	3,44	3,38	3,34	3,32	3,27	3,23
8	3,28	3,24	3,20	3,17	3,15	3,08	3,04	3,02	2,97	2,93
9	3,07	3,03	2,99	2,96	2,94	2,86	2,83	2,80	2,76	2,71
10	2,91	2,86	2,83	2,80	2,77	2,70	2,66	2,64	2,59	2,54
11	2,79	2,74	2,70	2,67	2,65	2,57	2,53	2,51	2,46	2,40
12	2,69	2,64	2,60	2,57	2,54	2,47	2,43	2,40	2,35	2,30
13	2,60	2,55	2,51	2,48	2,46	2,38	2,34	2,31	2,26	2,21
14	2,53	2,48	2,44	2,41	2,39	2,31	2,27	2,24	2,19	2,13
15	2,48	2,42	2,38	2,35	2,33	2,25	2,20	2,18	2,12	2,07
16	2,42	2,37	2,33	2,30	2,28	2,19	2,15	2,12	2,07	2,01
17	2,38	2,33	2,29	2,26	2,23	2,15	2,10	2,08	2,02	1,96
18	2,34	2,29	2,25	2,22	2,19	2,11	2,06	2,04	1,98	1,92
19	2,31	2,26	2,21	2,18	2,16	2,07	2,03	2,00	1,94	1,88
20	2,28	2,22	2,18	2,15	2,12	2,04	1,99	1,97	1,91	1,84
25	2,16	2,11	2,07	2,04	2,01	1,92	1,87	1,84	1,78	1,71
30	2,09	2,04	1,99	1,96	1,93	1,84	1,79	1,76	1,70	1,62
40	2,00	1,95	1,90	1,87	1,84	1,74	1,69	1,66	1,59	1,51
50	1,95	1,89	1,85	1,81	1,78	1,69	1,63	1,60	1,52	1,44
60	1,92	1,86	1,82	1,78	1,75	1,65	1,59	1,56	1,48	1,39
80	1,88	1,82	1,77	1,73	1,70	1,60	1,54	1,51	1,43	1,32
100	1,85	1,79	1,75	1,71	1,68	1,57	1,52	1,48	1,39	1,28
200	1,80	1,74	1,69	1,66	1,62	1,52	1,46	1,41	1,32	1,19
500	1,77	1,71	1,66	1,62	1,59	1,48	1,42	1,38	1,28	1,11
∞	1,75	1,69	1,64	1,60	1,57	1,46	1,39	1,35	1,24	1,00

Tabelle 6: Quantile $F_{m_1;m_2;0,99}$ der F - Verteilung

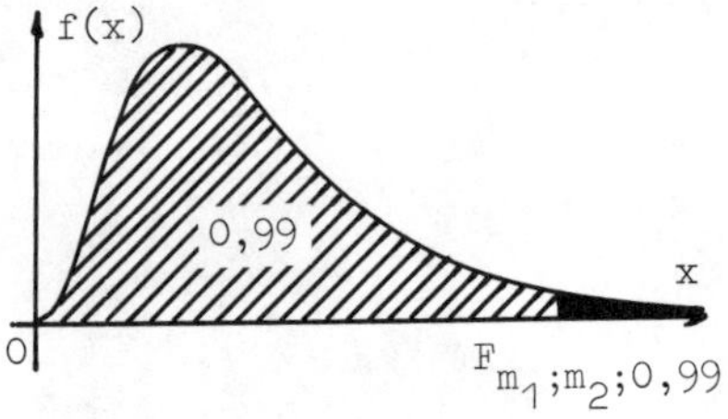

$P(F \leqq F_{m_1;m_2;0,99}) = 0,99$

m_1 = Freiheitsgrade der größeren Varianz

m_2 \ m_1	1	2	3	4	5	6	7	8	9	10
1	4052	4999	5403	5625	5764	5859	5928	5981	6023	6056
2	98,5	99,0	99,2	99,3	99,3	99,3	99,4	99,4	99,4	99,4
3	34,1	30,8	29,4	28,7	28,2	27,9	27,7	27,5	27,3	27,2
4	21,2	18,0	16,7	16,0	15,5	15,2	15,0	14,8	14,7	14,5
5	16,3	13,3	12,1	11,4	11,0	10,7	10,5	10,3	10,2	10,1
6	13,7	10,9	9,78	9,15	8,75	8,47	8,26	8,10	7,98	7,87
7	12,2	9,55	8,45	7,85	7,46	7,19	6,99	6,84	6,72	6,62
8	11,3	8,65	7,59	7,01	6,63	6,37	6,18	6,03	5,91	5,81
9	10,6	8,02	6,99	6,42	6,06	5,80	5,61	5,47	5,35	5,26
10	10,0	7,56	6,55	5,99	5,64	5,39	5,20	5,06	4,94	4,85
11	9,64	7,20	6,21	5,67	5,31	5,07	4,88	4,74	4,63	4,54
12	9,33	6,93	5,95	5,41	5,06	4,82	4,64	4,50	4,39	4,30
13	9,07	6,70	5,74	5,21	4,86	4,62	4,44	4,30	4,19	4,10
14	8,86	6,51	5,56	5,04	4,69	4,46	4,28	4,14	4,03	3,94
15	8,68	6,36	5,42	4,89	4,56	4,32	4,14	4,00	3,89	3,80
16	8,53	6,23	5,29	4,77	4,44	4,20	4,03	3,89	3,78	3,69
17	8,40	6,11	5,18	4,67	4,34	4,10	3,93	3,79	3,68	3,59
18	8,29	6,01	5,09	4,58	4,25	4,01	3,84	3,71	3,60	3,51
19	8,18	5,93	5,01	4,50	4,17	3,94	3,77	3,63	3,52	3,43
20	8,10	5,85	4,94	4,43	4,10	3,87	3,70	3,56	3,46	3,37
25	7,77	5,57	4,68	4,18	3,85	3,63	3,46	3,32	3,22	3,13
30	7,56	5,39	4,51	4,02	3,70	3,47	3,30	3,17	3,07	2,98
40	7,31	5,18	4,31	3,83	3,51	3,29	3,12	2,99	2,89	2,80
50	7,17	5,06	4,20	3,72	3,41	3,19	3,02	2,89	2,78	2,70
60	7,07	4,98	4,13	3,65	3,34	3,12	2,95	2,82	2,72	2,63
80	6,96	4,88	4,04	3,56	3,25	3,04	2,87	2,74	2,64	2,55
100	6,89	4,82	3,98	3,51	3,21	2,99	2,82	2,69	2,59	2,50
200	6,75	4,71	3,88	3,41	3,11	2,89	2,73	2,60	2,50	2,41
500	6,69	4,65	3,82	3,36	3,05	2,84	2,68	2,55	2,44	2,36
∞	6,63	4,61	3,78	3,32	3,02	2,80	2,64	2,51	2,41	2,32

Tabelle 6: Fortsetzung

m_2 \ m_1	12	14	16	18	20	30	40	50	100	∞
1	6106	6143	6169	6192	6209	6261	6287	6303	6335	6366
2	99,4	99,4	99,4	99,4	99,5	99,5	99,5	99,5	99,5	99,5
3	27,1	26,9	26,8	26,8	26,7	26,5	26,4	26,4	26,2	26,1
4	14,4	14,2	14,2	14,1	14,0	13,8	13,7	13,7	13,6	13,5
5	9,89	9,77	9,68	9,61	9,55	9,38	9,29	9,24	9,13	9,02
6	7,72	7,60	7,52	7,45	7,40	7,23	7,14	7,09	6,99	6,88
7	6,47	6,36	6,28	6,21	6,16	5,99	5,91	5,86	5,75	5,65
8	5,67	5,56	5,48	5,41	5,36	5,20	5,12	5,07	4,96	4,86
9	5,11	5,01	4,92	4,86	4,81	4,65	4,57	4,52	4,41	4,31
10	4,71	4,60	4,52	4,46	4,41	4,25	4,17	4,12	4,01	3,91
11	4,39	4,29	4,21	4,15	4,10	3,94	3,86	3,81	3,70	3,60
12	4,16	4,05	3,97	3,91	3,86	3,70	3,62	3,57	3,47	3,36
13	3,96	3,86	3,78	3,72	3,66	3,51	3,42	3,37	3,27	3,17
14	3,80	3,70	3,62	3,56	3,51	3,35	3,27	3,22	3,11	3,00
15	3,67	3,56	3,49	3,42	3,37	3,21	3,13	3,08	2,98	2,87
16	3,55	3,45	3,37	3,31	3,26	3,10	3,02	2,97	2,86	2,75
17	3,46	3,35	3,27	3,21	3,16	3,00	2,92	2,87	2,76	2,65
18	3,37	3,27	3,19	3,13	3,08	2,92	2,84	2,78	2,68	2,57
19	3,30	3,19	3,12	3,05	3,00	2,84	2,76	2,71	2,60	2,49
20	3,23	3,13	3,05	2,99	2,94	2,78	2,69	2,64	2,54	2,42
25	2,99	2,89	2,81	2,75	2,70	2,54	2,45	2,40	2,29	2,17
30	2,84	2,74	2,66	2,60	2,55	2,39	2,30	2,25	2,13	2,01
40	2,66	2,56	2,48	2,42	2,37	2,20	2,11	2,06	1,94	1,80
50	2,56	2,46	2,38	2,32	2,27	2,10	2,01	1,95	1,82	1,68
60	2,50	2,39	2,31	2,25	2,20	2,03	1,94	1,88	1,75	1,60
80	2,42	2,31	2,23	2,17	2,12	1,94	1,85	1,79	1,65	1,49
100	2,37	2,27	2,19	2,12	2,07	1,89	1,80	1,74	1,60	1,43
200	2,27	2,17	2,09	2,03	1,97	1,79	1,69	1,63	1,48	1,28
500	2,22	2,12	2,04	1,97	1,92	1,74	1,63	1,56	1,41	1,16
∞	2,18	2,08	2,00	1,93	1,88	1,70	1,59	1,52	1,36	1,00

Tabelle 7: Quantile der Prüfgröße D des Kolmogorow - Smirnow-Anpassungstestes

n	$d_{n;0,90}$	$d_{n;0,95}$	$d_{n;0,99}$
2	0,776	0,842	0,929
3	0,636	0,708	0,829
4	0,565	0,624	0,734
5	0,509	0,563	0,669
6	0,468	0,519	0,617
7	0,436	0,483	0,576
8	0,410	0,454	0,542
9	0,387	0,430	0,513
10	0,369	0,409	0,489
11	0,352	0,391	0,468
12	0,338	0,375	0,449
13	0,325	0,361	0,432
14	0,314	0,349	0,418
15	0,304	0,338	0,404
20	0,265	0,294	0,352
25	0,238	0,264	0,317
30	0,218	0,242	0,290
35	0,202	0,224	0,269
40	0,189	0,210	0,252
> 40	$\frac{1,22}{\sqrt{n}}$	$\frac{1,36}{\sqrt{n}}$	$\frac{1,63}{\sqrt{n}}$

Tabelle 8: Schranken $k_{n;\gamma}$ des Vorzeichentests

n	$k_{0,025}$	$k_{0,05}$	$k_{0,10}$	$k_{0,90}$	$k_{0,95}$	$k_{0,975}$
5	-	1	1	4	4	-
6	1	1	1	5	5	5
7	1	1	2	5	6	6
8	1	2	2	6	6	7
9	2	2	3	6	7	7
10	2	2	3	7	8	8
11	2	3	3	8	8	9
12	3	3	4	8	9	9
13	3	4	4	9	9	10
14	3	4	5	9	10	11
15	4	4	5	10	11	11
16	4	5	5	11	11	12
17	5	5	6	11	12	12
18	5	6	6	12	12	13
19	5	6	7	12	13	14
20	6	6	7	13	14	14
25	8	8	9	16	17	17
30	10	11	11	19	19	20
35	12	13	14	21	22	23
40	14	15	16	24	25	26

Es gilt : $k_{n;\gamma} + k_{n;1-\gamma} = n$

Die Schranken wurden so festgelegt, daß die Prüfhypothese H_o abgelehnt wird, wenn die entsprechenden Schranken über- oder unterschritten werden.

Tabelle 9: Schranken $w_{n;\gamma}$ des Vorzeichen-Rangtests von Wilcoxon

n	$w_{0,025}$	$w_{0,05}$	$w_{0,10}$	$w_{0,90}$	$w_{0,95}$	$w_{0,975}$
5	-	1	3	12	14	-
6	1	3	4	17	18	20
7	3	4	6	22	24	25
8	4	6	9	27	30	32
9	6	9	11	34	36	39
10	9	11	15	40	44	46
11	11	14	18	48	52	55
12	14	18	22	56	60	64
13	18	22	27	64	69	73
14	22	26	32	73	79	83
15	26	31	37	83	89	94
16	30	36	43	93	100	106
17	35	42	49	104	111	118
18	41	48	56	115	123	130
19	47	54	63	127	136	143
20	53	61	70	140	149	157

Es gilt: $w_{n;\gamma} + w_{n;1-\gamma} = \frac{n(n+1)}{2}$

Die Schranken wurden so festgelegt, daß die Prüfhypothese H_o abgelehnt wird, wenn die entsprechenden Schranken über- oder unterschritten werden.

Tabelle 10: Schranken $u_{n_1;n_2;0,01}$ des Mann - Withney - Tests

n_1 \ n_2	5	6	7	8	9	10	11	12	13	14	15	16	17	18	19	20
5	2															
6	3	4														
7	4	5	7													
8	5	7	8	10												
9	6	8	10	12	15											
10	7	9	12	14	17	20										
11	8	10	13	16	19	23	26									
12	9	12	15	18	22	25	29	32								
13	10	13	17	21	24	28	32	36	40							
14	11	14	18	23	27	31	35	39	44	48						
15	12	16	20	25	29	34	38	43	48	52	57					
16	13	17	22	27	32	37	42	47	52	57	62	67				
17	14	19	24	29	34	39	45	50	56	61	67	72	78			
18	15	20	25	31	37	42	48	54	60	66	71	77	83	89		
19	16	21	27	33	39	45	51	57	64	70	76	83	89	95	102	
20	17	23	29	35	41	48	54	61	68	74	81	88	94	101	108	115
22	19	25	32	39	46	54	61	68	76	83	91	98	106	113	121	128
24	21	28	36	43	51	59	67	76	84	92	100	109	117	125	134	142
26	23	31	39	48	56	65	74	83	92	101	110	119	128	137	147	156
28	25	34	43	52	61	71	80	90	100	110	120	130	140	150	160	170
30	27	36	46	56	66	77	87	97	108	119	129	140	151	162	173	183

$$u_{n_1;n_2;0,01} = u_{n_2;n_1;0,01}$$

Tabelle 11: Schranken $u_{n_1;n_2;0,05}$ des Mann - Withney - Tests

n_1 \ n_2	5	6	7	8	9	10	11	12	13	14	15	16	17	18	19	20
5	5															
6	6	8														
7	7	9	12													
8	9	11	14	16												
9	10	13	16	19	22											
10	12	15	18	21	25	28										
11	13	17	20	24	28	32	35									
12	14	18	22	27	31	35	39	43								
13	16	20	25	29	34	38	43	48	52							
14	17	22	27	32	37	42	47	52	57	62						
15	19	24	29	34	40	45	51	56	62	67	73					
16	20	26	31	37	43	49	55	61	66	72	78	84				
17	21	27	34	40	46	52	58	65	71	78	84	90	97			
18	23	29	36	42	49	56	62	69	76	83	89	96	103	110		
19	24	31	38	45	52	59	66	73	81	88	95	102	110	117	124	
20	26	33	40	48	55	63	70	78	85	93	101	108	116	124	131	139
22	29	37	45	53	61	69	78	86	95	103	112	120	129	137	146	155
24	31	40	49	58	67	76	86	95	104	114	123	132	142	151	161	170
26	34	44	54	63	73	83	93	104	114	124	134	144	155	165	175	186
28	37	47	58	69	79	90	101	112	123	134	145	157	168	179	190	201
30	40	51	62	74	86	97	109	121	133	145	157	169	181	193	205	217

$$u_{n_1;n_2;0,05} = u_{n_2;n_1;0,05}$$

Tabelle 12: Schranken $u_{n_1;n_2;0,10}$ des Mann - Withney - Tests

n_1 \ n_2	5	6	7	8	9	10	11	12	13	14	15	16	17	18	19	20
5	6															
6	8	10														
7	9	12	14													
8	11	14	17	20												
9	13	16	19	23	26											
10	14	18	22	25	29	33										
11	16	20	24	28	32	37	41									
12	18	22	27	31	36	40	45	50								
13	19	24	29	34	39	44	49	54	59							
14	21	26	32	37	42	48	53	59	64	70						
15	23	28	34	40	46	52	58	64	69	75	81					
16	24	30	37	43	49	55	62	68	75	81	87	94				
17	26	32	39	46	53	59	66	73	80	86	93	100	107			
18	28	35	42	49	56	63	70	78	85	92	99	107	114	121		
19	29	37	44	52	59	67	74	82	90	98	105	113	121	129	136	
20	31	39	47	55	63	71	79	87	95	103	111	120	128	136	144	152
22	34	43	52	60	69	78	87	96	105	114	123	132	142	151	160	169
24	37	47	57	66	76	86	96	106	115	125	135	145	155	165	175	185
26	41	51	62	72	83	93	104	115	126	137	147	158	169	180	191	202
28	44	55	67	78	89	101	113	124	136	148	159	171	183	195	207	218
30	47	59	72	84	96	109	121	134	146	159	171	184	197	210	222	235

$$u_{n_1;n_2;0,10} = u_{n_2;n_1;0,10}$$

Tabelle 13: Zufallshöchstwerte $|r|_{max}$ des empirischen Korrelationskoeffizienten

m	Irrtumswahrscheinlichkeit		
	α = 0,10	α = 0,05	α = 0,01
5	0,669	0,755	0,875
6	0,621	0,707	0,834
7	0,582	0,666	0,798
8	0,549	0,632	0,765
9	0,521	0,602	0,735
10	0,497	0,576	0,708
15	0,412	0,482	0,606
20	0,360	0,423	0,537
25	0,323	0,381	0,487
30	0,296	0,349	0,449
35	0,275	0,325	0,418
40	0,257	0,304	0,393
45	0,243	0,288	0,372
50	0,231	0,273	0,354
100	0,164	0,195	0,254
200	0,116	0,138	0,181
300	0,095	0,113	0,148
400	0,082	0,098	0,128
500	0,074	0,088	0,115

m = n - 2 = Anzahl der Freiheitsgrade
n = Stichprobenumfang, Anzahl der Wertepaare (x_i, y_i)

Bei einem empirischen Korrelationskoeffizienten $r \leq |r|_{max}$ wird die Prüfhypothese H_0: $\varrho = 0$ bei einer Irrtumswahrscheinlichkeit α gegen die Alternative H_1: $\varrho \neq 0$ beibehalten.

Tabelle 14 a: z - Transformation

Bestimmung von $z = \operatorname{artanh} r = \frac{1}{2} \ln \frac{1+r}{1-r}$

z	0	1	2	3	4	5	6	7	8	9
0,0	0,000	0,010	0,020	0,030	0,040	0,050	0,060	0,070	0,080	0,090
0,1	0,100	0,110	0,121	0,131	0,141	0,151	0,161	0,172	0,182	0,192
0,2	0,203	0,213	0,224	0,234	0,245	0,255	0,266	0,277	0,288	0,299
0,3	0,310	0,321	0,332	0,343	0,354	0,365	0,377	0,388	0,400	0,412
0,4	0,424	0,436	0,448	0,460	0,472	0,485	0,497	0,510	0,523	0,536
0,5	0,549	0,563	0,576	0,590	0,604	0,618	0,633	0,648	0,662	0,678
0,6	0,693	0,709	0,725	0,741	0,758	0,775	0,793	0,811	0,829	0,848
0,7	0,867	0,887	0,908	0,929	0,950	0,973	0,996	1,020	1,045	1,071
0,8	1,099	1,127	1,157	1,188	1,221	1,256	1,293	1,333	1,376	1,422
0,9	1,472	1,528	1,589	1,658	1,738	1,832	1,946	2,092	2,298	2,647

Ablesebeispiele: $r = 0{,}67 \longrightarrow z = 0{,}811$

$r = -0{,}81 \longrightarrow z = -1{,}127$

$[\operatorname{artanh}(-r) = -\operatorname{artanh} r]$

Tabelle 14 b: <u>Inverse z - Transformation</u>

Bestimmung von $r = \tanh z = \frac{1 - e^{-2z}}{1 + e^{-2z}}$

z	0	1	2	3	4	5	6	7	8	9
0,0	0,000	0,010	0,020	0,030	0,040	0,050	0,060	0,070	0,080	0,090
0,1	0,100	0,110	0,119	0,129	0,139	0,149	0,159	0,168	0,178	0,188
0,2	0,197	0,207	0,217	0,226	0,235	0,245	0,254	0,264	0,273	0,282
0,3	0,291	0,300	0,310	0,319	0,327	0,336	0,345	0,354	0,363	0,371
0,4	0,380	0,388	0,397	0,405	0,414	0,422	0,430	0,438	0,446	0,454
0,5	0,462	0,470	0,478	0,485	0,493	0,501	0,508	0,515	0,523	0,530
0,6	0,537	0,544	0,551	0,558	0,565	0,572	0,578	0,585	0,592	0,598
0,7	0,604	0,611	0,617	0,623	0,629	0,635	0,641	0,647	0,653	0,658
0,8	0,664	0,670	0,675	0,680	0,686	0,691	0,696	0,701	0,706	0,711
0,9	0,716	0,721	0,726	0,731	0,735	0,740	0,744	0,749	0,753	0,757
1,	0,762	0,800	0,834	0,862	0,885	0,905	0,922	0,935	0,947	0,956
2,	0,964	0,970	0,976	0,980	0,984	0,987	0,989	0,991	0,993	0,994

Ablesebeispiele: $z = 0{,}53 \longrightarrow r = 0{,}485$

$z = -1{,}6 \longrightarrow r = -0{,}922$

$[\tanh(-z) = -\tanh z]$

Lösungen zu den Übungsaufgaben

Beispiel 23: $P(A) = 1 - P(\overline{A}) = 1 - 0{,}99^{200} = 0{,}86602$

Beispiel 24: a) $P(A) = 1 - P(\overline{A}) = 1 - 0{,}9^{10} = 0{,}65132$

b) $P(A) = 1 - 0{,}9^{n} \geqq 0{,}8 \Rightarrow n \geqq 16$

Beispiel 25: A_i:= das Werkstück wurde von der Maschine i gefertigt (i = 1,2,3)

B := das Werkstück ist Ausschuß

a) $P(B) = 0{,}5.0{,}03 + 0{,}3.0{,}01 + 0{,}2.0{,}02 = 0{,}022$

b) $P(A_1/B) = \frac{0{,}5.0{,}03}{0{,}022} = 0{,}6818$

Beispiel 26: K:= die Versuchsperson hat Krebs

B:= der Testbefund ist positiv

$$P(K/B) = \frac{0{,}005.0{,}95}{0{,}995.0{,}08 + 0{,}005.0{,}95} = 0{,}0563$$

Beispiel 35: Es gibt $\frac{9!}{2!\,3!\,4!} = 1260$ verschiedene, gleichwahrscheinliche Reihenfolgen, von denen eine die richtige ist: $P = \frac{1}{1260} = 0{,}00079$

Beispiel 36: a) $P_1 = (\frac{1}{5})^{25} = 3{,}355.10^{-18}$

b) Es gibt $\frac{25!}{5!\,5!\,5!\,5!\,5!}$ verschiedene, gleichwahrscheinliche Reihenfolgen, von denen eine die richtige ist :

$$P_2 = \frac{(5!)^5}{25!} = 1{,}604.10^{-15}$$

Beispiel 37: Jede Kette aus N Symbolen für Ball und n + 1 Symbolen für Zwischenraum beschreibt eine mögliche Verteilung. 2 Zwischenraumsymbole (Anfang und Ende) sind fest:

Anzahl der möglichen Verteilungen $= \frac{(N+n-1)!}{N!\,(n-1)!}$

$$= \binom{N+n-1}{N} = \binom{N+n-1}{n-1}$$

Beispiel 38: $P = \frac{6}{496} = 0{,}012097$

Beispiel 39: a) Es gibt $m = \binom{52}{5} = 2\,598\,960$ verschiedene Pokerblätter.

b) $P = \frac{\binom{4}{2}\binom{48}{3}}{\binom{52}{5}} = \frac{6 \cdot 17296}{2\,598\,960} = 0{,}0399 \approx 4\,\%$

Beispiel 40: Es gibt 12^{12} Möglichkeiten den Personen Geburtsmonate zuzuordnen. In dieser Anzahl kommen 12 verschiedene Geburtsmonate 12! mal vor:

$P = \frac{12!}{12^{12}} = 0{,}0000537$

Beispiel 54:

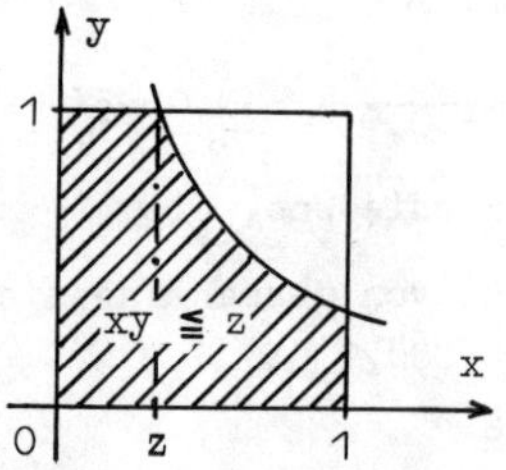

a) $F(z) = z + \int_z^1 \frac{z}{x}\,dx = z(1 - \ln z)$ $(z \geqq 0)$

$$F(z) = \begin{cases} 0 & z < 0 \\ z(1 - \ln z) & 0 \leqq z \leqq 1 \\ 1 & z > 1 \end{cases}$$

b) $P(0{,}2 < z \leqq 0{,}6) = F(0{,}6) - F(0{,}2) = 0{,}38461$

Beispiel 55: Es gibt $m = \binom{5}{2} = 10$ mögliche Stichproben.

x_i	2	3	4	5
$f(x_i)$	0,1	0,2	0,3	0,4

$E(X) = 2 \cdot 0{,}1 + 3 \cdot 0{,}2 + 4 \cdot 0{,}3 + 5 \cdot 0{,}4 = 4$

Beispiel 56: Das Zufallsexperiment hat $m = 6^3 = 216$ mögliche Ergebnisse.

$E(X) = 10\,\frac{1}{216} + 5\,\frac{3}{216} - 0{,}20 = -\,0{,}084$

Beispiel 57: $E(X) = 0{,}5$; $\mathrm{Var}(X) = \frac{1}{12}$

Beispiel 58: $\varphi_X(t) = E(e^{jtX}) = \sum_{x=0}^{\infty} e^{jtx} \frac{\alpha}{(1+\alpha)^{x+1}} =$

$$= \frac{\alpha}{1+\alpha} \sum_{x=0}^{\infty} \left(\frac{e^{jt}}{1+\alpha}\right)^x = \frac{\alpha}{1+\alpha-e^{jt}}$$

$$E(X) = \frac{1}{j}\varphi_X'(0) = \frac{1}{\alpha}; \quad E(X^2) = \frac{1}{j^2}\varphi_X''(0) = \frac{\alpha+2}{\alpha^2}$$

$$Var(X) = E(X^2) - [E(X)]^2 = \frac{\alpha+1}{\alpha^2}$$

Beispiel 72: Die Zufallsgröße X = Anzahl der Versuche, bei denen "Zahl" erscheint, ist binomialverteilt mit $n = 20$ und $p = 0{,}5$:

$P(9 \leqq X \leqq 11) = 520\,676 \left(\frac{1}{2}\right)^{20} = 0{,}49656 < 0{,}5$

Das Spiel ist ungünstig!

Beispiel 73: Die Zufallsgröße X = Anzahl der Ausschußstücke ist binomialverteilt mit $n = 100$ und $p = 0{,}005$.

a) $P(X = 0) = 0{,}60577$

b) $P(X \geqq 2) = 1 - P(X \leqq 1) = 0{,}08982$

Beispiel 74: Die Zufallsgröße X = Anzahl der Personen, die am 24.12. Geburtstag haben ist binomialverteilt mit $n = 100$ und $p = 1/365$ (Auswahlsatz $f < 0{,}05$, sehr große Grundgesamtheit):

$P(X \geqq 1) = 1 - P(X = 0) = 0{,}23993$

Beispiel 75: Schätzwert für λ : $\hat{\lambda} = \bar{x} = \frac{10\,086}{2608} = 3{,}86733$

x	0	1	2	3	4	5	6	7	8
h(x)	0,022	0,078	0,147	0,201	0,204	0,156	0,105	0,053	0,017
f(x)	0,021	0,081	0,156	0,202	0,195	0,151	0,097	0,054	0,026

x	9	10
h(x)	0,010	0,006
f(x)	0,011	0,004

h(x) = beobachtete relative Häufigkeit

f(x) = P(X = x), berechnet aufgrund der Annahme, die Zufallsgröße X sei poissonverteilt.

Beispiel 76: X = Anzahl der Geräteausfälle / 100 Betriebsstd.

$\lambda = E(X) = 0{,}05 = n \cdot p = 100 \cdot \frac{5}{10000}$

$P(X \geqq 1) = 1 - P(X=0) = 1 - e^{-0{,}05} = 0{,}04877$

Beispiel 77: X = Anzahl der richtig getippten Zahlen

$$P(X = x) = \frac{\binom{6}{x}\binom{43}{6-x}}{\binom{49}{6}}$$

$P(X=0) = 0{,}43596$ $P(X=1) = 0{,}41302$

$P(X=2) = 0{,}13238$ $P(X=3) = 0{,}01765$

$P(X=4) = 0{,}00097$ $P(X=5) = 0{,}000018$

$P(X=6) = 0{,}0000000715$

Beispiel 78: X = Anzahl der vom Leser gekauften Zeitungen, die das Inserat enthalten

$$P(X \geqq 1) = 1 - P(X=0) = 1 - \frac{\binom{40}{15}}{\binom{52}{15}} = 0{,}99102$$

Beispiel 79: $P(X_1 = 1, X_2 = 1, X_3 = 1, X_4 = 3, X_5 = 3, X_6 = 3) =$

$$= \frac{12!}{1!\,1!\,1!\,3!\,3!\,3!}\left(\frac{1}{6}\right)\left(\frac{1}{6}\right)\left(\frac{1}{6}\right)\left(\frac{1}{6}\right)^3\left(\frac{1}{6}\right)^3\left(\frac{1}{6}\right)^3 = 0{,}00102$$

Beispiel 80: $P(X_1 = 10, X_2 = 5, X_3 = 5) = \frac{20!}{10!\,5!\,5!}\left(\frac{1}{3}\right)^{10}\left(\frac{1}{3}\right)^5\left(\frac{1}{3}\right)^5 =$

$= 0{,}01335$

Beispiel 81: $P(4{,}95 \leqq X \leqq 5{,}05) = P(-1{,}25 \leqq U \leqq 1{,}25) =$

$= 2\,\Phi(1{,}25) - 1 = 0{,}7888$

Ausschußprozentsatz = 21,12 %.

Beispiel 82: a) $P(100 \leqq X \leqq 130) = P(0 \leqq U \leqq 2) =$

$= \Phi(2) - \Phi(0) = 0{,}4772$

b) $P(X > 130) = P(U > 2) = 1 - \Phi(2) = 0{,}0228$

c) $u_{0,90} = 1{,}282 = \frac{x - 100}{15} \longrightarrow x = 119{,}23$

Beispiel 83: Die Zufallsgröße $X = X_1 + X_2$ ist normalverteilt

mit $\mu = \mu_1 + \mu_2 = 270$ und

$\sigma^2 = \sigma_1^2 + \sigma_2^2 = 400 \longrightarrow \sigma = 20$

$$P(260 \leqq X \leqq 300) = P(-0{,}5 \leqq U \leqq 1{,}5) =$$
$$= \Phi(1{,}5) - \Phi(-0{,}5) = 0{,}6247$$

Beispiel 86: $n = 600 > 9/(\frac{1}{6}\cdot\frac{5}{6})$: Normalapproximation ist zuläßig.

$$P(95 \leqq X \leqq 105) = \Phi\left(\frac{105{,}5-100}{\sqrt{600\cdot\frac{1}{6}\cdot\frac{5}{6}}}\right) - \Phi\left(\frac{94{,}5-100}{\sqrt{600\cdot\frac{1}{6}\cdot\frac{5}{6}}}\right)$$
$$= 0{,}4514$$

Ohne die wegen der Tabelle notwendigen Rundungen liefert der Satz von Moivre - Laplace : $P(95 \leqq X \leqq 105) = 0{,}4532$.

Beispiel 87: $n = 120 > 9/(0{,}8 . 0{,}2)$

$$P(X \leqq 89) = \Phi\left(\frac{89{,}5-96}{\sqrt{120 . 0{,}8 . 0{,}2}}\right) = 0{,}0694$$

Beispiel 88:

$$P(X \geqq 1000) = 1 - P(X \leqq 999)$$
$$= 1 - \Phi\left(\frac{999{,}5-0{,}98n}{\sqrt{n . 0{,}98 . 0{,}02}}\right) \geqq 0{,}99$$

d.f. $\Phi\left(\frac{999{,}5-0{,}98n}{\sqrt{n . 0{,}98 . 0{,}02}}\right) \leqq 0{,}01$

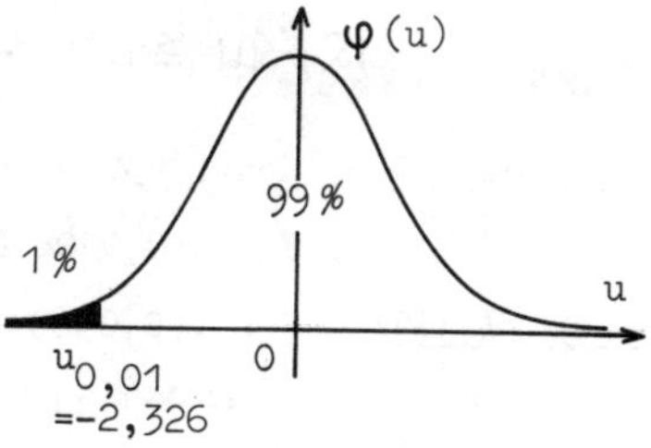

$$\frac{999{,}5-0{,}98n}{\sqrt{n . 0{,}98 . 0{,}02}} \leqq -2{,}326$$

$\sqrt{n} = z$: $0{,}98 z^2 - 2{,}326 . \sqrt{0{,}98 . 0{,}02}\, z - 999{,}5 = 0$

$z = 32{,}10241632$ ergibt $n = z^2 = 1030{,}56$

Es müssen mindestens 1031 Bauteile bestellt werden, damit mit einer Wahrscheinlichkeit von mindestens 99 % mindestens 1000 brauchbare Bauteile erhalten werden.

Beispiel 89: X = Anzahl der Knabengeburten

$$P(p \geqq 0{,}516) = P(X \geqq 258\,000) = 0{,}0023$$

Beispiel 90: a) $P(|X-\mu| \leqq 3\sigma) \geqq 1 - \frac{1}{3^2} = 0{,}8889$

b) $P(|X-\mu| \leqq 3\sigma) = P(|U| \leqq 3) = 0{,}9973$

Beispiel 95: $\bar{x} = 170{,}4$ cm , $s = 5{,}989$ cm ≈ 6 cm,

$v = 3{,}5$ %

Beispiel 96: Regressionskoeffizient $b = 0{,}0377 \left[N/\frac{g}{kg}\right]$

Korrelationskoeffizient $r = 0{,}859$

Beispiel 97: Korrelationskoeffizient $r = 0{,}6357$

Beispiel 107: Schätzwert $\hat{\lambda} = \frac{n}{\sum \ln x_i} = \frac{20}{9{,}929} = 2{,}01$

Beispiel 108: Schätzfunktion $\hat{A} = \frac{n}{\sum X_i}$

Beispiel 109: $\text{Konf.}(\bar{x} - 1{,}645 \frac{10}{\sqrt{n}} \leqq \mu \leqq \bar{x} + 1{,}645 \frac{10}{\sqrt{n}}) = 0{,}90$

$|\bar{x} - \mu| \leqq 1{,}645 \frac{10}{\sqrt{n}} \leqq 5 \longrightarrow n \geqq 11$

Beispiel 110: a) $\text{Konf.}(13{,}40 \leqq \mu \leqq 13{,}44) = 0{,}95$

b) $\text{Konf.}(0{,}0108 \leqq \sigma^2 \leqq 0{,}0160) = 0{,}95$

Beispiel 111: a) $\text{Konf.}(0{,}0339 \leqq p \leqq 0{,}1461) = 0{,}95$

b) $n \geqq 9604\, p(1-p)$

ungünstigster Wert $p = 0{,}1461$ $n \geqq 1199$

Beispiel 112: $P(0{,}402 \leqq \hat{P} \leqq 0{,}598) = 0{,}95$

Beispiel 129: H_o: $\mu \geqq \mu_o = 2000$ N/cm^2; H_1: $\mu < \mu_o$.

Kritischer Bereich K: $u > u_{0,99} = 2{,}326$.

Der Prüfwert $u = 1{,}672$ liegt nicht im kritischen Bereich. H_o wird beibehalten!

Beispiel 130: a) H_o wird beibehalten für $\bar{x} \leqq 305{,}6$ N

b) $\beta = P(\bar{X} \leqq 305{,}6 / \mu = 310) = 0{,}0329$

Beispiel 131: H_o: $\mu = \mu_o \geqq 1000\,\Omega$, H_1: $\mu < \mu_o$.
Der Prüfwert t = 3,955 liegt im kritischen Bereich K: $t > t_{19;0,95} = 1{,}729$. Der Mittelwert μ ist signifikant kleiner als 1000 Ω.
Voraussetzung: X normalverteilt!

Beispiel 132: H_o: $p = p_o \leqq 0{,}01$, H_1: $p > p_o$
Der Prüfwert u = 1,348 liegt nicht im kritischen Bereich K: $u > u_{0,95} = 1{,}645$. H_o wird beibehalten.

Beispiel 133: a) Prüfen auf Varianzhomogenität: Der Prüfwert $s_1^2 / s_2^2 = 1{,}17$ liegt nicht im kritischen Bereich K: $s_1^2 / s_2^2 > F_{19;24;0,95} = 2{,}12$. Die Gleichheit der Varianzen kann vorausgesetzt werden.
b) Differenzenprüfung: Der Prüfwert t = 1,563 liegt nicht im kritischen Bereich K: $t > t_{43;0,95} = 1{,}682$. H_o wird beibehalten.

Beispiel 134: H_o: $p_1 \leqq p_2$, H_1: $p_1 > p_2$
Der Prüfwert u = 0,75 liegt nicht im kritischen Bereich. H_o wird beibehalten.

Beispiel 135: Schätzwert für λ : $\hat{\lambda} = \frac{10086}{2608} = 3{,}86733$.

x_i	n_i	φ_i	y_i^2
0	57	54,54	0,11096
1	203	210,94	0,29887
2	383	407,89	1,51882
3	525	525,81	0,00125
4	532	508,37	1,09837
5	408	393,21	0,55630
6	273	253,44	1,50960
7	139	140,02	0,00743
8	45	67,69	7,60579
9	27	29,09	0,15016
10	16	17,00	0,05882
	2608	2608,00	12,91637

Der Prüfwert $y^2 = 12{,}92$ liegt nicht im kritischen Bereich K: $y^2 > \chi^2_{9;0,95} = 16{,}92$

Die Nullhypothese, das Merkmal X genüge einer Poisson - Verteilung, wird beibehalten.

Beispiel 136: Der Prüfwert des Kolmogorow - Smirnow - Tests $D = \max(|F_n(x) - F_o(x)|) = 0{,}2522$ liegt nicht im kritischen Bereich K: $D > d_{10;0,95} = 0{,}369$.

H_o wird beibehalten.

Beispiel 137: $y^2 = 250(1{,}024200563 - 1) = 6{,}05$ liegt nicht im kritischen Bereich K: $y^2 > \chi^2_{4;0,95} = 9{,}49$.

Die Merkmale X und Y sind unabhängig!

Beispiel 138: a) Prüfen einer Hypothese über die Gleichheit von Mittelwerten aus unabhängigen Normalverteilungen:

I. Varianzhomogenität kann wegen $s_2^2 / s_1^2 = 1{,}13 < F_{6;7;0,95} = 3{,}87$ angenommen werden.

II. Die Nullhypothese wird wegen $t = 1{,}86 > t_{13;0,95} = 1{,}771$ verworfen.

b) U - Test: Der Prüfwert $u_o = 13$ unterschreitet die Schranke $u_{8;7;0,05} = 14$. Die Nullhypothese wird abgelehnt.

Beispiel 143: a) Der Prüfwert $t = 15{,}21$ liegt im kritischen Bereich $t > t_{48;0,995} = 2{,}683$. H_o wird verworfen.

b) Der Prüfwert $u = 2{,}885$ liegt im kritischen Bereich K: $u > u_{0,95} = 1{,}645$. H_o wird abgelehnt. Der Korrelationskoeffizient ϱ ist signifikant größer als 0,8.

c) $\text{Konf.}(0{,}846 \leqq \varrho \leqq 0{,}948) = 0{,}95$

Beispiel 146: a) $b = 16{,}59 \left[\% / {}^{g}/_{cm^3}\right]$

Regressionsgerade: $y = 29{,}2 + 16{,}59(x - 3{,}1)$

b) $s^2 = 4{,}81$

$\text{Konf.}(2{,}48 \leqq \sigma^2 \leqq 14{,}10) = 0{,}90$

c) Der Prüfwert $t = 2{,}191$ liegt im kritischen Bereich K: $t > t_{8;0,90} = 1{,}397$.

H_o wird verworfen!

Literaturverzeichnis

[1] Büning, H.; Trenkler, G.: Nichtparametrische statistische Methoden. Berlin: de Gruyter 1978

[2] Cochran, W.: Stichprobenverfahren. Berlin: de Gruyter 1972

[3] Fisz, M.: Wahrscheinlichkeitsrechnung und mathematische Statistik. Berlin: VEB Deutscher Verlag der Wissenschaften 1976

[4] Hartung, J.: Statistik, Lehr- und Handbuch der angewandten Statistik. München: Oldenbourg 1982

[5] Heinhold, J.; Gaede, K.: Ingenieur-Statistik. 3. Aufl. München: Oldenbourg 1972

[6] Kreyszig, E.: Statistische Methoden und ihre Anwendungen. 7. Aufl. Göttingen: Vandenhoeck und Ruprecht 1979

[7] Sachs, L.: Angewandte Statistik. 4. Aufl. Berlin: Springer 1974

[8] Smirnow, N.W.; Dunin-Barkowski, I.W.: Mathematische Statistik in der Technik. 2. Aufl. Berlin: VEB Deutscher Verlag der Wissenschaften 1969

[9] Stange, K.: Angewandte Statistik. Erster Teil: Eindimensionale Probleme. Berlin: Springer 1970
Zweiter Teil: Mehrdimensionale Probleme. Berlin Springer 1971

[10] Storm, R.: Wahrscheinlichkeitsrechnung, mathematische Statistik und Qualitätskontrolle. 6. Aufl. Leipzig: VEB Fachbuchverlag 1976

[11] van der Waerden, B.L.: Mathematische Statistik. 3.Aufl. Berlin: Springer 1971

[12] Wetzel, W.; Jöhnk, M.-D.; Naeve, P.: Statistische Tabellen. Berlin: de Gruyter 1967

Sachverzeichnis